"十二五"职业教育国家规划教材
经全国职业教育教材审定委员会审定
2007年度普通高等教育国家精品教材

（修订版）

热工学基础

第 4 版

主　编　李国斌　金洪文
参　编　崔　红　马人骄
主　审　汤万龙

机械工业出版社

本书在"十二五"职业教育国家规划教材的基础上进行了修订。

本书包括工程热力学和传热学两部分内容。在教材结构编排及内容组织上，从实际出发，充分考虑高等职业教育的特点，在保证专业课所需理论深度的前提下，重点考虑教材的实用性，既注重加强理论教学，又兼顾基本技能的训练，引导学生运用热工学理论的基本原理解决工程实际问题。为了加深理解，培养分析问题和解决问题的能力，本书各章均配有习题与思考题。

为方便教学，本书配有二维码动画、电子课件、习题与思考题答案等教学资源，凡选用本书作为教材的教师均可登录机械工业出版社教育服务网 www.cmpedu.com 免费下载。如有疑问，请拨打编辑电话 010-88379375。

本书可作为高职高专供热通风及空气调节工程、建筑设备工程、燃气工程等专业用教材，还可作为工程技术人员学习的参考书。

图书在版编目（CIP）数据

热工学基础/李国斌，金洪文主编. —4 版. —北京：机械工业出版社，2021.6（2024.1 重印）

"十二五"职业教育国家规划教材：修订版

ISBN 978-7-111-68344-5

Ⅰ. ①热…　Ⅱ. ①李… ②金…　Ⅲ. ①热工学–高等职业教育–教材

Ⅳ. ①TK122

中国版本图书馆 CIP 数据核字（2021）第 102424 号

机械工业出版社（北京市百万庄大街 22 号　邮政编码 100037）

策划编辑：陈紫青　责任编辑：陈紫青

责任校对：张晓蓉　封面设计：马精明

责任印制：常天培

固安县铭成印刷有限公司印刷

2024 年 1 月第 4 版第 4 次印刷

184mm×260mm·16.75 印张·5 插页·417 千字

标准书号：ISBN 978-7-111-68344-5

定价：49.90 元

电话服务　　　　　　　　　网络服务

客服电话：010-88361066　　机 工 官 网：www.cmpbook.com

　　　　　010-88379833　　机 工 官 博：weibo.com/cmp1952

　　　　　010-68326294　　金 书 网：www.golden-book.com

封底无防伪标均为盗版　　机工教育服务网：www.cmpedu.com

前　言

FOREWORD

　　本书依据高职高专供热通风与空气调节工程、建筑设备工程及燃气工程等专业人才培养的需要，按照"热工学基础"课程教学的基本要求编写。"热工学基础"课程作为专业基础课程，主要是为专业课服务。在保证专业课所需理论深度的前提下，重点考虑教材的实用性。在编写前，编者广泛听取了高职教学一线教师和学生的意见，从实际出发，针对高等职业教育的特点，既注重加强理论教学，又兼顾基本技能的训练。本书内容力求语言精练、深入浅出、通俗易懂。为了加深理解，培养学生分析问题和解决问题的能力，本书各章均配有习题与思考题。

　　本书包括工程热力学和传热学两部分内容。其中工程热力学部分共 66 学时，传热学部分共 52 学时，基本满足高职高专供热通风及空气调节工程、建筑设备工程及燃气工程专业教学的需要。

　　本书由辽宁建筑职业学院李国斌和长春工程学院金洪文担任主编，辽宁建筑职业学院崔红和吉林建筑大学马人骄参与编写。全书由辽宁建筑职业学院李国斌统稿，新疆建设职业技术学院汤万龙教授主审。在编写过程中，吉林建筑大学张喜明同志给予了协助，在此表示感谢。

　　由于编者学识水平所限，书中不免有一些疏漏和不足之处，恳请读者批评指正。

编　者

二维码动画列表

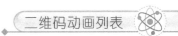

（续）

序号	二维码	页码	序号	二维码	页码
11	卡诺循环	63	15	吸收式制冷装置	117
12	逆卡诺循环	64	16	热泵循环和制冷循环的 工作温度范围	118
13	空气压缩式制冷装置	110	17	人工黑体模型	178
14	蒸气压缩式制冷装置	113	18	流体温度随传热面变化 示意图	216

目 录
CONTENTS

第二篇　传　热　学

绪　　论

自然界蕴藏着丰富的能源，如风能、水能、太阳能、地热能、原子能以及燃料的化学能等。在这些能源中，除风能和水能是把机械能转换为电能的形式被人们利用以外，其他能源主要是以热能的形式或者转换为热能的形式予以利用。因此，人们从自然界获得的能源主要是热能。

热能的利用主要有两种方式：一种是直接利用，即把热能直接用于加热物体，以满足各种工艺流程和生活的需要，如采暖、烘干、冶炼、熔化、蒸煮等。另一种是间接利用，即把热能转换成机械能或者再转换成电能加以利用。例如在火力发电厂中，燃料在锅炉中燃烧放出热量，加热锅炉中的水，水被加热形成高温高压的蒸汽，这种蒸汽直接进入汽轮机内，推动汽轮机的转子旋转，把热能转变为机械能。旋转的汽轮机带动发电机，即可产生电能。由此可见，热能的间接利用是热能利用的重要方式，它是人类文明及生产发展的物质基础。

热能的利用还存在着热能转变为机械能或电能过程中的有效程度问题。例如，在热力发电厂中，最简单的装置，热能的有效利用率只有 25% 左右；比较先进的大型装置，热能的有效利用率也只能达到 40% 左右。再如汽车、火车、飞机、轮船等，热能的有效利用率就更低，而且这些装置排放到大气中的废气还带有大量的有害物质，它污染人类赖以生存的环境。因此，如何从技术上改造能源设备，提高热能有效利用率并消除污染，节约燃料，减小能源消耗是世界各国长期的战略任务。

为了更好地直接利用热能，必须研究热量的传递规律。传热学就是研究热量传递过程规律的学科；为了更好地间接利用热能，必须研究热能与其他能量形式间相互转换的规律。工程热力学就是研究热能与机械能间相互转换的规律及方法的学科。由工程热力学和传热学共同构成的热工学理论基础就是主要研究热能在工程上有效利用的规律和方法的学科。

1. 工程热力学的研究内容

工程热力学是热力学的一个重要分支，主要研究的内容如下。

（1）工质的热力性质　热能转换为机械能是通过工质来实现的，只有深刻认识工质的热力性质，才能更好地掌握热能与机械能之间的转换规律。在工程热力学中主要研究的是气体和蒸汽的热力性质。

（2）热力学基本定律　热力学第一定律说明能量转换或转移中的数量守恒关系；热力学第二定律说明热过程进行的方向、条件、深度等问题。研究其在工程中的应用，提高能量利用的经济性。

（3）热力过程　气体和蒸汽的主要热力过程、流速发生显著变化流动过程的分析和计算。

（4）热力循环　蒸汽动力循环和制冷循环的分析和计算。

2. 传热学的研究内容

传热学是研究热量传递规律的科学，主要研究的内容有：

（1）导热　导热的基础理论、数学描述求解方法及相关概念。

（2）对流换热　　对流换热的基本概念、数学模型的建立及一般求解方法；相似理论基础及对流换热过程的求解；经验公式的选择和应用。

（3）辐射换热　　辐射换热的基本概念及有关规律，物体间辐射换热的一般计算。

（4）传热及换热器　　传热过程的分析计算；换热器形式、构造及计算；传热的增强与削弱。

供热通风与空气调节、建筑设备工程、燃气工程等专业，在学习专业课时，遇到的大多是工质在加热、冷却、蒸发、凝结、加湿和除湿等过程中的状态变化和热量的计算，以及工质在流动或压缩、膨胀过程中的状态变化和能量转换问题。另外，热量的传递是各种热能利用设备的最基本热工现象，有效地增强热工设备的传热，或者减弱热力管道或其他用热设备的对外传热，这对于提高换热设备的生产能力，减小热量损失，节约能源具有重要意义。

通过本课程的学习，要求学生掌握有关热力学基本定律、气体工质的性质、工质的状态参数以及变化时的热量计算等基础理论知识；要求掌握导热、对流和辐射换热过程以及稳定传热的基础理论，掌握换热器的工作原理、基本构造及相关计算，为专业课的热工计算和热力分析打下理论基础，并获得初步的计算和分析能力。

第一篇 工程热力学

第一章　工质及理想气体

 学习目标

1) 掌握工质的基本状态参数。

2) 掌握理想气体状态方程及其应用。

3) 了解混合气体各种成分的表示方法及换算关系，掌握混合气体平均分子量及气体常数的求法。

4) 掌握比热容的概念及各种比热容之间的关系，并能进行热量计算。

人类在生产或日常生活中，经常需要各种形式的能量来满足不同的需求。各种形式能量的转换或转移，通常都要借助于一种携带热能的工作物质来完成，这种工作物质称为工质。工质在工作过程中，热力状态不断地发生变化，因此，必须掌握工质的热力性质。

工程上所遇到的工质是多种多样的。有处于气态的，也有处于液态的。气态工质具有极好的热膨胀性，因此，经常在工程中得以应用。工程上采用的气态工质按其工作参数范围，有的可被视为理想气体，如本专业中常见的空气和燃气等；有的则不能被视为理想气体，如水蒸气、制冷剂气体等，它们必须被视为实际气体。本章主要介绍理想气体的热力状态特性以及热量计算等问题。

第一节　工质的热力状态及基本状态参数

一、工质的热力状态

在热力设备中，能量的相互转换与转移需要通过工质吸热或放热、膨胀或压缩等变化来完成，即能量交换的根本原因在于工质的热力状况存在差异。例如，锅炉中燃料燃烧生成的高温烟气能将锅筒中的水加热成为高温热水，就是由于高温烟气与水之间存在温度差异而完成了热量的转移；又如，汽轮机中能量的转换，也是由于高温、高压的水蒸气与外界环境的温度、压力有很大的差异而产生的。在这些过程中，工质温度、压力等物理特性的数值发生了变化，也就是说，工质的客观物理状况发生了变化。我们把工质在某瞬间表现的热力性质的总状况，称为热力状态，或简称为状态；描述工质热力状态的各物理量，称为工质的状态参数，或简称为状态参数。

工质的状态是由工质的状态参数所描述的。工质的状态发生了变化，其状态参数也相应地发生变化，状态参数是状态的函数。工质的状态发生变化时，初、终状态参数的变化值，仅与初、终状态有关，而与状态发生的途径无关。状态参数的数学特征为点函数，即

$$\int_{x_1}^{x_2} \mathrm{d}x = x_2 - x_1$$

$$\oint \mathrm{d}x = 0$$

式中　x——工质的某一状态参数。

在热力学中，为了研究需要而采用的状态参数有温度（T）、压力（p）、比体积（v）或密度（ρ）、内能（U）、焓（H）、熵（S）等。其中只有压力、温度、比体积可以用仪器、仪表直接或间接测量出来，且这三个参数的物理意义都比较易于理解，因此，称为基本状态参数；其他一些状态参数只能由基本状态参数间接计算获得，因此，称为导出状态参数。

二、基本状态参数

1. 温度

不同物体的冷热程度，可以通过相互接触进行比较。若 A、B 两物体接触后，物体 A 由热变冷，物体 B 由冷变热，则说明两物体原来的冷热程度不同，即物体 A 的温度高，物体 B 的温度较低。若不受其他物体影响，经过相当长的时间后，两物体的状态不再变化，这说明两者达到了冷热程度相同的状态，这种状态称为热平衡状态。实践证明，若两个物体分别与第三个物体处于热平衡，则它们彼此之间也必然处于热平衡，这个结论称为热力学第零定律。从这一定律可知，相互处于热平衡的物体，必然具有一个数值上相等的热力学参数来描述这一热平衡特性，这一热力学参数就是温度。可以说温度是描述物体冷热程度的物理量。

根据分子运动学说，温度是物体分子热运动激烈程度的标志。对于气体，有如下关系式：

$$\frac{m\overline{\omega}^2}{2} = BT \tag{1-1}$$

式中　$\dfrac{m\overline{\omega}^2}{2}$——分子平移运动的平均动能，其中 m 是一个分子的质量，$\overline{\omega}$ 是分子平移运动的均方根速度；

　　　B——比例常数；

　　　T——热力学温度。

由上式可知，工质的热力学温度与工质内部分子平移运动的平均动能成正比。

温度的数值标尺简称温标。历史上曾出现过多种温标。任何温标都要规定温标的基准点以及分度的方法。国际单位制（SI）中采用热力学温标为理论温标，其符号为 T、单位为 K（开尔文）。热力学温标规定纯水的三相点温度（即冰、水、汽三相共存平衡时的温度）为基准点，其热力学温度为 273.16K；每 1K 为水三相点温度的 1/273.16。

国际单位制（SI）中还规定摄氏温标为实用温标，其符号为 t，单位为℃（摄氏度），其定义式为

$$t = T - 273.15$$

式中　273.15——国际计量会议规定的值；当 $t = 0$℃时，$T = 273.15$K。

由上式可知，摄氏温标与热力学温标的分度值相同，而基准点不同。这两种温标之间的换算在工程上可近似为

$$t = T - 273 \tag{1-2}$$

2. 压力

气体分子运动论指出，气体的压力是气体分子做不规则运动时撞击容器壁的结果。通常用垂直作用于容器壁单位面积上的力来表示压力（也称压强）的大小，这种压力称为气体的绝对压力。

由于气体分子的撞击极为频繁，人们不可能分辨出气体单个分子的撞击作用，只能观察到大量分子撞击的平均结果。因此，压力的大小不仅与分子的动能有关，还与分子的浓度有关。

根据分子运动论，有如下关系式：

$$p = \frac{2}{3} n \frac{m\overline{\omega}^2}{2} = \frac{2}{3} nBT \tag{1-3}$$

式中　p——单位面积上的绝对压力；

　　　n——分子的浓度，即单位体积内含有气体的分子数。

其他符号意义同式（1-1）。

以上即为压力这一宏观物理量的微观意义。显然，对于单个分子来谈论压力是没有意义的。

压力的宏观定义式为

$$p = \frac{F}{A} \tag{1-4}$$

式中　F——整个容器壁受到的力，单位为 N；

　　　A——容器壁的总面积，单位为 m^2。

国际单位制中规定压力的单位为 Pa（帕斯卡），即

$$1Pa = 1N/m^2$$

由于 Pa 的单位较小，在工程上，常将其扩大千倍或百万倍，即

$$10^3 Pa = 1kPa$$
$$10^6 Pa = 1MPa$$

过去工程上还曾采用其他的非法定压力单位，如巴（bar）、标准大气压（atm）、工程大气压（at）、毫米水柱（mmH_2O）和毫米汞柱（mmHg）等。

各种压力单位的换算关系见附表1。

压力的大小是由各种压力测量仪表测得的。这些仪表的结构原理是建立在力的平衡原理上的，即利用液柱的重力、各类型弹簧的弹力以及活塞上的载重去平衡工质的压力。它们所测得的气体的压力值是气体的绝对压力与外界大气压力的差值，称为相对压力。图 1-1 所示为 U 形压力计，U 形管内盛有用来测量压力的液体，通常是水银或水，这种压力计指示的压力就是绝对压力与外界大气压力的差值。

绝对压力是工质真实的压力，它是一

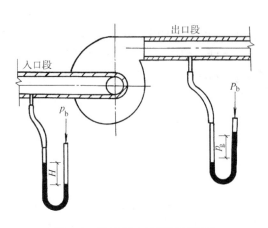

图 1-1　U 形压力计测压示意图

个定值；而相对压力要随大气压力的变化而变化。因此，绝对压力才是工质的状态参数。在本书中未注明的压力均指绝对压力。

图 1-1 中，风机入口段气体的绝对压力 p 小于外界环境的大气压力 p_b，其相对压力为负压，我们称这一负压值为真空度 H。三者之间存在如下关系：

$$H = p_b - p \tag{1-5}$$

风机出口段气体的绝对压力 p 大于外界大气压力 p_b，相对压力为正压，我们称这一压力为表压力 p_g，三者之间存在如下关系：

$$p = p_b + p_g \tag{1-6}$$

绝对压力与相对压力和大气压力之间关系如图 1-2 所示。

3. 比体积和密度

单位质量的工质所占的体积称为比体积，用符号 v 表示，单位为 m^3/kg。若工质的质量为 m（kg），所占有的体积为 V（m^3），则

$$v = \frac{V}{m} \tag{1-7}$$

单位体积的工质所具有的质量称为密度，用符号 ρ 表示，单位为 kg/m^3，即

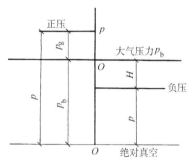

图 1-2　各压力之间的关系

$$\rho = \frac{m}{V} \tag{1-8}$$

显然，工质的比体积与密度互为倒数，即

$$\rho v = 1 \tag{1-9}$$

由上式可知，对于同一种工质，比体积与密度不是两个独立的状态参数。如二者知其一，则另一个也就确定了。

【例 1-1】 某蒸汽锅炉压力表读数 $p_g = 3.23MPa$，凝汽器真空表读数 $H = 95kPa$。若大气压力 $p_b = 101.325kPa$，试求锅炉及凝汽器中蒸汽的绝对压力。

【解】 锅炉中蒸汽的绝对压力为

$$p = p_b + p_g = (101.325 + 3.23 \times 10^3)kPa = 3331.325kPa$$

凝汽器中蒸汽的绝对压力为

$$p = p_b - H = (101.325 - 95)kPa = 6.325kPa$$

第二节　平衡状态及状态方程

一、热力系统

在分析任何现象或过程时，都应首先确定所研究的对象。例如，在分析力学现象时，常将所研究的对象视为分离体，然后分析该分离体与其他有关物体的相互作用。同样，在分析热力现象或热力过程时，也应根据所研究问题的需要，选取某一定范围内的物质作为研究对象。在工程热力学中，将研究对象的总和称为热力系统，或简称为系统。将系统之外的物质称为外界。将系统与外界之间的分界面称为边界。边界可能是真实的，也可能是假想的；可

能是固定的，也可能是变化的或运动的。

如图1-3所示，活塞在气缸里移动以实现能量转换。若取封闭在气缸中的气体作为研究对象，则气缸壁及活塞端部内表面就是边界。显然，该边界是真实存在的，并且一部分边界是可以变化的。又如图1-4所示的汽轮机工作原理示意图，若取截面1-1与截面2-2之间的流体作为研究对象，则汽轮机内壁与截面1-1、2-2构成系统的边界，显然该系统边界有一部分是固定不变、真实存在的，有一部分边界是假想的。

在热力过程中，与外界没有物质交换的系统，称为闭口系统，如图1-3所示的系统。与外界有物质交换的系统，称为开口系统，如图1-4所示的系统。与外界没有热量交换的系统，称为绝热系统。与外界没有物质交换和能量交换的系统，称为孤立系统。

二、平衡状态

系统可以处于不同的热力状态，但这些热力状态不一定都能用确定的状态参数来描述。例如，当系统内各部分工质的压力、温度各不相同，而且随着时间的变化而改变时，就无法用确定的状态参数描述整个系统内部工质的状态。这种状态即不平衡状态。若系统不受外界影响，随着时间的推移，系统内各部分之间位移及能量的传递必将逐渐减弱，最终达到各部分之间不再有相对位移，同时也不再有热量传递，即同时建立了热与力的平衡。此时系统的状态称为热力平衡状态，或简称为平衡状态。

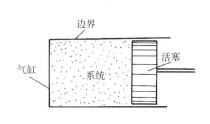

图1-3　真实边界热力系统

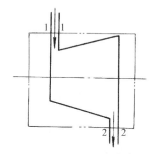

图1-4　假想边界热力系统

实际上，并不存在完全不受外界影响和状态参数绝对保持不变的系统。因此，平衡状态只是一个理想的概念。但在大多数情况下，由于系统的实际状态偏离平衡状态并不远，所以可以将其作为平衡状态处理。

三、状态方程

描述热力系统状态的状态参数之间往往是互相联系的，即并不是所有的参数都是独立的。当系统的某些参数确定后，系统平衡状态便可以完全确定，并不需要已知系统所有的状态参数。而平衡状态一经确定，根据状态参数的相互联系，其他参数也随之被确定。

实践与理论都证明，对于气态工质组成的简单系统，只需两个独立的状态参数就可确定其平衡状态。这样在 p、v、T 三个基本状态参数中，只要已知其中的任意两个就可以确定系统的状态，并随之确定第三个参数。这三个基本状态参数间的关系可表示为

$$p = f_1(T, v)$$
$$T = f_2(p, v)$$
$$v = f_3(T, p)$$

以上三式建立了温度、压力、比体积这三个基本状态参数之间的函数关系，称为状态方

程。它们也可合并写成如下的隐函数形式：

$$F(p,v,T) = 0$$

由任意两个独立的状态参数构成的平面坐标图称为状态参数坐标图，或简称为状态图，如图 1-5 所示的 p-v 图。图中的任一点可以表示系统的某一平衡状态，如图中点 1，其压力为 p_1、比体积为 v_1；图中点 2，其压力为 p_2、比体积为 v_2。反之，对于任何一个平衡状态，也可以在状态图上找到其状态点。显然，由于不平衡状态没有确定的状态参数，所以不能在状态参数坐标图上表示出来。

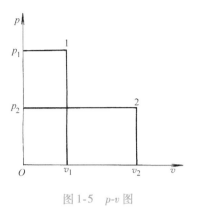

图 1-5　p-v 图

第三节　理想气体状态方程

一、理想气体与实际气体

气体与液体、固体一样，也是由大量的、不停运动着的分子组成的。气体分子本身具有一定的体积，而且分子之间存在着引力。由于气体的性质极其复杂，所以很难找出分子的运动规律。为了便于分析，从而得到普遍规律，提出了理想气体这一概念。

理想气体是一种假想气体，它必须符合两个假定条件：一是气体分子本身不占有体积；二是气体分子间没有相互作用力。根据这两个假定条件，可使气体分子的运动规律得以简化，从而从理论上推导气体工质的普遍规律。

在实际应用中，实际存在的气体不可能完全符合理想气体的假定条件。但当气体温度不太低、压力不太高时，气体的比体积较大，使得气体分子本身的体积与整个气体的体积比较起来显得微不足道；而且气体分子间的平均距离相当大，以至于分子之间的引力小到可以忽略不计。这时的气体便基本符合理想气体模型，我们可以将其视为理想气体。例如由氧、氢、氮、一氧化碳、二氧化碳这些气体组成的混合气体——空气、烟气等，均可以视为理想气体。实践证明，按理想气体去研究这些气体所产生的偏差不大。

当气体处于很高的压力或很低的温度时，气体接近于液态，使得分子本身的体积及分子间的相互作用力都不能忽略。这时的气体就不能视为理想气体，这种气体称为实际气体。例如饱和水蒸气、制冷剂蒸气、石油气等，都属于实际气体。但空气及烟气中的水蒸气因其含量少、压力低、比体积大，又可视为理想气体。由此可见，理想气体与实际气体没有明显的界限。气体是否被视为理想气体，要根据其所处的状态及工程计算所要求的误差范围而定。

二、理想气体状态方程

理想气体状态方程式最早是由实验方法得到的，后来随着分子运动论的发展，人们又从理论上证明了它的正确性。

根据分子运动论，有如下关系式：

$$p = \frac{2}{3}nBT$$

将上式两边同时乘以比体积 v，可得

$$pv = \frac{2}{3}nvBT = \frac{2}{3}N'BT$$

式中　N'——1kg 气体所具有的分子数目，对于一定的气体，N' 为常数，$N' = nv$。

令 $\frac{2}{3}N'B = R$，则上式可写为

$$pv = RT \tag{1-10}$$

式中　p——绝对压力，单位为 Pa；

　　　v——比体积，单位为 m^3/kg；

　　　T——热力学温度，单位为 K；

　　　R——气体常数，与气体的种类有关，而与气体的状态无关，单位为 $J/(kg \cdot K)$。

上式称为理想气体的状态方程，它反映了理想气体在某一平衡状态下 p、v、T 之间的关系。应当指出，它是对于 1kg 气体而言的。

对于质量为 m 的气体，则

$$mpv = mRT$$

或

$$pV = mRT \tag{1-11}$$

式中　V——气体所占有的体积，单位为 m^3，$V = mv$。

对于 1kmol 气体，则

$$Mpv = MRT$$

或

$$pV_M = R_0T \tag{1-12}$$

式中　M——气体的千摩尔质量，单位为 kg/kmol；

　　　V_M——气体的千摩尔体积，单位为 $m^3/kmol$，$V_M = Mv$；

　　　R_0——通用气体常数，与气体的种类及状态均无关，单位为 $J/(kmol \cdot K)$，$R_0 = MR$。

由式（1-12）可得

$$V_M = \frac{R_0T}{p}$$

上式表明，在相同压力和相同温度下，1kmol 的各种气体占有相同的体积，这一规律称为阿伏加德罗（Avogadro）定律。

实验证明，在 $p_0 = 101.325kPa$、$t_0 = 0℃$ 的标准状态下，1kmol 任何气体占有的体积都等于 $22.4m^3$。由此可计算出通用气体常数

$$R_0 = \frac{p_0V_{M0}}{T_0} = \frac{101325 \times 22.4}{273.15}J/(kmol \cdot K) \approx 8314J/(kmol \cdot K)$$

通用气体常数值也可由分子运动论的微观方法推导得出，此处不再论述。

已知通用气体常数及气体的相对分子质量，即可求得气体常数

$$R = \frac{R_0}{M} = \frac{8314}{M} \tag{1-13}$$

表 1-1 列出了几种常见气体的气体常数。

表 1-1　几种常见气体的气体常数

物质名称	化学式	相对分子质量	气体常数/$[J/(kg \cdot K)]$	物质名称	化学式	相对分子质量	气体常数/$[J/(kg \cdot K)]$
氢	H_2	2.016	4124.0	氮	N_2	28.013	296.8
氦	He	4.003	2077.0	一氧化碳	CO	28.011	296.8
甲烷	CH_4	16.043	518.2	二氧化碳	CO_2	44.010	188.9
氨	NH_3	17.031	488.2	氧	O_2	32.0	259.8
水蒸气	H_2O	18.015	461.5	空气	—	28.97	287.0

【例1-2】　求压力为0.5MPa、温度为170℃时氮气的比体积、密度及千摩尔体积。

【解】　查表1-1，氮气的气体常数为296.8J/(kg·K)，其比体积为

$$v = \frac{RT}{p} = \frac{296.8 \times (273 + 170)}{0.5 \times 10^6} \text{m}^3/\text{kg} = 0.263 \text{m}^3/\text{kg}$$

密度为

$$\rho = \frac{1}{v} = \frac{1}{0.263} \text{kg/m}^3 = 3.802 \text{kg/m}^3$$

千摩尔体积为

$$V_M = Mv = (28.013 \times 0.263) \text{m}^3/\text{kmol} = 7.367 \text{m}^3/\text{kmol}$$

或

$$V_M = \frac{R_0 T}{p} = \frac{8314 \times (273 + 170)}{0.5 \times 10^6} \text{m}^3/\text{kmol} = 7.367 \text{m}^3/\text{kmol}$$

【例1-3】　有一充满气体的容器，容积 $V = 4.5 \text{m}^3$，容器上压力表的读数为 $p_g = 245.2 \text{kPa}$，温度计的读数为 $t = 40℃$。问在标准状态下气体的体积为多少？设大气压力 $p_b = 100 \text{kPa}$。

【解】　气体的绝对压力为

$$p = p_b + p_g = (100 + 245.2) \text{kPa} = 345.2 \text{kPa}$$

根据理想气体状态方程，可得

$$pV = mRT$$
$$p_0 V_0 = mRT_0$$

由于气体质量保持不变，故

$$\frac{pV}{T} = \frac{p_0 V_0}{T_0}$$

$$V_0 = V \frac{p}{p_0} \frac{T_0}{T} = \left(4.5 \times \frac{345.2}{101.325} \times \frac{273}{273 + 40} \right) \text{m}^3 = 13.37 \text{m}^3$$

【例1-4】　把二氧化碳压送入容积为 3m^3 的贮气筒内。初态时贮气筒上压力表读数为 0.03MPa、温度计读数为45℃；终态时压力表读数为0.3MPa，温度计读数为70℃。试求被压送入筒内的二氧化碳的质量。设当地大气压力 $p_b = 750 \text{mmHg}$。

【解】　初态时筒内二氧化碳的质量为

$$m_1 = \frac{p_1 V}{RT_1}$$

终态时筒内二氧化碳的质量为

$$m_2 = \frac{p_2 V}{RT_2}$$

被压送入筒内的二氧化碳的质量为

$$\Delta m = m_2 - m_1 = \frac{p_2 V}{RT_2} - \frac{p_1 V}{RT_1} = \frac{V}{R} \left(\frac{p_2}{T_2} - \frac{p_1}{T_1} \right)$$

$$= \left[\frac{3}{188.9} \times \left(\frac{0.3 \times 10^6 + 750 \times 133.3}{273 + 70} - \frac{0.03 \times 10^6 + 750 \times 133.3}{273 + 45} \right) \right] \text{kg}$$

$$= 12.03 \text{kg}$$

第四节　理想混合气体

热力工程上所应用的气体，往往不是单一成分的气体，而是由几种不同性质的气体组成的混合物。例如，空气是由氧气、氮气等组成的；燃料燃烧生成的烟气是由二氧化碳、水蒸气、一氧化碳、氧气、氮气等组成的。这些混合气体的各组成气体之间不发生化学反应，因此，混合气体是一种均匀混合物。若各组成气体都是理想气体，则它们的混合物也是理想气体，这种混合气体称为理想混合气体，或简称为混合气体，理想混合气体必然遵循理想气体的有关规律及关系式。本节只介绍理想混合气体的性质。

一、混合气体的温度

由于混合气体中各组成气体均匀地混合在一起，因此混合气体的温度等于各组成气体的温度，即

$$T = T_1 = T_2 = T_3 = \cdots = T_n \tag{1-14}$$

二、分压力

当混合气体的组成气体在与混合气体温度相同的条件下单独占据混合气体的体积时，所呈现的压力称为该组成气体的分压力，用符号 p_i 表示，如图 1-6b、c 所示。

道尔顿（Dalton）分压力定律指出：理想混合气体的总压力等于各组成气体的分压力之和，即

$$p = p_1 + p_2 + p_3 + \cdots + p_n = \sum_{i=1}^{n} p_i \tag{1-15}$$

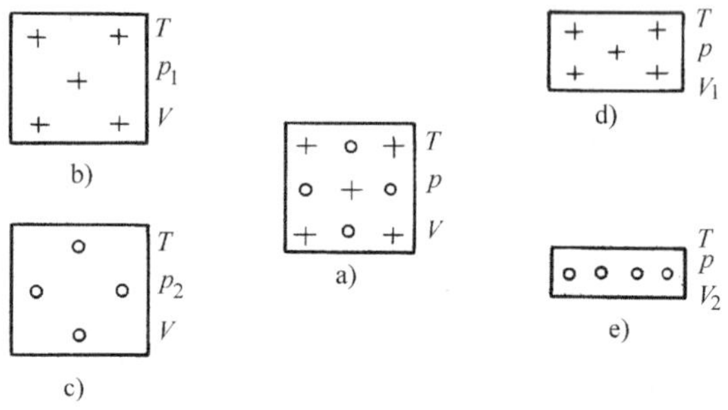

三、分体积

当混合气体的组成气体在与混合气体的温度、压力相同的条件下单独存在时，所占有的体积称为该组成气体的分体积，用符号 V_i 表示，如图 1-6d、e 所示。

图 1-6　混合气体的分压力与分体积示意图

阿密盖特（Amagoot）分体积定律指出：混合气体的总体积等于各组成气体的分体积之和，即

$$V = V_1 + V_2 + V_3 + \cdots + V_n = \sum_{i=1}^{n} V_i \tag{1-16}$$

四、混合气体的成分表示方法

混合气体的性质不仅与各组成气体的性质有关，而且与各组成气体所占的数量有关。为此，需要研究混合气体的成分。

混合气体的成分是指各组成气体在混合气体中所占数量的比率。根据物量单位不同，混合气体的成分有质量分数、体积分数、摩尔分数三种表示方法。

1. 质量分数

混合气体中某组成气体的质量 m_i 与混合气体的总质量 m 的比值称为该组成气体的质量分数，用符号 ω_i 表示，即

$$\omega_i = \frac{m_i}{m} \tag{1-17}$$

由于混合气体的总质量 m 等于各组成气体的质量 m_i 的总和，即

$$m = m_1 + m_2 + m_3 + \cdots m_n = \sum_{i=1}^{n} m_i$$

故

$$\omega_1 + \omega_2 + \omega_3 + \cdots \omega_n = \sum_{i=1}^{n} \omega_i = 1 \tag{1-18}$$

2. 体积分数

混合气体中某组成气体的分体积 V_i 与混合气体的总体积 V 的比值称为该组成气体的体积分数，用符号 φ_i 表示，即

$$\varphi_i = \frac{V_i}{V} \tag{1-19}$$

根据分体积定律可知，混合气体的总体积 V 等于各组成气体的分体积 V_i 的总和，即

$$V = V_1 + V_2 + V_3 + \cdots V_n = \sum_{i=1}^{n} V_i$$

故

$$\varphi_1 + \varphi_2 + \varphi_3 + \cdots \varphi_n = \sum_{i=1}^{n} \varphi_i = 1 \tag{1-20}$$

3. 摩尔分数

混合气体中某组成气体的摩尔数 n_i 与混合气体的总摩尔数 n 的比值称为该组成气体的摩尔分数，用符号 x_i 表示，即

$$x_i = \frac{n_i}{n} \tag{1-21}$$

由于混合气体的总摩尔数 n 等于各组成气体的摩尔数 n_i 的总和，即

$$n = n_1 + n_2 + n_3 + \cdots n_n = \sum_{i=1}^{n} n_i$$

故

$$x_1 + x_2 + x_3 + \cdots x_n = \sum_{i=1}^{n} x_i = 1 \tag{1-22}$$

4. 三种成分之间的换算关系

（1）体积分数与摩尔分数的换算

$$\varphi_i = \frac{V_i}{V} = \frac{n_i V_{mi}}{n V_m}$$

式中 V_{mi}——某组成气体的摩尔体积；

V_m——混合气体的摩尔体积。

根据阿伏加德罗定律，在同温同压下，各种气体的摩尔体积相等，即

$$V_{mi} = V_m$$

故

$$\varphi_i = \frac{n_i}{n} = x_i \tag{1-23}$$

上式表明，各组成气体的体积分数与其摩尔分数在数值上相等。

（2）质量分数与体积分数的换算

$$\omega_i = \frac{m_i}{m} = \frac{n_i M_i}{n M} = x_i \frac{M_i}{M} = \varphi_i \frac{M_i}{M} = \varphi_i \frac{R}{R_i}$$

式中 M_i——某组成气体的摩尔质量；

M——混合气体的摩尔质量。

根据阿伏加得罗定律，在同温同压下，气体的密度与其相对分子质量成正比，可得

$$\omega_i = \varphi_i \frac{M_i}{M} = \varphi_i \frac{\rho_i}{\rho} = \varphi_i \frac{v}{v_i} \tag{1-24}$$

五、混合气体的平均相对分子质量和气体常数

由于混合气体不是单一气体，所以混合气体没有确定的分子式和相对分子质量。但我们可以假定混合气体是某种单一气体，该单一气体的总质量和总摩尔数与混合气体的总质量和总摩尔数分别相等，则混合气体的总质量与总摩尔数之比就是混合气体的平均相对分子质量或折合相对分子质量，它取决于组成气体的种类和成分。

当已知各组成气体的体积分数时，

$$M = \frac{m}{n} = \frac{\sum_{i=1}^{n} n_i M_i}{n} = \sum_{i=1}^{n} x_i M_i = \sum_{i=1}^{n} \varphi_i M_i \tag{1-25}$$

$$R = \frac{R_0}{M} = \frac{R_0}{\sum_{i=1}^{n} \varphi_i M_i} = \frac{1}{\sum_{i=1}^{n} \frac{\varphi_i}{R_i}} \tag{1-26}$$

当已知各组成气体的质量分数时，

$$M = \frac{m}{n} = \frac{m}{\sum_{i=1}^{n} n_i} = \frac{m}{\sum_{i=1}^{n} \frac{m_i}{M_i}} = \frac{1}{\sum_{i=1}^{n} \frac{\omega_i}{M_i}} \tag{1-27}$$

$$R = \frac{R_0}{M} = R_0 \sum_{i=1}^{n} \frac{\omega_i}{M_i} = \sum_{i=1}^{n} \omega_i R_i \tag{1-28}$$

六、分压力的确定

根据某组成气体的分压力与分体积，分别列该气体的状态方程

$$p_i V = m_i R_i T$$
$$p V_i = m_i R_i T$$

则

$$p_i = \frac{V_i}{V} p = \varphi_i p \tag{1-29}$$

根据各种成分之间的关系式，分压力还可以表示为其他形式，如

$$p_i = \omega_i \frac{\rho}{\rho_i} p = \omega_i \frac{M}{M_i} p = \omega_i \frac{R_i}{R} p \tag{1-30}$$

【例1-5】 混合气体中各组成气体的体积分数分别为：$\varphi_{CO_2} = 12\%$；$\varphi_{O_2} = 6\%$；$\varphi_{N_2} = 75\%$；$\varphi_{H_2O} = 7\%$。混合气体的总压力 $p = 98.066kPa$。求混合气体的平均相对分子质量、气体常数及各组成气体的分压力。

【解】 平均相对分子质量为

$$M = \sum_{i=1}^{n} \varphi_i M_i = (0.12 \times 44 + 0.06 \times 32 + 0.75 \times 28 + 0.07 \times 18) kg/kmol$$

$$= 29.46 kg/kmol$$

气体常数为

$$R = \frac{8314}{29.46} J/(kg \cdot K) = 282.2 J/(kg \cdot K)$$

各组成气体的分压力为

$$p_{CO_2} = \varphi_{CO_2} p = (0.12 \times 98.066) kPa = 11.768 kPa$$

$$p_{O_2} = \varphi_{O_2} p = (0.06 \times 98.066) kPa = 5.884 kPa$$

$$p_{N_2} = \varphi_{N_2} p = (0.75 \times 98.066) kPa = 73.550 kPa$$

$$p_{H_2O} = \varphi_{H_2O} p = (0.07 \times 98.066) kPa = 6.865 kPa$$

【例1-6】 若忽略空气中的微量气体，其质量分数 $g_{O_2} = 26.79\%$；$g_{N_2} = 73.21\%$。试求空气的平均相对分子质量、气体常数及在标准状态下的比体积和密度。

【解】 平均相对分子质量为

$$M = \frac{1}{\sum\limits_{i=1}^{n} \frac{\omega_i}{M_i}} = \frac{1}{\frac{0.2679}{32} + \frac{0.7321}{28}} kg/kmol = 28.97 kg/kmol$$

气体常数为

$$R = \frac{R_0}{M} = \frac{8314}{28.97} J/(kg \cdot K) = 287 J/(kg \cdot K)$$

标准状态下的比体积为

$$v_0 = \frac{V_0}{M} = \frac{22.4}{28.97} m^3/kg = 0.7732 m^3/kg$$

标准状态下的密度为

$$\rho_0 = \frac{1}{v_0} = \frac{1}{0.7732} kg/m^3 = 1.293 kg/m^3$$

第五节 理想气体的比热容

比热容是气体的重要热力性质之一。在热工计算中，利用比热容可以计算系统与外界交换的热量、工质的内能变化、焓的变化等。

一、比热容的定义

单位质量（1kg）的气体，温度升高1K（℃）所吸收的热量称为该气体的比热容，也称为质量热容，用符号 c 表示，单位为 kJ/(kg·K) 或 kJ/(kg·℃)。其定义式为

$$c = \frac{\delta q}{dT} \tag{1-31}$$

单位体积（1标准立方米）的气体，温度升高1K（℃）所吸收的热量称为体积热容，用符号 c' 表示，单位为 kJ/(m³·K) 或 kJ/(m³·℃)。

单位物质的量（1kmol）的气体，温度升高1K（℃）所吸收的热量称为摩尔热容，用符号 C_m 表示，单位为 kJ/(kmol·K) 或 kJ/(kmol·℃)。

c、c'、C_m 的换算关系为

$$c' = \frac{C_m}{22.4} = c\rho_0 \tag{1-32}$$

式中 ρ_0——气体在标准状态下的密度，单位为 kg/m³。

二、比定容热容与比定压热容

1. 比定容热容（质量定容热容）

在定容情况下，单位质量的气体温度升高 1K（℃）所吸收的热量，称为该气体的比定容热容，用符号 c_V 表示。其表达式为

$$c_V = \frac{\delta q_V}{\mathrm{d}T}$$ (1-33)

选取不同的物量单位，相应地还有体积定容热容 c_V' 和摩尔定容热容 $C_{V,\mathrm{m}}$。

2. 比定压热容（质量定压热容）

在定压情况下，单位质量的气体温度升高 1K（℃）所吸收的热量，称为该气体的比定压热容，用符号 c_p 表示。其表达式为

$$c_p = \frac{\delta q_p}{\mathrm{d}T}$$ (1-34)

相应地还有体积定压热容 c_p' 和摩尔定压热容 $C_{p,\mathrm{m}}$。

3. 比定压热容与比定容热容的关系

理论和实践证明，比定压热容始终大于比定容热容，二者之间的关系为

$$c_p - c_V = R$$

或
$$C_{p,\mathrm{m}} - C_{V,\mathrm{m}} = MR = R_0$$ (1-35)

式（1-35）称为梅耶公式，它适用于理想气体。

4. 比热容比

比定压热容与比定容热容的比值称为比热容比或等熵指数，用符号 κ 表示。其定义式为

$$\kappa = \frac{c_p}{c_V}$$ (1-36)

将梅耶公式两边同除以 c_V，可得

$$\kappa - 1 = \frac{R}{c_V}$$

则
$$c_V = \frac{R}{\kappa - 1}$$ (1-37)

$$c_p = \frac{\kappa R}{\kappa - 1}$$ (1-38)

三、真实比热容与平均比热容

1. 真实比热容

理想气体的比热容实际上并非定值，而是随着温度的升高而增大，即

$$c = f(t)$$

对应于每一温度下的比热容，称为该温度下的真实比热容。为了便于工程应用，通常将摩尔定压热容及摩尔定容热容与温度的关系整理为如下的关系式：

$$C_{p,\mathrm{m}} = a_0 + a_1 T + a_2 T^2 + a_3 T^3$$ (1-39)

或
$$C_{V,\mathrm{m}} = (a_0 - R_0) + a_1 T + a_2 T^2 + a_3 T^3$$ (1-40)

式中 a_0、a_1、a_2、a_3——因气体而异的实验常数；

T——热力学温度，单位为 K。

利用真实比热容计算热量时，要用到积分运算。

对于定压过程

$$Q = \frac{m}{M}\int_{T_1}^{T_2} C_{p,\mathrm{m}}\mathrm{d}T$$

$$= n\int_{T_1}^{T_2}(a_0 + a_1 T + a_2 T^2 + a_3 T^3)\mathrm{d}T \tag{1-41}$$

对于定容过程

$$Q = \frac{m}{M}\int_{T_1}^{T_2} C_{V,\mathrm{m}}\mathrm{d}T$$

$$= n\int_{T_1}^{T_2}(a_0 - R_0 + a_1 T + a_2 T^2 + a_3 T^3)\mathrm{d}T \tag{1-42}$$

表 1-2 列出了不同气体对应的关系式中各实验常数的值。

表 1-2 不同气体对应的关系式中各实验常数的值

气　　体	分子式	a_0	$a_1 / \times 10^{-3}$	$a_1 / \times 10^{-6}$	$a_3 / \times 10^{-9}$	温度范围 /K	最大误差 (%)
空　　气		28.106	1.9665	4.8023	-1.9661	273~1800	0.72
氢	H_2	29.107	-1.9159	-4.0038	-0.8704	273~1800	1.01
氧	O_2	25.477	15.2022	-5.0618	1.3117	273~1800	1.19
氮	N_2	28.901	-1.5713	8.0805	-28.7256	273~1800	0.59
一氧化碳	CO	28.160	1.6751	5.3717	-2.2219	273~1800	0.89
二氧化碳	CO_2	22.257	59.8084	-35.0100	7.4693	273~1800	0.647
水　蒸气	H_2O	32.238	1.9234	10.5549	-3.5952	273~1800	0.53
乙　　烯	C_2H_4	4.1261	155.0213	-81.5455	16.9755	298~1500	0.30
丙　　烯	C_3H_6	3.7457	234.0107	-115.1278	21.7353	298~1500	0.44
甲　　烷	CH_4	19.887	50.2416	12.6860	-11.0113	273~1500	1.33
乙　　烷	C_2H_6	5.413	178.0872	-69.3749	8.7147	298~1500	0.70
丙　　烷	C_3H_8	-4.223	306.264	-158.6316	32.1455	298~1500	0.28

2. 平均比热容

比热容随温度的变化关系表示在 c-t 图上为一条曲线，如图 1-7 所示。若将气体的温度由 t_1 升高至 t_2，则所需的热量为

$$q = \int_{t_1}^{t_2} c\mathrm{d}t \tag{1-43}$$

该热量在 c-t 图上相当于面积 $DEFG$。为了简化运算，可以用一块大小相等的矩形面积 $MNFG$ 来代替面积 $DEFG$，即

$$q = \int_{t_1}^{t_2} c\mathrm{d}t = \overline{MG}(t_2 - t_1)$$

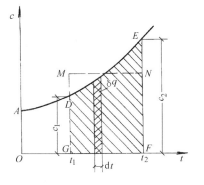

图 1-7　比热容与温度的关系

矩形高度 $\overline{MG}$ 就是在 t_1 与 t_2 温度范围内真实比热容的平均值，称为平均比热容，用符号 $c\,\Big|_{t_1}^{t_2}$ 表示，则上式可写为

$$q = \int_{t_1}^{t_2} c\mathrm{d}t = c\,\Big|_{t_1}^{t_2}(t_2 - t_1) \tag{1-44}$$

为了应用方便，可将各种常用气体的平均比热容计算出来，并列成表格，用时可以直接查表。然而 $c\,\Big|_{t_1}^{t_2}$ 值随温度范围的变化而变化，要列出任意温度范围的平均比热容表将非常烦琐。为了解决这一问题，可选取某一参考温度（通常取 $0℃$），这样表中的数值即由 $0℃$ 到任意温度 t 的平均比热容。则上式可改写为

$$q = \int_{t_1}^{t_2} c\mathrm{d}T = \int_0^{t_2} c\mathrm{d}T - \int_0^{t_1} c\mathrm{d}T$$

$$= c\,\Big|_0^{t_2}(t_2 - 0) - c\,\Big|_0^{t_1}(t_1 - 0)$$

$$= c\,\Big|_0^{t_2} t_2 - c\,\Big|_0^{t_1} t_1 \tag{1-45}$$

附表 2 列出了几种气体在理想状态下的平均比定压热容 $c_p\,\Big|_0^{t}$ 的值。

四、定值比热容

由分子运动论可知，理想气体的比热容值仅与其分子结构有关，而与其所处的状态无关。分子中原子数目相同的气体，它们的摩尔比热容值都相等。这种由分子结构决定的比热容称为定值比热容，从理论上可以推导出其近似值。表 1-3 列出了各种气体的定值摩尔热容和比热容比。

表 1-3　气体的定值摩尔热容和比热容比

	单原子气体	双原子气体	多原子气体
$C_{V,m}$	$\dfrac{3}{2}R_0$	$\dfrac{5}{2}R_0$	$\dfrac{7}{2}R_0$
$C_{p,m}$	$\dfrac{5}{2}R_0$	$\dfrac{7}{2}R_0$	$\dfrac{9}{2}R_0$
比热容比 $\kappa = \dfrac{c_p}{c_V}$	1.66	1.40	1.29

实验表明，以上定值比热容比的值只能近似地符合实际。对于单原子气体，其定值比热容比与实际值是基本一致的；而对于双原子气体，其定值比热容比与实际值就有明显的偏差；对于多原子气体，其内部原子振动能更大，实验数据与理论值的偏差也就更大，而且随着温度的升高，这些偏差将更加显著。因此，在工程计算中，只有当温度不太高或计算精度要求不太高的情况下，才能将气体的比热容比视为定值。

【例 1-7】　烟气在锅炉的烟道中温度从 $900℃$ 降低到 $200℃$，然后从烟囱排出。求标准状态下 $1m^3$ 烟气所放出的热量。烟气的成分接近于空气，可将其当作空气来考虑，而且在放热过程中烟气的压力变化很小，可认为该过程为定压过程。比热容取值按以下三种情况：①定值比热容；②真实比热容；③平均比热容。

【解】 （1）用定值比热容计算热量

将空气视为双原子气体，其摩尔定压热容为

$$C_{p,m} = \frac{7}{2}R_0 = \left(\frac{7}{2} \times 8.314\right)kJ/(kmol \cdot K) = 29.10kJ/(kmol \cdot K)$$

其标准状态下的体积定压热容为

$$c_p' = \frac{C_{p,m}}{22.4} = \frac{29.10}{22.4}kJ/(m^3 \cdot K) = 1.299kJ/(m^3 \cdot K)$$

标准状态下 $1m^3$ 烟气放出的热量为

$$Q_p = Vc_p'(t_2 - t_1) = [1 \times 1.299 \times (200 - 900)]kJ = -909.3kJ$$

（2）用真实比热容计算热量

查表 1-2，得到以下数据

$$a_0 = 28.106 \quad a_1 = 1.9665 \times 10^{-3} \quad a_2 = 4.8023 \times 10^{-6} \quad a_3 = -1.9661 \times 10^{-9}$$

标准状态下 $1m^3$ 烟气放出的热量为

$$Q_p = \frac{n}{1}\int^2 C_{p,m}dT = n\int_{T_1}^{T_2}(a_0 + a_1T + a_2T^2 + a_3T^3)dT$$

$$= \left\{\frac{1}{22.4} \times \left[a_0(T_2 - T_1) + \frac{a_1}{2}(T_2^2 - T_1^2) + \frac{a_2}{3}(T_2^3 - T_1^3) + \frac{a_3}{4}(T_2^4 - T_1^4)\right]\right\}kJ$$

$$= \left\{\frac{1}{22.4}\left[28.106 \times (473 - 1173) + \frac{1.9665 \times 10^{-3}}{2} \times (473^2 - 1173^2) + \right.\right.$$

$$\left.\left.\frac{4.8023 \times 10^{-6}}{3} \times (473^3 - 1173^3) - \frac{1.9661 \times 10^{-9}}{4} \times (473^4 - 1173^4)\right]\right\}kJ$$

$$= -996.22kJ$$

（3）用平均比热容计算热量

查附表 2，得到以下数据

$$c_p\Big|_0^{900} = 1.081kJ/(kg \cdot K)$$

$$c_p\Big|_0^{200} = 1.012kJ/(kg \cdot K)$$

将其换算成平均体积定压热容，查得空气在标准状态下的密度 $\rho_0 = 1.2932kg/m^3$，则

$$c_p'\Big|_0^{900} = c_p\Big|_0^{900}\rho_0 = (1.081 \times 1.2932)kJ/(m^3 \cdot K) = 1.398kJ/(m^3 \cdot K)$$

$$c_p'\Big|_0^{200} = c_p\Big|_0^{200}\rho_0 = (1.012 \times 1.2932)kJ/(m^3 \cdot K) = 1.309kJ/(m^3 \cdot K)$$

标准状态下 $1m^3$ 烟气放出的热量为

$$Q_p = c_p'\Big|_0^{200}t_2 - c_p'\Big|_0^{900}t_1 = (1.309 \times 200 - 1.398 \times 900)kJ/m^3 = -996.4kJ/m^3$$

本章小结

本章主要讲述了工质的基本状态参数、理想气体状态方程、理想气体的比热容及热量计算。重点内容如下：

(1) 状态参数是描述工质热力状态的物理量，是点函数。压力、温度、比体积是可以直接测量的基本状态参数，要熟练掌握它们的表示方法、单位及换算关系。

(2) 理想气体状态方程反映了理想气体在某一平衡状态下 p、V、T 之间的关系。要熟练应用理想气体状态方程求得理想气体的状态参数。

(3) 比热容是气体的一个重要的热力性质。要熟练利用比热容进行热量计算。

 习题与思考题

1-1 试说明热力状态、热力状态参数及状态方程的含义及它们的相互关系。

1-2 铁棒一端浸入冰水混合物中，另一端浸入沸水中。经过一段时间，铁棒各点温度保持恒定。试问该铁棒是否处于平衡状态？

1-3 热力平衡状态有何特征？平衡状态是否一定是均匀状态？为什么？

1-4 表压力、真空度与绝对压力之间的关系如何？为何表压力和真空度不能作为状态参数来进行热力计算？

1-5 某容器内的理想气体经过放气过程放出一部分气体。若放气前后均为平衡状态，是否符合下列关系式：

(1) $\dfrac{p_1 v_1}{T_1} = \dfrac{p_2 v_2}{T_2}$。

(2) $\dfrac{p_1 V_1}{T_1} = \dfrac{p_2 V_2}{T_2}$。

1-6 鼓风机每小时向锅炉炉膛输送 $t = 300℃$、$p = 15.2\text{kPa}$ 的空气 $1.02 \times 10^5 \text{m}^3$。锅炉房大气压力 $p_b = 101\text{kPa}$。求鼓风机每小时输送的标准状态风量。

1-7 压力为 13.7MPa、温度为 27℃ 的氮气被储存在 0.05m^3 的钢瓶中。钢瓶被一易熔塞保护防止超压（即温度超过允许温度时，易熔塞熔化使气体泄出）。问钢瓶中容纳多少千克氮？当瓶中压力超过最高压力 16.5MPa 时，易熔塞将熔化，此时的熔化温度为多少？

1-8 什么是平均比热容？它与真实比热容有什么关系？

1-9 一容器被一刚性壁分为两部分，在容器的不同部位安装了压力表，如图 1-8 所示。压力表 D 的读数为 75kPa，压力表 C 的读数为 110kPa。若大气压力为 97kPa，试求压力表 A 的读数。

1-10 由于水银蒸气对人体有害，所以在 U 形管测压计的水银液面上注入一些水，如图 1-9 所示。若测压力时，水银柱高度 $h_{Hg} = 450\text{mm}$，水柱高度 $h_{H_2O} = 100\text{mm}$，当地大气压力 $p_b = 740\text{mmHg}$。试求容器内气体的绝对压力 p（单位：Pa）。

1-11 用具有倾斜管子的微压计来测定烟道的真空度，如图 1-10 所示。管子的倾斜角 $\varphi = 30°$，管内水柱长度 $l = 160\text{mm}$，当地大气压力 $p_b = 740\text{mmHg}$。求烟道的真空度和绝对压力（单位：Pa）。

1-12 活塞式压气机每分钟将温度为 15℃、压力为 0.1MPa 的空气 1m^3 压缩后充入容积为 6m^3 的贮气筒内。已知充气前筒内温度为 15℃、压力为 0.15MPa。设充气后筒内温度升高到 45℃。试问经过多少分钟才能将储气筒压力提高至 0.8MPa？

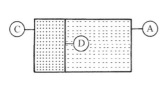

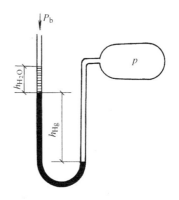

图 1-8　　　　　　　　　　　　　　　　　　图 1-9

1-13　用 U 形管压力计测量容器的压力 p，如图 1-11 所示。玻璃管末端盛以空气，弯曲部分为水银。已知在 $t_0 = 15℃$、$p_0 = 0.1MPa$ 时，两边管子的水银面高度相等。若空气部分温度 $t = 30℃$，水银面高度差 $h_1 = 300mm$，水银面上水柱高度 $h_2 = 1000mm$，空气部分玻璃管高度 $h_3 = 400mm$，求容器的压力 p。

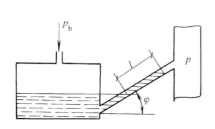

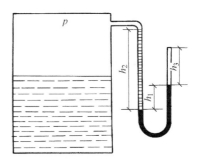

图 1-10　　　　　　　　　　　　　　　　　　图 1-11

1-14　燃烧 1kg 重油产生燃气 20kg，其中 CO_2 为 3.16kg，O_2 为 1.15kg，H_2O（将水蒸气视为理想气体）为 1.24kg，其余为 N_2。试求：该燃气的质量分数；燃气的气体常数和平均相对分子质量；燃用 1kg 重油所产生的燃气在标准状态下的体积。

1-15　如果忽略空气中的微量气体，则可认为其质量分数为 $\omega_{O_2} = 23.2\%$，$\omega_{N_2} = 76.8\%$。试求空气的折合相对分子质量、气体常数、体积分数及在标准状态下的比体积和密度。

1-16　氧气在容积为 $0.5m^3$ 的刚性密闭容器中从 20℃被加热到 640℃。设加热前的压力为 608kPa，求加热所需的热量。

1-17　封闭的容器内存有 $V = 2m^3$ 的空气，其温度 $t_1 = 20℃$，压力 $p_1 = 500kPa$。若使压力提高到 $p_2 = 1MPa$，问需要将容器内空气加热到多高温度？该过程中空气将吸收多少热量？

1-18　温度 $t_1 = 10℃$ 的冷空气进入锅炉设备的空气预热器，吸收烟气放出来的热量。已知标准状态下 $1m^3$ 烟气放出 245kJ 的热量，烟气的质量流量是空气的 1.09 倍，烟气的气体常数 $R_g = 286.45J/(kg \cdot K)$，且空气预热器没有热损失。求空气在预热器中受热后达到的温度 t_2。

1-19　为了防止机器运行时因制动而使制动装置过热，往往用水来冷却。若机器功率为 45kW，制动时有 30% 的摩擦热散于外界，冷却水温升为 30℃。求每小时所需的冷却水量。

第二章

热力学第一定律

 学习目标

1）理解热力过程的概念。
2）掌握系统与外界传递的能量形式。
3）掌握闭口系统能量方程及各项意义。
4）掌握稳定流动能量方程及各项意义，并掌握其在工程中的应用。

人们在大量的生产实践和科学实验中得出一条重要结论：能量既不可能被创造，也不可能被消灭，它只能从一种形式转换成另一种形式，或者从一个（一些）物体转移到另一个（一些）物体，而在转换或转移过程中，能量的总和保持不变。这就是能量守恒和转换定律，它是一切自然现象所必须遵守的普遍规律。

热力学第一定律是能量守恒和转换定律在热力学中的应用。在工程热力学中，热力学第一定律主要说明热能与机械能在转换过程中的能量守恒。

热力学第一定律确定了能量转换中的数量关系，是进行热工分析和热工计算的主要依据，它对热力学理论的建立和发展具有十分重要的意义。

第一节 热 力 过 程

热能与机械能的相互转换或热能的转移必须通过系统的状态变化来实现。我们把系统中工质从某一状态过渡到另一状态所经历的全部状态变化称为热力过程，或简称为过程。

一、准静态过程

系统在平衡状态下，内部的一切促使状态变化的不平衡势差都不存在。若系统与外界发生了相互作用，产生了不平衡势差，如温度差、压力差等，则系统内部状态将发生变化，系统难免偏离平衡状态。例如，处于平衡状态的某一系统吸收外界热量时，靠近热源界面的温度高于系统其他部位的温度，即系统内部产生了温度差这种势差，则系统偏离平衡状态；又如活塞式气缸中气体膨胀做功时，靠近活塞顶面的气体压力低于其他部位的压力，即系统内部产生了压力差这种势差，则系统偏离平衡状态。系统与外界相互作用越激烈，即内外势差越大，则系统偏离平衡状态也越远。若系统与外界的相互作用停止，则不平衡势差将逐渐消失，系统又恢复平衡状态。

若过程进行得比较慢，则系统在平衡状态被破坏后能不断恢复平衡状态，并且恢复平衡状态的速度快于平衡状态被破坏的速度。这样在过程中，系统处于平衡状态的时间就较长，处于不平衡状态的时间相对比较短，从而在全过程中，系统都不至于远离平衡状态。若过程进行得极其缓慢，则系统在每一瞬间的状态都无限接近于平衡状态，或者说只是无限小地偏离平衡状态，该过程称为准静态过程。由于准静态过程可以认为由一系列的平衡状态组成，所以在状态图上可用一条连续的曲线来表示。

可以看出，准静态过程是理想化了的实际过程，是实际过程进行得非常缓慢时的极限过程。但实际过程不能非常缓慢地进行，即实际过程都不是准静态过程。准静态过程与理想气体等概念一样，是科学合理的设想。但在适当的条件下，可以把实际过程近似地当作准静态过程来处理。例如，在活塞式压气机中，活塞移动的速度（即过程进行的速度）一般为每秒几米，而气体分子运动的速度和压力波传播的速度（即恢复平衡的速度）一般为每秒几百米，所以活塞式压气机进行的热力过程可当作准静态过程。

二、可逆过程

系统在经历某一过程之后沿原路线反向进行，若系统和外界都能够回复到它们各自的最初状态，则该过程称为可逆过程。否则，则称为不可逆过程。

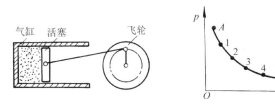

图 2-1 可逆过程

可逆过程

如图 2-1 所示，取气缸中的工质作为系统。设工质绝热膨胀而对外做功，经历了 *A-1-2-3-4-B* 的准静态过程。假想机器是没有摩擦的理想机器，工质内部也没有摩擦。工质对外做的功全部用来推动飞轮，以动能的形式储存在飞轮中。当活塞逆行时，飞轮中储存的能量逐渐释放出来用于推动活塞，使工质沿原过程线逆向进行一个压缩过程。由于机器及工质没有任何损失，过程终了时，工质及机器都回复到各自的初始状态，对外界没有留下任何影响，既没有得到功也没有消耗功。这种当系统进行正、反两个过程后，系统与外界均能完全回复到初始状态的过程就是可逆过程。否则，就是不可逆过程。

由此可见，可逆过程必定是准静态过程，而准静态过程则未必是可逆过程，它只是可逆过程的条件之一，没有机械摩擦等损失的准静态过程才是可逆过程。显然，可逆过程是准静态过程的进一步理想化，实际上是不可能实现的。引入可逆过程是一种研究方法，工程上许多涉及能量转换的过程（如动力循环、制冷循环、气体的压缩及流动等）的理论分析，都常把过程理想化为可逆过程进行分析和计算，再将理论值加以适当修正，就可得到实际过程的结果。同时，由于可逆过程没有任何损失，所以它可以作为实际过程中能量转换和转移效果的理想极限和比较标准。因此，可逆过程的提出和对可逆过程的分析研究，在热力学理论和实践上都具有重要意义。

第二节 系统储存能

运动是物质存在的形式，而能量是物质运动的量度，因此，任何物质都具有能量。物质存在不同形态的运动，相应地也就有不同形式的能量。系统储存能包括两部分。一是存储于系统内部的能量，称为内部储存能，或简称为内能；二是系统作为一个整体在参考坐标系中由于具有一定的宏观运动速度和一定的高度而具有的机械能，即宏观动能和重力位能，它们又称为外部储存能。

一、内能

内能是工质内部所具有的分子动能与分子位能的总和，主要包括以下几项：

1）分子热运动而具有的内动能。内动能的大小取决于工质的温度，温度越高，内动能越大。

2）分子间存在相互作用力而具有的内位能。内位能的大小与分子间距离有关，即与工质的比体积有关。

3）为维持一定的分子结构和原子结构而具有的化学能和原子核能等。

在讨论热能与机械能相互转换时，仅涉及内能的变化量。对于不涉及化学反应和核反应的系统，化学能和原子核能保持不变，即这两部分能量的变化量为零，可不必考虑。因此，工程热力学中的内能可以认为只包括内动能和内位能两项。

内能用符号 U 表示，单位为 J，1kg 工质所具有的内能称为质量内能，也可称为比内能，用符号 u 表示，单位为 J/kg。由于内动能取决于工质的温度，而内位能取决于工质的比体积，所以工质的内能是其温度和比体积的函数，即

$$u = f(T,v) \tag{2-1}$$

显然，内能也是状态参数，具有状态参数的一切数学特征。

对于理想气体，由于分子之间没有相互作用力，则不存在内位能，所以理想气体的内能仅包括内动能，是温度的单值函数，即

$$u = f(T) \tag{2-2}$$

二、外部储存能

外部储存能包括宏观动能 E_k 和重力位能 E_p。

（1）宏观动能　质量为 m 的物体以速度 c 运动时具有的宏观动能为

$$E_k = \frac{1}{2}mc^2$$

（2）重力位能　在重力场中，质量为 m 的物体相对于系统外的参考坐标系的高度为 z 时具有的重力位能为

$$E_p = mgz$$

三、系统储存能

系统储存能为内部储存能与外部储存能之和，用符号 E 表示，即

$$E = U + E_k + E_p$$

或

$$E = U + \frac{1}{2}mc^2 + mgz \tag{2-3}$$

对于 1kg 工质，其储存能为

$$e = u + \frac{1}{2}c^2 + gz \tag{2-4}$$

对于没有宏观运动，并且高度为零的系统，系统储存能就等于内能，即

$$E = U$$

或

$$e = u$$

第三节 系统与外界传递的能量

系统与外界传递的能量可以通过两种方式来实现，一种是传热；另一种是做功。

一、功

做功是系统与外界传递能量的一种方式。在除温度差以外的不平衡势差的作用下系统与外界传递的能量称为功。不平衡势差的存在导致了过程的进行，因此，功只有在过程中才能发生、才有意义。过程停止了，系统与外界的功量传递也相应停止。

外界功源有不同的形式，如电、磁、机械装置等，相应地，功也有不同的形式，如电功、磁功、膨胀功、轴功等。工程热力学主要研究的是热能与机械能的转换，而膨胀功是热转换为功的必要途径。另外，热工设备的机械功往往是通过机械轴来传递的。因此，膨胀功与轴功是工程热力学主要研究的两种功量形式。

1. 体积变化功

由于系统体积发生变化（增大或缩小）而通过界面向外界传递的机械功称为体积变化功（膨胀功或压缩功）。

体积变化功用符号 W 表示，单位为 J，1kg 工质传递的体积变化功用符号 w 表示，单位为 J/kg。热力学中一般规定：系统体积增大，系统对外界做膨胀功，功为正值；系统体积减小，外界对系统做压缩功，功为负值。

下面通过图 2-2 所示的气缸—活塞机构来推导可逆过程体积变化功的计算式。

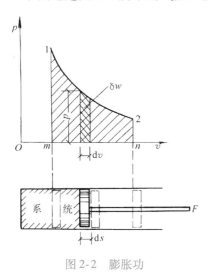

图 2-2 膨胀功

气缸内有一个可移动无摩擦的活塞，设气缸内有 1kg 气体，取其为热力系统。当系统克服外力 F 推动活塞移动微小距离 ds 时，系统对外所做的功为

$$\delta w = Fds$$

若热力过程为可逆过程，则内外没势差，即作用在活塞上的外力与系统作用在活塞上的力相等，则外力就可以用系统内部的状态参数来表示，即

$$F = pA$$

式中 A——活塞的截面积；

p——系统的压力。

故 $\delta w = pAds = pdv$ (2-5)

式中 dv——系统体积的微小变化。

对于可逆过程1—2，系统所做的功为

$$w = \int_1^2 pdv \tag{2-6}$$

膨胀功

式（2-6）不仅适用于膨胀过程，也适用于压缩过程。

可以看出，在 p-v 图上，体积变化功 w 的值为过程曲线下的面积 $12nm1$，因此，又称 p-v 图为示功图。显然，在初、终状态相同的情况下，若系统经历的过程不同，则体积变化功的大小也不同。由此可知，体积变化功的大小不仅与系统的初、终状态有关，还与系统经历的过程有关。因此，体积变化功是一个与过程特征有关的过程量而不是状态量。

2. 轴功

系统通过机械轴与外界传递的机械功称为轴功。如图 2-3a 所示，外界功源向刚性绝热闭口系统输入轴功，该轴功转换成热量而被系统吸收，使系统的内能增加。由于刚性容器中的工质不能膨胀，热量不可能自动地转换成机械功，所以刚性闭口系统不能向外界输出轴功。但开口系统可与外界传递轴功（输入或输出），如图2-3b所示。工程上许多动力机械，如汽轮机、内燃机、风机、压气机等都是靠机械轴传递机械功，所以可以说，轴功是开口系统与外界交换的机械功形式，它是过程量而不是状态量。

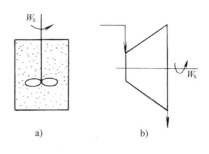

图2-3 轴功示意图

轴功用符号 W_s 表示，单位为J，1kg工质传递的轴功用符号 w_s 表示，单位为J/kg。热力学中一般规定：系统向外输出的轴功为正值；外界输入的轴功为负值。

二、热量

当温度不同的两个物体相互接触时，高温物体会逐渐变冷，低温物体会逐渐变热。显然，有一部分能量从高温物体传给了低温物体。这种仅仅在温差作用下系统与外界传递的能量称为热量。

热量是系统与外界之间所传递的能量，而不是系统本身具有的能量，故不应该说"系统在某状态下具有多少热量"，而只能说"系统在某个过程中与外界交换了多少热量"。也就是说，热量的值不仅与系统的状态有关，还与传热时所经历的具体过程有关，因此，热量是一个与过程特征有关的过程量而不是状态量。

热量用符号 Q 表示，单位为J，1kg工质传递的热量用 q 表示，单位为J/kg，热力学中一般规定：系统吸收的热量为正值；系统放出的热量为负值。

热量与功量都是系统与外界通过边界交换的能量，且都是与过程有关的量，因此，二者之间必定存在相似性。在可逆过程中，体积变化功可用 $\delta w = p dv$ 表示，其中参数 p 是功量传递的推动力，dv 是有无体积变化功传递的标志；热量传递中参数 T 是推动力，与做功情况相应，热量可用下式表示：

$$\delta q = T ds \qquad (2-7)$$

对于可逆过程1—2，传递的热量为

$$q = \int_1^2 T ds \qquad (2-8)$$

式中 s——熵，同 v 一样是一个状态参数。

与示功图 p-v 相应，以热力学温标 T 为纵坐标，以熵 s 为横坐标构成 T-s 图，如图2-4所示。

可以看出，在 T-s 图中，热量 q 的值为过程曲线下的面积12341，因此，又称 T-s 图为示热图。从图中分析可知，系统的初、终状态相同，但经历的过程不同，其传热量也不相同，这也再次说明热量是过程量，它与过程特性有关。

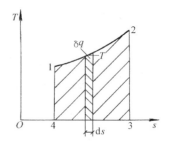

图2-4 T-s 图

第四节 第一定律闭口系统能量方程

一、闭口系统能量方程

热力学第一定律解析式是热力系统在状态变化过程中的能量平衡方程式，也是分析热力系统状态变化过程的基本方程式。由于不同的系统能量交换的形式不同，所以能量方程有不同的表达形式，但它们的实质是一样的。

闭口系统与外界没有物质的交换，只有热量和功量交换。如图2-5所示，取气缸内的工质为系统，在热力过程中，系统从外界热源吸取热量 Q，对外界做体积变化功（膨胀功）W。根据热力学第一定律，系统总储存能的变化应等于进入系统的能量与离开系统的能量之差，即

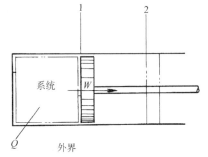

$$E_2 - E_1 = Q - W$$

式中　E_1——系统初状态的储存能；

　　　E_2——系统终状态的储存能。

对于闭口系统涉及的许多热力过程而言，系统储存能中的宏观动能 E_k 和重力位能 E_p 均不发生变化，因此，热力过程中系统储存能的变化等于系统内能的变化，即

图2-5　闭口系统的能量转换

$$E_2 - E_1 = U_2 - U_1 = \Delta U$$

故　　　　　　　　　　　　$$\Delta U = Q - W$$

或　　　　　　　　　　　　$$Q = \Delta U + W \tag{2-9}$$

对于1kg工质

$$q = \Delta u + w \tag{2-10}$$

对于微元热力过程

$$\delta q = du + \delta w \tag{2-11}$$

以上各式均为闭口系统能量方程。它表明，加给系统一定的热量，一部分用于改变系统的内能，一部分用于对外做膨胀功。闭口系统能量方程反映了热功转换的实质，是热力学第一定律的基本方程。虽然该方程是由闭口系统推导而得，但因热量、内能和体积变化功三者之间的关系不受过程性质限制（可逆或不可逆），所以它同样适用于开口系统。

二、内能的计算

根据闭口系统能量方程　　　　　　$\delta q = du + \delta w$

对于定容过程，$\delta w_V = 0$，$\delta q_V = c_V dT$，则闭口系统能量方程为

$$\delta q_V = du_V$$

故　　　　　　　　　　$$du_V = \delta q_V = c_V dT$$

对于理想气体，由于内能是温度的单值函数，故

$$du = c_V dT \tag{2-12}$$

对于有限过程1—2

$$\Delta u = \int_{T_1}^{T_2} c_V dT$$

若取定值比热容，则

$$\Delta u = c_V(T_2 - T_1) \tag{2-13}$$

虽然式（2-12）、式（2-13）是通过定容过程推导得出的，但由于理想气体的内能仅是温度 T 的单值函数，所以只要过程中温度的变化相同，内能的变化也就相同。因此，以上两式适用于理想气体的一切过程。

【例2-1】　定量工质经历一个由四个过程组成的循环。试填充表2-1中所缺数据。

表 2-1

过程	Q/kJ	W/kJ	ΔU/kJ
1—2	1390	0	
2—3	0		−395
3—4	−1000	0	
4—1	0		

【解】 根据式 (2-9)，可得

$$\Delta U_{12} = Q_{12} - W_{12} = (1390 - 0)\text{kJ} = 1390\text{kJ}$$

$$W_{23} = Q_{23} - \Delta U_{23} = [0 - (-395)]\text{kJ} = 395\text{kJ}$$

$$\Delta U_{34} = Q_{34} - W_{34} = (-1000 - 0)\text{kJ} = -1000\text{kJ}$$

由于

$$\oint dU = 0$$

故 $\Delta U_{41} = -(\Delta U_{12} + \Delta U_{23} + \Delta U_{34}) = [-(1390 - 395 - 1000)]\text{kJ} = 5\text{kJ}$

再根据式 (2-9)，可得

$$W_{41} = Q_{41} - \Delta U_{41} = (0 - 5)\text{kJ} = -5\text{kJ}$$

【例 2-2】 5kg 气体在热力过程中吸热 70kJ，对外膨胀做功 50kJ。该过程中内能如何变化？每千克气体内能的变化为多少？

【解】 根据式 (2-9)，可得

$$\Delta U = Q - W = (70 - 50)\text{kJ} = 20\text{kJ}$$

由于 $\Delta U = 20\text{kJ} > 0$，所以系统内能增加。

每千克气体内能的变化为

$$\Delta u = \frac{\Delta U}{m} = \frac{20}{5}\text{kJ/kg} = 4\text{kJ/kg}$$

【例 2-3】 绝热刚性容器中有一隔板将其分成 A、B 两部分。开始时，A 中盛有 $T_A = 300\text{K}$、$p_A = 0.1\text{MPa}$、$V_A = 0.5\text{m}^3$ 的空气；B 中盛有 $T_B = 350\text{K}$、$p_B = 0.5\text{MPa}$、$V_B = 0.2\text{m}^3$ 的空气。求打开隔板后两容器达到平衡时的温度和压力。

【解】 取容器中的全部气体为系统，该系统为闭口系统。由题意可知 $Q = 0$，$W = 0$，根据式 (2-9)，可得

$$\Delta U = 0$$

即 $$\Delta U_A + \Delta U_B = 0$$

设空气的终态温度为 T，空气比热容为定值，则

$$m_A c_V (T - T_A) + m_B c_V (T - T_B) = 0$$

根据理想气体状态方程，可得

$$m_A = \frac{p_A V_A}{R T_A}; m_B = \frac{p_B V_B}{R T_B}$$

将其代入上式，整理后可得

$$T = T_A T_B \left(\frac{p_A V_A + p_B V_B}{p_A V_A T_B + p_B V_B T_A} \right)$$

$$= \left(300 \times 350 \times \frac{0.1 \times 0.5 + 0.5 \times 0.2}{0.1 \times 0.5 \times 350 + 0.5 \times 0.2 \times 300} \right) \text{K}$$

$$= 332\text{K}$$

终态压力为

$$p = \frac{mRT}{V} = \frac{(m_A + m_B)RT}{V_A + V_B} = \frac{p_A V_A + p_B V_B}{V_A + V_B}$$

$$= \frac{0.1 \times 0.5 + 0.5 \times 0.2}{0.5 + 0.2}\text{MPa} = 0.214\text{MPa}$$

第五节 第一定律开口系统能量方程

热能工程中将会遇到许多设备，如汽轮机、锅炉、换热器、空调机等，由于它们在工作过程中都有工质的流入和流出，均属于开口系统，所以开口系统具有很重要的实用意义。

一、通过开口系统边界的能量传递

对于开口系统，通常选取控制体进行研究。控制体是在空间中用假想的界面而包围的一定的空间体积，通过它的边界有物质的流入和流出，也有能量的流入和流出。开口系统与外界传递能量有以下特点：

1）所传递能量的形式（热量和功）虽然与闭口系统相同，但由于所选取的控制体界面是固定的，所以开口系统与外界交换的功形式不是体积变化功而是轴功。

2）由于有物质流入和流出界面，系统与外界之间又产生两种另外的能量传递方式。

① 流动工质本身所具有的储存能将随工质流入或流出控制体而带入或带出控制体。这种能量转移既不是热量，也不是功，而是系统与外界间直接的能量交换。

$$E = U + \frac{1}{2}mc^2 + mgz$$

或

$$e = u + \frac{1}{2}c^2 + gz$$

② 当工质流入和流出控制体界面时，后面的流体推开前面的流体而前进，这样后面的流体必须对前面的流体做功，从而系统与外界就会发生功量交换，这种功称为推动功或流动功。

如图 2-6 所示，设有质量为 m、体积为 V 的工质将要进入控制体。若控制体界面处工质的压力为 p、比体积为 v、流动截面积为 A。工质克服来自前方的抵抗力，移动距离 s 而进入控制体。这样工质对系统所做的流动功为

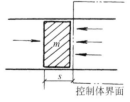

图 2-6 流动功

$$W_f = Fs = pAs = pV$$

或
$$w_f = \frac{W_f}{m} = pv \tag{2-14}$$

由上式可知，流动功的大小由工质的状态参数所决定。推动 1kg 工质进入控制体内所需要的流动功可以按照入口界面处的状态参数 $p_1 v_1$ 来计算；推动 1kg 工质离开控制体所需要的流动功可以按照出口界面处的状态参数 $p_2 v_2$ 来计算。则 1kg 工质流入和流出控制体的净流动功为

$$\Delta w_f = p_2 v_2 - p_1 v_1 \tag{2-15}$$

流动功是一种特殊的功，其数值取决于控制体进、出口界面上工质的热力状态。

二、开口系统能量方程

图 2-7 所示为一个典型的开口系统，取双点画线内空间为控制体来进行分析。通过控制体的界面有热量和功量（轴功）的交换，还有物质的交换。同时，由于物质的交换，又引起了控制体与外界之间能量的直接交换和流动功的交换。

系统经历某一热力过程时，由于系统与外界的质量交换和能量交换并非都是恒定的，有时是随时间发生变化的，所以控制体内既有能量的变化，也有质量的变化，一般来说能量变化往往是因质量变化而引起的。因此，

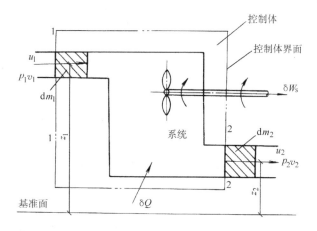

图 2-7　开口系统

在分析时，必须同时考虑控制体内的质量变化和能量变化。根据质量守恒原理，控制体内质量的增减必等于进、出控制体的质量的差值，即

$$进入控制体的质量 - 离开控制体的质量 = 控制体内质量的变化$$

根据能量守恒原理，控制体内能量的增减必等于进、出控制体的能量的差值，即

$$进入控制体的能量 - 离开控制体的能量 = 控制体内能量的变化$$

设控制体在某一瞬时进行了一个微元热力过程。在这段时间内，有 dm_1 和 dm_2 的工质分别流入和流出控制体，伴随单位质量的工质分别有能量 e_1 和 e_2 流入和流出控制体；同时还有微元热量 δQ 进入控制体，有微元轴功 δW_s 传出控制体，以及伴随单位质量的工质分别有流动功 $p_1 v_1$ 和 $p_2 v_2$ 流入和流出控制体。则可以写出

$$dm_1 - dm_2 = dm_{sys} \tag{2-16}$$

式中　m_{sys}——控制体内的质量。

$$dm_1 e_1 + dm_1 p_1 v_1 + \delta Q - dm_2 e_2 - dm_2 p_2 v_2 - \delta W = d(me)_{sys} \tag{2-17}$$

式中　$(me)_{sys}$——控制体内的能量。

将式（2-4）代入上式，整理后可得

$$dm_1 \left(u_1 + p_1 v_1 + \frac{c_1^2}{2} + gz_1 \right) - dm_2 \left(u_2 + p_2 v_2 + \frac{c_2^2}{2} + gz_2 \right) + \delta Q - \delta W_s$$

$$= d \left[m \left(u + \frac{c^2}{2} + gz \right) \right]_{sys} \tag{2-18}$$

令
$$h = u + pv \tag{2-19}$$

由于 u、p 和 v 都是状态参数，所以 h 必定也是状态参数，称其为质量焓，也可称为比焓，单位为 kJ/kg。对于质量为 m kg 工质的焓，用符号 H 表示，单位为 kJ。

$$H = mh = U + pV \tag{2-20}$$

由此，式（2-18）可以写成

$$dm_1 \left(h_1 + \frac{c_1^2}{2} + gz_1 \right) - dm_2 \left(h_2 + \frac{c_2^2}{2} + gz_2 \right) + \delta Q - \delta W_s$$

$$= \mathrm{d}\left[m\left(u + \frac{c^2}{2} + gz\right)\right]_{\mathrm{sys}} \tag{2-21}$$

式（2-18）、式（2-21）均为开口系统能量方程。由于它是在最普遍情况下得出的，所以对于稳定与不稳定流动、可逆与不可逆过程、开口系统与闭口系统都适用。

对于闭口系统，由于系统边界上没有物质的流入和流出，所以 $\mathrm{d}m_1 = \mathrm{d}m_2 = \mathrm{d}m_{\mathrm{sys}} = 0$，则式（2-21）可简化为

$$\delta Q - \delta W_{\mathrm{s}} = m\mathrm{d}\left(u + \frac{c^2}{2} + gz\right)_{\mathrm{sys}}$$

在闭口系统中，由于工质的动能和位能变化与内能变化相比很小，可以忽略，且闭口系统与外界交换的功量为体积变化功，故

$$\delta Q - \delta W = \mathrm{d}U_{\mathrm{sys}}$$

上式与闭口系统能量方程式形式一致。从以上分析可知，开口系统能量方程与闭口系统能量方程虽然表达形式不同，但实质是相同的。

三、焓的物理意义及计算

在开口系统中，焓是内能和流动功之和，也表示工质在流动中所携带的由热力状态决定的那一部分能量。若工质的动能和位能可以忽略，则随工质流入和流出系统的总能量就是焓。在闭口系统中，由于没有工质流入或流出，pv 不再是流动功，所以焓只是一个复合状态参数，是由内能、压力和比体积经过一定数学运算得到的一个新的状态参数。

对于理想气体，由于 $u = f(T)$ 及 $pv = RT$，故

$$h = u + pv = f(T) + RT = f'(T)$$

由上式可知，理想气体的焓和内能一样，也仅是温度的单值函数。

根据闭口系统能量方程 $\qquad \delta q = \mathrm{d}u + \delta w$

由于 $\delta w = p\mathrm{d}v$，故

$$\delta q = \mathrm{d}u + p\mathrm{d}v$$

对于定压过程，$\mathrm{d}p = 0$ 或 $v\mathrm{d}p = 0$，则闭口系统能量方程可写为

$$\delta q_p = \mathrm{d}u + p\mathrm{d}v + v\mathrm{d}p = \mathrm{d}(u + pv)_p = \mathrm{d}h_p$$

由于 $\delta q_p = c_p \mathrm{d}T$，故

$$\mathrm{d}h_p = c_p \mathrm{d}T$$

对于理想气体，由于焓是温度的单值函数，故

$$\mathrm{d}h = c_p \mathrm{d}T \tag{2-22}$$

对于有限过程 1—2

$$\Delta h = \int_{T_1}^{T_2} c_p \mathrm{d}T$$

若取定值比热容，则

$$\Delta h = c_p (T_2 - T_1) \tag{2-23}$$

虽然式（2-22）、式（2-23）是通过定压过程导出的，但由于理想气体的焓是温度的单值函数，所以只要过程中温度的变化相同，焓的变化也就相同。因此，以上两式适用于理想气体的一切过程。

在研究热能与机械能相互转换或热能转移的过程中，需要确定的是焓或内能在过程中的

变化量 Δh 或 Δu，并不注重在某状态下焓或内能的实际值。为此，在热工计算中常常取某状态为基准状态（如0K、0℃或纯水的三相点温度0.01℃等），令该状态下的焓或内能的值为零，而其余状态下的焓或内能，则是相应于各自基准状态下的焓或内能的差值而已。

【例2-4】 压缩空气总管向储气罐充气，储气罐与总管相连的管段上有配气阀门，如图2-8所示。充气前，配气阀门关闭，储气罐内为真空。阀门开启后，压缩空气进入罐内，一直到罐内压力与总管压力相等。若总管内压缩空气的参数恒定为 $p_1 = 1\text{MPa}$，$T_1 = 300\text{K}$，且充气过程绝热，充气过程中储气罐内气体状态均匀变化。求充气后储气罐内压缩空气的温度。

【解】 取储气罐为控制体，如图2-8中双点画线所示。

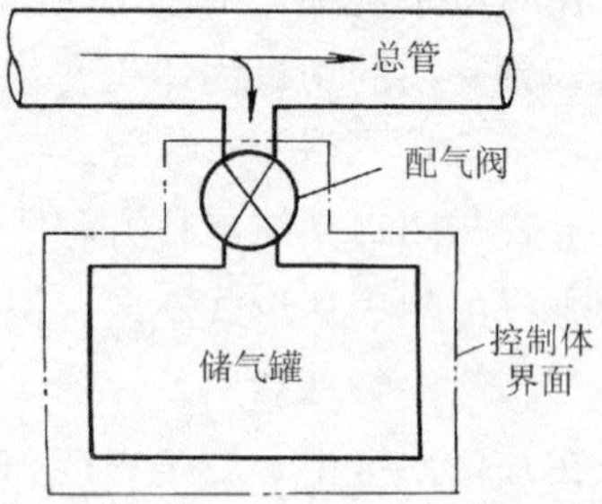

分析该充气过程，系统与外界没有热量和功量的交换，并且只有进气，没有排气，则

$$\delta Q = 0; \delta W_s = 0; dm_2 = 0$$

另外，气体的动能和位能变化很小，可以忽略。将以上条件代入式（2-21）可得

$$dm_1 h_1 = d(mu)_{sys}$$

对于整个充气过程

$$\int_0^{m_1} dm_1 h_1 = \int_{sys_1}^{sys_2} d(mu)_{sys}$$

则

$$m_1 h_1 = (mu)_{sys2} - (mu)_{sys1}$$

由于充气前储气罐内为真空，即 $(mu)_{sys1} = 0$，故 $m_1 = m_{sys2}$

则

$$h_1 = u_{sys2}$$

将 $h_1 = c_p T_1$，$u_{sys2} = c_V T_{sys2}$ 代入上式，可得罐内空气温度为

$$T_{sys2} = \frac{c_p T_1}{c_V} = kT_1 = 1.4 \times 300\text{K} = 420\text{K}$$

图2-8 例2-4图

由此可知，从压缩空气总管中进入储气罐气体的焓，完全转变为储气罐内气体的内能。

第六节 开口系统稳定流动能量方程及应用

工程上常见的热工设备，如锅炉、换热器、风机等，当它们正常运行时，系统内任何一点的热力状态和流动情况均不随时间而变化，系统与外界交换的功量和热量也不随时间变化。这样工质以恒定的流量连续不断地进出系统，系统内工质的质量和能量既不会越来越多，也不会越来越少，也不随时间变化。这种工况称为稳态稳流，或称为稳定流动。

一、稳定流动能量方程

根据稳定流动工况特征可知：

1）工质流过系统任何断面截面上的质量均相等，且为定值，即

$$dm_1 = dm_2 = \cdots = dm = \text{定值}$$

2）系统的能量不随时间而变化，即

$$dE_{sys} = d\left[m\left(u + \frac{c^2}{2} + gz \right) \right]_{sys} = 0$$

则式（2-21）可写为

$$\delta Q = \mathrm{d}m\left[(h_2 - h_1) + \frac{1}{2}(c_2^2 - c_1^2) + g(z_2 - z_1)\right] + \delta W_s$$

对于1kg 工质

$$q = (h_2 - h_1) + \frac{1}{2}(c_2^2 - c_1^2) + g(z_2 - z_1) + w_s$$

$$= \Delta h + \frac{1}{2}\Delta c^2 + g\Delta z + w_s \tag{2-24}$$

对于质量为 $m$kg 的工质

$$Q = \Delta H + \frac{1}{2}m\Delta c^2 + mg\Delta z + W_s \tag{2-25}$$

对于微元热力过程

$$\delta q = \mathrm{d}h + \frac{1}{2}\mathrm{d}c^2 + g\mathrm{d}z + \delta w_s \tag{2-26}$$

式（2-24）～式（2-26）均为稳定流动能量方程的表达式，它们适用于稳态稳流的可逆与不可逆过程。

二、技术功

稳定流动能量方程中的动能变化 $\frac{1}{2}\Delta c^2$、位能变化 $g\Delta z$ 及轴功 w_s 都属于机械能，是热力过程中可被直接利用来做功的能量，统称为技术功，用符号 w_t 表示，即

$$w_t = \frac{1}{2}\Delta c^2 + g\Delta z + w_s \tag{2-27}$$

对于微元热力过程

$$\delta w_t = \frac{1}{2}\mathrm{d}c^2 + g\mathrm{d}z + \delta w_s \tag{2-28}$$

则稳定流动能量方程又可写为

$$q = \Delta h + w_t \tag{2-29}$$

或

$$\delta q = \mathrm{d}h + \delta w_t \tag{2-30}$$

由式（2-29），可得

$$w_t = q - \Delta h = (\Delta u + w) - (\Delta u + p_2 v_2 - p_1 v_1)$$

$$= w + p_1 v_1 - p_2 v_2 \tag{2-31}$$

上式表明，技术功等于体积变化功与流动功的代数和。

对于稳定流动的可逆过程

$$\delta w_t = \delta q - \mathrm{d}h = (\mathrm{d}u + p\mathrm{d}v) - \mathrm{d}(u + pv)$$

$$= \mathrm{d}u + p\mathrm{d}v - \mathrm{d}u - p\mathrm{d}v - v\mathrm{d}p$$

即

$$\delta w_t = -v\mathrm{d}p \tag{2-32}$$

对于可逆过程 1—2

$$w_t = -\int_1^2 v\mathrm{d}p$$

可以看出，在 p-v 图上，技术功 w_t 的值为过程曲线向纵坐标轴投射所得的面积12341。

技术功、体积变化功与流动功之间的关系，由式（2-31）及图2-9可知

$$w_t = w + p_1 v_1 - p_2 v_2$$

$$= 面积\,12561 + 面积\,41604 - 面积\,23052$$

显然，技术功也是过程量，其值取决于初、终状态及过程特性。

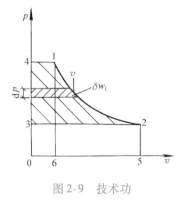

图2-9　技术功

在一般的工程设备中，往往可以不考虑工质动能和位能的变化，则技术功就等于轴功，即

$$w_t = w_s = w + p_1 v_1 - p_2 v_2 \qquad (2\text{-}33)$$

以上各式也是热力学第一定律能量方程的形式，在使用时应注意其使用条件。

三、稳定流动能量方程的应用

许多热力设备在不变的工况下工作时，工质的流动可视为稳定流动，此类问题可以应用稳定流动能量方程来分析其流动过程中能量的转换。对于一些具体的设备在不同条件下，稳定流动能量方程可简化为不同形式。下面列举几种工程应用实例。

1. 动力机

利用工质的膨胀而获得机械功的设备称为动力机，如汽轮机、燃气涡轮等。

根据稳态稳流能量方程

$$q = \Delta h + \frac{1}{2}\Delta c^2 + g\Delta z + w_s$$

如图2-10所示，当工质流过汽轮机时，由于进出口的速度变化不大，进出口的高度差一般很小，又由于工质很快流过汽轮机，系统与外界来不及进行热量交换，即散热很小，故可认为

$$\frac{1}{2}\Delta c^2 \approx 0$$

$$g\Delta z \approx 0$$

$$q \approx 0$$

则式（2-24）可简化为

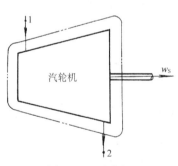

图2-10　动力机

$$w_s = -\Delta h = h_1 - h_2$$

上式表明，在汽轮机等动力机中，系统所做的轴功等于工质的焓降。

2. 热交换设备

以热量交换为主要工作方式的设备称为热交换设备，如锅炉、空气加热器、蒸发器、冷凝器等。如图2-11所示，当工质流过热交换设备时，系统与外界没有功量交换，且动能、位能的变化很小，故可认为

$$w_s = 0$$

$$g\Delta z \approx 0$$

$$\frac{1}{2}\Delta c^2 \approx 0$$

则式（2-24）可简化为

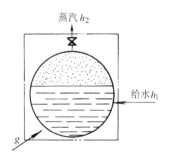

图2-11　锅炉

$$q = \Delta h = h_2 - h_1$$

上式表明，在锅炉等热交换设备中，工质所吸收的热量等于焓的增加。

3. 压气机

消耗机械功而获得高压气体的设备称为压气机，这类设备类似于动力机的反方向作用。当工质流过压气机时，同动力机一样，可认为

$$\frac{1}{2}\Delta c^2 \approx 0$$

$$g\Delta z \approx 0$$

$$q \approx 0$$

则式（2-24）可简化为

$$-w_s = \Delta h = h_2 - h_1$$

上式表明，压气机绝热压缩所消耗的轴功等于工质焓的增加。

4. 喷管

用以使气流加速的一种短管称为喷管。如图2-12所示，工质流过喷管时，与外界没有功量交换，且工质流过喷管的时间短，系统与外界来不及交换热量，位能的变化也很小，故可认为

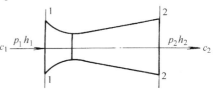

图 2-12　喷管示意图

$$w_s = 0$$

$$g\Delta z \approx 0$$

$$q \approx 0$$

则式（2-24）可简化为
$$\frac{1}{2}\Delta c^2 = h_1 - h_2$$

即
$$\frac{1}{2}(c_2^2 - c_1^2) = h_1 - h_2$$

上式表明，在喷管中，工质动能的增加等于其焓降。

【例2-5】　空气在某压气机中被压缩，压缩前空气的参数为 $p_1 = 100\text{kPa}$、$v_1 = 0.845\text{m}^3/\text{kg}$；压缩后空气的参数为 $p_2 = 800\text{kPa}$、$v_2 = 0.175\text{m}^3/\text{kg}$。在压缩过程中每1kg空气的内能增加150kJ，同时向外界放出热量50kJ，压气机每分钟生产压缩空气10kg。试求：①压缩过程中对每1kg气体所做的体积变化功（压缩功）；②每生产1kg压缩空气所需的轴功；③带动此压气机要用多大功率的电动机？

【解】　①根据式（2-10），可得
$$w = q - \Delta u = (-50 - 150)\text{kJ/kg} = -200\text{kJ/kg}$$

②由式（2-33），可得
$$w_s = w + p_1v_1 - p_2v_2$$
$$= (-200 + 100 \times 0.845 - 800 \times 0.175)\text{kJ/kg}$$
$$= -255.5\text{kJ/kg}$$

③带动此压气机所需电动机的功率为
$$P = \dot{m}w_s = \frac{10 \times 255.5}{60}\text{kW} = 42.6\text{kW}$$

【例2-6】 工质以 $c_1 = 3\text{m/s}$ 的速度通过截面 $A_1 = 45\text{cm}^2$ 的管道进入动力机。已知进口处 $p_1 = 689.48\text{kPa}$，$v_1 = 0.3373\text{m}^3/\text{kg}$，$u_1 = 2326\text{kJ/kg}$，出口处 $h_2 = 1395.6\text{kJ/kg}$。若忽略工质的动能及位能的变化，且不考虑散热，求该动力机的功率。

【解】 工质的质量流量为

$$\dot{m} = \frac{c_1 A_1}{v_1} = \frac{3 \times 45 \times 10^{-4}}{0.3373}\text{kg/s} = 0.0400\text{kg/s}$$

进口处焓值为

$$h_1 = u_1 + p_1 v_1 = (2326 + 689.48 \times 0.3373)\text{kJ/kg} = 2558.6\text{kJ/kg}$$

动力机的功率为

$$P = \dot{m}(h_1 - h_2) = [0.04 \times (2558.6 - 1395.6)]\text{kW} = 46.52\text{kW}$$

【例2-7】 风机与空气加热器相连，如图 2-13 所示。空气进入风机时的状态参数为 $p_1 = 100\text{kPa}$，$t_1 = 0\,℃$，风量 $V_1 = 2000\text{m}^3/\text{h}$。通过加热器后空气温度为 $t_2 = 150\,℃$，压力保持不变。风机功率 $P = 2\text{kW}$。设空气比热容为定值，忽略系统散热损失。试求：空气在加热器中吸收的热量；整个过程中单位质量空气的内能和焓的变化。

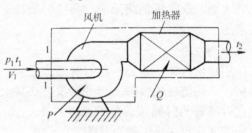

图 2-13 例 2-7 图

【解】 取风机和加热器为控制体，如图 2-13 中双点画线所示。

空气的质量流量为

$$\dot{m} = \frac{pV}{RT} = \frac{100 \times 2000}{0.287 \times 273}\text{kg/h} = 2552.6\text{kg/h}$$

空气的比定容热容为

$$c_V = \frac{5}{2}R = \left(\frac{5}{2} \times 0.287\right)\text{kJ/(kg·K)} = 0.7175\text{kJ/(kg·K)}$$

空气的比定压热容为

$$c_p = c_V + R = (0.7175 + 0.287)\text{kJ/(kg·K)} = 1.0045\text{kJ/(kg·K)}$$

(1) 根据稳态稳流能量方程

$$Q = \Delta H + \frac{1}{2}m\Delta c^2 + mg\Delta z + W_s$$

忽略动能、位能变化，可得

$$
\begin{aligned}
Q &= \Delta H + W_s = \dot{m}\, c_p(t_2 - t_1) - 3600P \\
&= [2552.6 \times 1.0045 \times (150 - 0) - 3600 \times 2]\text{kJ/h} \\
&= 377413\text{kJ/h} = 104.8\text{kW}
\end{aligned}
$$

(2) 单位质量空气内能的变化为

$$\Delta u = c_V(t_2 - t_1) = [0.7175 \times (150 - 0)]\text{kJ/kg} = 107.6\text{kJ/kg}$$

（3）单位质量空气焓的变化为

$$\Delta h = c_p(t_2 - t_1) = [1.0045 \times (150 - 0)]\text{kJ/kg} = 150.7\text{kJ/kg}$$

 本章小结

本章主要讲述了系统与外界传递的能量形式、热力学第一定律及其应用。重点内容如下：

（1）功量和热量是系统与外界交换的能量，且都与过程特性有关，是过程量。

（2）热力学第一定律是热工学的重要定律，是能量守恒和转换定律在热力学中的应用。要熟练掌握热力学第一定律及其应用。

 习题与思考题

2-1　什么是准静态过程？什么是可逆过程？两者有何联系和区别？

2-2　下列各式适用于何种条件？

（1）$\delta q = \mathrm{d}u + \delta w + w_t$

（2）$\delta q = \mathrm{d}u + p\mathrm{d}v$

（3）$\delta q = c_V\mathrm{d}T + p\mathrm{d}v$

（4）$\delta q = \mathrm{d}h + w_t$

（5）$\delta q = c_p\mathrm{d}T - v\mathrm{d}p$

2-3　说明以下论断是否正确。

（1）气体吸热后一定膨胀，内能一定增加。

（2）气体膨胀时一定对外做功。

（3）气体压缩时一定消耗外功。

（4）气体放热，其内能一定减小。

2-4　体积变化功、流动功、轴功和技术功有何区别和联系？试在 $p\text{-}v$ 图上表示。

2-5　"任何没有体积变化的过程就一定不对外做功"这种说法对吗？为什么？

2-6　气体在某一过程中吸热 12kJ，同时内能增加 20kJ。问此过程是膨胀过程还是压缩过程？对外所做的功为多少？

2-7　2kg 气体在压力 0.5MPa 下定压膨胀，体积增大了 0.12m³，同时吸热 65kJ。求气体比内能的变化。

2-8　容器被隔板分为 A、B 两部分，如图 2-14 所示。若 A 侧有压力为 600kPa、温度为 27℃ 的空气，B 侧为真空，且 $V_B = 5V_A$。若将隔板抽出，空气迅速膨胀充满整个容器，并且过程在绝热条件下进行。试求容器内终态的压力与温度。

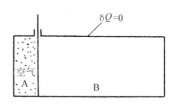

图　2-14

2-9　压缩空气总管向储气罐充气，如图 2-15 所示。已知充气前罐内空气为压力 50kPa、温度 10℃。若总管内压缩空气参数恒定为 500kPa、25℃，且充气过程绝热。求充气终了时储气罐内空气的温度。

2-10　某一闭口系统从状态 1 经过 a 变化到状态 2，如图 2-16 所示；又从状态 2 经过 b 回到状态 1；再从状态 1 经过 c 变化到状态 2。在这个过程中，热量和功的某些值已知，如表 2-2 中所列，还有某些量未知（表中空白栏），试确定这些未知量。

表 2-2

过程	热量 Q/kJ	体积变化功 W/kJ
1—a—2	10	
2—b—1	−7	−4
1—c—2		8

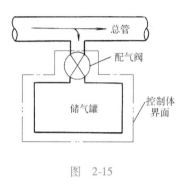

图 2-15

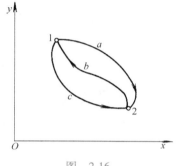

图 2-16

2-11　温度 $t_1 = 500\ ℃$、质量流量 $\dot{m}_1 = 120\text{kg/h}$ 的空气流 I 与温度 $t_2 = 200\ ℃$、质量流量 $\dot{m}_2 = 210\text{kg/h}$ 的空气流 II 绝热混合，如图 2-17 所示。试求 I 和 II 两股气流混合后的温度。

2-12　气缸内有 1kg 的空气，体积为 0.03m^3，若使气体在压力为 2068.4kPa 下定压膨胀，直到温度为原来的两倍。试求空气内能的变化、焓的变化及过程中交换的热量和功量。

2-13　容积为 10m^3 的刚性容器内有压力为 0.5MPa、温度为 127℃的二氧化碳。由于散热温度降为 27℃，试求二氧化碳内能的变化和焓的变化。

2-14　1kmol 氮气由压力为 0.8MPa、温度为 900℃膨胀到 0.12MPa、400℃。试求氮气内能的变化和焓的变化。若过程中氮气与外界没有热量交换，求所做的体积变化功和技术功。

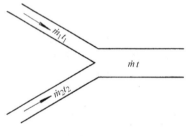

图 2-17

第三章

气体的热力过程及气体的压缩

 学习目标

1）掌握理想气体基本热力过程的分析计算。
2）掌握理想气体多变热力过程的分析计算。
3）掌握活塞式压气机压缩过程的分析。
4）掌握余隙对活塞式压气机的影响。
5）了解多级压缩及中间冷却的工作过程，掌握最有利中间压力的确定方法。

　　热动力装置中，系统与外界的能量交换是通过工质的一系列状态变化过程来实现的，工质状态的一系列连续变化，就是热力过程。实际的热力过程都是一些程度不同的不可逆过程，而且过程中工质的各状态参数都在变化，因而不易找出其参数变化的规律。为了便于分析研究，可将实际过程当作可逆过程分析，然后根据实际过程的情况加以修正；同时，突出实际过程中状态参数变化的主要特征，使其简化为参数变化具有简单规律的典型过程，例如定压过程、定温过程等。

　　分析热力过程的一般内容及步骤如下：①依据热力过程进行的条件，求得过程方程 $p = f(v)$。②根据理想气体状态方程及过程方程，确定初、终状态基本状态参数之间的关系。③将过程表示在 $p\text{-}v$ 图及 $T\text{-}s$ 图上，并利用状态图进行分析。④确定过程中传递的热量和功量。

第一节　气体的基本热力过程

　　工程上常见的热力过程，可以近似地概括为几种典型的可逆过程。例如，某些实际过程中，工质的压力变化不大，则近似地将其视为定压过程；有的过程中，工质与外界的传热很少，则近似地将其视为绝热过程。本节所研究的定容、定压、定温和绝热过程，就是四种基本热力过程。

一、定容过程

　　定量气体在状态变化时体积保持不变的过程，称为定容过程，即闭口系边界固定不变的状态变化过程。

1. 过程方程

　　根据过程条件，体积 V 不变，则比体积 v 也不变，其过程方程为

$$v = 常数$$

或

$$v_1 = v_2$$

2. 确定初、终状态基本状态参数间的关系

根据过程方程和状态方程,可得

$$\frac{p_2}{p_1} = \frac{T_2}{T_1}$$

上式表明,在定容过程中,气体的压力与热力学温度成正比。已知初态参数及终态的 p_2 或 T_2 后,即可求得终态的另一参数。

3. 过程在 $p\text{-}v$ 图及 $T\text{-}s$ 图上的表示

由于 $v = 常数$,所以定容过程在 $p\text{-}v$ 图上是一垂直于 v 轴的直线。如图 3-1 所示,图中过程曲线 12 表示压力升高时,温度升高,气体吸热;过程曲线 12′ 表示压力降低时,温度降低,气体放热。

定容过程曲线在 $T\text{-}s$ 图上的位置,可由熵的定义式求得,即

$$ds = \frac{\delta q}{T}$$

对于定容过程

$$\delta q = c_V dT$$

则

$$ds = c_V \frac{dT}{T}$$

设 c_V 为定值,对上式积分,可得

$$\Delta s_V = c_V \ln \frac{T_2}{T_1}$$

上式表明,定容过程在 $T\text{-}s$ 图上为一条指数曲线,如图 3-2 所示。该过程曲线的斜率为 $\left(\frac{dT}{ds}\right)_V = \frac{T}{c_V}$,由于式中 T、c_V 均为正值,所以过程曲线斜率为正值。

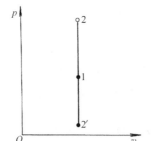

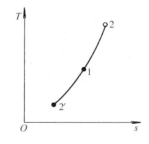

图 3-1　定容过程的 $p\text{-}v$ 图　　　　图 3-2　定容过程的 $T\text{-}s$ 图

从图中可以看出,当定容过程从 1→2 时,气体吸热,其温度升高、压力升高、熵增大;反之,当过程从 1→2′ 时,气体放热,其温度降低、压力降低、熵减小。

4. 过程中传递的热量与功量

定容过程中,由于 $v = 常数$,则 $dv = 0$,故膨胀功为

$$w = \int_1^2 p dv = 0 \tag{3-1}$$

根据能量方程,可得

$$q_V = \Delta u = u_2 - u_1 = c_V (T_2 - T_1)$$

也可利用比定容热容来计算，则

$$q_V = \int_1^2 c_V \mathrm{d}T = c_V(T_2 - T_1) \tag{3-2}$$

由此可知，在定容过程中，气体与外界交换的热量等于其内能的变化。

二、定压过程

气体在状态变化时压力保持不变的过程称为定压过程。

1. 过程方程

根据过程条件，压力 p 不变，则过程方程为

$$p = 常数$$

或

$$p_1 = p_2$$

2. 确定初、终状态基本状态参数间的关系

根据过程方程和状态方程，可得

$$\frac{v_1}{T_1} = \frac{v_2}{T_2}$$

上式表明，在定压过程中，气体的比体积与热力学温度成正比。

3. 过程在 p-v 图及 T-s 图上的表示

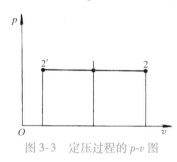

图 3-3 定压过程的 p-v 图

由于 $p = $ 常数，所以定压过程在 p-v 上是一条平行于 v 轴的水平线。如图 3-3 所示，图中过程曲线 12 表示温度升高时，比体积增大，气体膨胀；过程曲线 12′ 表示温度降低时，比体积减小，气体压缩。

定压过程曲线在 T-s 图上的位置，仍由熵的定义式求得

$$\mathrm{d}s = \frac{\delta q}{T}$$

对于定压过程

$$\mathrm{d}q = \mathrm{d}u = p\mathrm{d}v = c_p\mathrm{d}T$$

则

$$\mathrm{d}s = \frac{c_p\mathrm{d}T}{T}$$

设 c_p 为定值，对上式积分，可得

$$\Delta s_p = c_p\ln\frac{T_2}{T_1}$$

上式表明，定压过程在 T-s 图上也是一条指数曲线，如图 3-4 所示。该过程曲线的斜率为 $\left(\dfrac{\mathrm{d}T}{\mathrm{d}s}\right)_p = \dfrac{T}{c_p}$。由于 $c_p > c_V$，所以通过同一状态的定容线的斜率大于定压线的斜率，即定容线比定压线陡。

从图中可以看出，当定压过程从 1→2 时，气体吸热膨胀而对外做功，其温度升高、熵增大；反之，当过程从 1→2′ 时，气体放热而被压缩，其温度降低、熵减少。

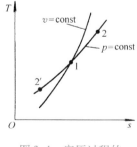

图 3-4 定压过程的 T-s 图

定压过程的 p-v 图

定压过程的 T-s 图

4. 过程中传递的热量与功量

定压过程中，由于 $p = $ 常数，故

$$w = \int_1^2 p\mathrm{d}v = p(v_2 - v_1) \tag{3-3}$$

对于理想气体，由于 $pv = RT$

故

$$w = p(v_2 - v_1) = R(T_2 - T_1)$$

则

$$R = \frac{w}{T_2 - T_1}$$

即气体常数在数值上等于 1kg 气体在定压过程中温度升高 1K 时的体积变化功。

根据能量方程，可得

$$
\begin{aligned}
q_p &= \Delta u + p(v_2 - v_1) \\
&= (u_2 + pv_2) - (u_1 + pv_1) \\
&= h_2 - h_1
\end{aligned} \tag{3-4}
$$

也可利用比定压热容来计算，则

$$q_p = \int_1^2 c_p \mathrm{d}T = c_p(T_2 - T_1)$$

由此可知，在定压过程中，气体与外界交换的热量等于其焓的变化。

三、定温过程

气体在状态变化时温度保持不变的过程称为定温过程。

1. 过程方程

根据过程条件，温度 T 不变，即 $T = $ 常数，则过程方程为

$$pv = 常数$$

2. 确定初、终状态基本状态参数间的关系

根据过程方程，可得

$$p_1 v_1 = p_2 v_2$$

或

$$\frac{p_2}{p_1} = \frac{v_1}{v_2}$$

上式表明，在定温过程中，气体的压力与比体积成反比。

3. 过程在 $p\text{-}v$ 图及 $T\text{-}s$ 图上的表示

由于 $pv = $ 常数，所以定温过程在 $p\text{-}v$ 图上为一等轴双曲线，如图 3-5 所示。该过程曲线的斜率为 $\left(\dfrac{\mathrm{d}p}{\mathrm{d}v}\right)_T = -\dfrac{p}{v}$，由于式中 p、v 均为正值，所以过程曲线斜率为负值。图中过程曲线 12 表示气体膨胀，即比体积增加时，压力降低；过程线 12′表示工质被压缩，即比体积减小时，压力升高。

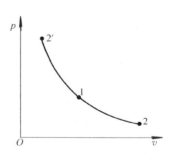

图 3-5 定温过程的 $p\text{-}v$ 图

由于 $T = $ 常数，所以定温过程在 $T\text{-}s$ 图上是一条平行于 s 轴的水平线，如图 3-6 所示。

从图中可以看出，当定温过程从 1→2 时，气体吸热膨胀，其压力降低、熵增加；反之，当过程从 1→2′时，气体放热被压缩，其压力升高、熵减小。

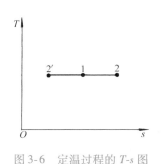

图 3-6　定温过程的 T-s 图

4. 过程中传递的热量与功量

定温过程中，由于 pv = 常数，故膨胀功为

$$w = \int_1^2 pdv = \int_1^2 pv\,\frac{dv}{v} = pv\int_1^2 \frac{dv}{v}$$

$$= pv\ln\frac{v_2}{v_1} = RT\ln\frac{v_2}{v_1} \qquad (3\text{-}5)$$

根据能量方程，可得

$$q = w \qquad (3\text{-}6)$$

由此可知，在定温过程中，气体与外界交换的热量等于过程中交换的功量。

四、绝热过程

气体与外界没有热交换的过程称为绝热过程。

1. 过程方程

根据过程条件，对于可逆过程，可得

$$\delta q = du + pdv = c_V dT + pdv = 0$$

即　　　①　　$pdv = -c_V dT$

或　　　　　$\delta q = dh - vdp = c_p dT - vdp = 0$

即　　　②　　$vdp = c_p dT$

将式②、式①相除，可得

$$\frac{vdp}{pdv} = -\frac{c_p dT}{c_V dT} = \kappa$$

则

$$\kappa\,\frac{dv}{v} = -\frac{dp}{p}$$

对上式积分，得绝热过程的过程方程

$$\ln p + \kappa\ln v = 常数$$

即　　　　　　　$\ln pv^\kappa = 常数$

则　　　　　　　$pv^\kappa = 常数 \qquad (3\text{-}7)$

2. 确定初、终状态基本状态参数间的关系

根据过程方程，可得

$$p_1 v_1^\kappa = p_2 v_2^\kappa$$

或

$$\frac{p_2}{p_1} = \left(\frac{v_1}{v_2}\right)^\kappa \qquad (3\text{-}8)$$

将状态方程 $pv = RT$ 代入上式，若消去 p_1、p_2，可得

$$\frac{T_2}{T_1} = \left(\frac{v_1}{v_2}\right)^{\kappa-1} \qquad (3\text{-}9)$$

若消去 v_1、v_2，可得

$$\frac{T_2}{T_1} = \left(\frac{p_2}{p_1}\right)^{\frac{\kappa-1}{\kappa}} \qquad (3\text{-}10)$$

定温过程的 p-v 图

定温过程的 T-s 图

由此可知，当气体绝热膨胀时，p、T 均降低；当气体被绝热压缩时，p、T 均升高。

3. 过程在 $p\text{-}v$ 图及 $T\text{-}s$ 图上的表示

在绝热过程中，由于 $pv^\kappa = $ 常数，所以在 $p\text{-}v$ 图上该过程为不等轴双曲线（高次双曲线），如图 3-7 所示。该过程曲线的斜率为 $\left(\dfrac{\mathrm{d}p}{\mathrm{d}v}\right)_\kappa = -\kappa\dfrac{p}{v}$。由于 $\kappa > 1$，所以通过同一状态的绝热线斜率的绝对值大于定温线斜率的绝对值，即绝热线比定温线陡。图中过程曲线 12 表示气体绝热膨胀，压力下降；而过程曲线 12′ 表示气体被绝热压缩，压力升高。

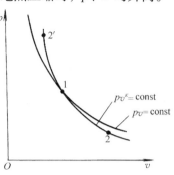

图 3-7　绝热过程的 $p\text{-}v$ 图

在绝热过程中，由于 $\mathrm{d}q = 0$，根据熵的定义式，可得

$$\mathrm{d}s = \frac{\mathrm{d}q}{T} = 0$$

即

$$s = 常数$$

所以可逆绝热过程又称为定熵过程。因此，可逆绝热过程在 $T\text{-}s$ 图上是一垂直于 s 轴的直线，如图 3-8 所示。

从图中可以看出，当绝热过程从 1→2 时，气体膨胀，其压力、温度均降低；反之，当过程从 1→2′ 时，气体被压缩，其压力、温度均升高。

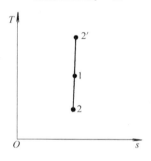

图 3-8　绝热过程的 $T\text{-}s$ 图

绝热过程的 $T\text{-}s$ 图

4. 过程中传递的热量和功量

在绝热过程中，由于气体与外界无热量交换，故

$$q = 0 \tag{3-11}$$

在绝热过程中，由于 $pv^\kappa = $ 常数，故体积变化功为

$$w = \int_1^2 p\,\mathrm{d}v = \int_1^2 pv^\kappa\,\frac{\mathrm{d}v}{v^\kappa}$$

$$= pv^\kappa\int_1^2 \frac{\mathrm{d}v}{v^\kappa} = \frac{1}{\kappa-1}(p_1v_1 - p_2v_2)$$

$$= \frac{R}{\kappa-1}(T_1 - T_2) \tag{3-12a}$$

根据式（3-9）、式（3-10），上式又可写为

$$w = \frac{RT_1}{\kappa-1}\Big[1 - \Big(\frac{p_2}{p_1}\Big)^{\frac{\kappa-1}{\kappa}}\Big] \tag{3-12b}$$

或

$$w = \frac{RT_1}{\kappa-1}\Big[1 - \Big(\frac{v_1}{v_2}\Big)^{\kappa-1}\Big] \tag{3-12c}$$

也可根据能量方程来计算，则

$$w = -\Delta u = c_V(T_1 - T_2)$$

由于 $c_V = \dfrac{R}{\kappa-1}$，说明上式与式（3-12a）完全相同。

由此可知，在绝热过程中，气体与外界交换的功量等于其内能变化的相反数。

【例3-1】　标准状态下$0.3m^3$的氧气，在温度$t_1 = 45℃$、压力$p_1 = 103.2kPa$下盛于一个具有可移动活塞的圆筒中，氧气先在定压下吸热，过程为1—2；然后在定容下冷却到初温45℃，过程为2—3。设在定容冷却终了时氧气的压力$p_3 = 58.8kPa$。试求这两个过程中所加入的热量、内能的变化、焓的变化以及所做的功。

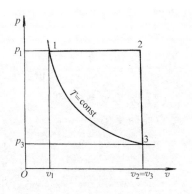

图3-9　例3-1图

【解】　将过程1—2—3表示在p-v图上，如图3-9所示。

氧气的气体常数$R = 259.8J/(kg·K)$，各状态点基本参数为

$$v_1 = \frac{RT_1}{p_1} = \frac{259.8 \times (273 + 45)}{103.2 \times 10^3} m^3/kg = 0.8 m^3/kg$$

由于$T_3 = T_1$，故$p_3 v_3 = p_1 v_1$

故

$$v_3 = \frac{p_1 v_1}{p_3} = \frac{103.2 \times 10^3 \times 0.8}{58.8 \times 10^3} m^3/kg = 1.40 m^3/kg$$

由于$p_2 = p_1$，$v_2 = v_3 = 1.40 m^3/kg$

故　$T_2 = T_1 \frac{v_2}{v_1} = 318 \times \frac{1.4}{0.8} K = 556.5 K$

氧气的质量为

$$m = \frac{p_0 V_0}{RT_0} = \frac{101325 \times 0.3}{259.8 \times (273 + 0)} kg = 0.4286 kg$$

氧气的定值比热容为

$$c_V = \frac{5}{2} R = \frac{5}{2} \times 0.2598 kJ/(kg·K) = 0.6495 kJ/(kg·K)$$

$$c_p = \frac{7}{2} R = \frac{7}{2} \times 0.2598 kJ/(kg·K) = 0.9093 kJ/(kg·K)$$

（1）定压过程1—2

内能的变化为

$$\Delta U = mc_V(T_2 - T_1)$$
$$= 0.4286 \times 0.6495 \times (556.5 - 318) kJ$$
$$= 66.39 kJ$$

焓的变化为

$$\Delta H = mc_p(T_2 - T_1)$$
$$= 0.4286 \times 0.9093 \times (556.5 - 318) kJ$$
$$= 92.95 kJ$$

热量为

$$Q = \Delta H = 92.95 \text{kJ}$$

体积变化功为

$$W = Q - \Delta U = (92.95 - 56.99) \text{kJ} = 35.96 \text{kJ}$$

（2）定容过程 2—3

内能的变化为

$$\begin{aligned}\Delta U &= mc_V (T_3 - T_2) \\ &= 0.4286 \times 0.6495 \times (318 - 556.5) \text{kJ} \\ &= -66.39 \text{kJ}\end{aligned}$$

焓的变化为

$$\begin{aligned}\Delta H &= mc_p (T_3 - T_2) \\ &= 0.4286 \times 0.9093 \times (318 - 556.5) \text{kJ} \\ &= -92.95 \text{kJ}\end{aligned}$$

热量为

$$Q = \Delta U = -66.39 \text{kJ}$$

体积变化功为

$$W = 0$$

由于理想气体的内能和焓都是温度的单值函数，而过程 1—2—3 中 $T_1 = T_3$，故

$$\Delta U_{13} = \Delta U_{12} + \Delta U_{23} = 0$$

$$\Delta H_{13} = \Delta H_{12} + \Delta H_{23} = 0$$

【例3-2】 在直径为50cm的气缸内有 0.2m^3 温度为18℃、压力为0.2MPa 的气体。若气缸中活塞承受一定重量不变，且活塞缓慢移动没有摩擦。试求当温度上升为200℃时，活塞上升了多少距离？气体对外做了多少功？

【解】 取气缸内气体为闭口系统。根据题意可知，系统经历了定压过程，故

$$\frac{V_1}{V_2} = \frac{T_1}{T_2}$$

则

$$V_2 = \frac{T_2}{T_1} V_1 = \frac{273 + 200}{273 + 18} \times 0.2 \text{m}^3 = 0.325 \text{m}^3$$

活塞上升的距离为

$$\Delta l = l_2 - l_1 = \frac{V_2 - V_1}{\frac{1}{4}\pi d^2} = \frac{0.325 - 0.2}{\frac{1}{4} \times 3.14 \times (50 \times 10^{-2})^2} \text{m}$$

$$= 0.637 \text{m} = 63.7 \text{cm}$$

气体对外所做的功为

$$\begin{aligned}W &= \int_1^2 p \mathrm{d}V = p(V_2 - V_1) \\ &= 0.2 \times 10^6 \times (0.325 - 0.2) \text{J} \\ &= 0.25 \times 10^5 \text{J} = 25 \text{kJ}\end{aligned}$$

第二节　气体的多变热力过程

以上所讨论的定容、定温、定压、绝热四种基本热力过程，在工质的状态发生变化时，都有一个状态参数保持不变，或与外界无热量交换。但在实际过程中，所有的状态参数或多或少都在变化，而且也不可能完全绝热。对于这些实际过程，就不能按以上四种基本热力过程来分析，而必须用一种比基本热力过程更一般化，但仍按一定规律变化的所谓的多变热力过程来分析。

一、多变热力过程方程

多变过程可以通过实验测定过程中某几个状态下的 p、v 值，再结合基本热力过程的特性，归纳出多变过程方程式

$$pv^n = 常数 \tag{3-13}$$

式中　　n——多变指数。

凡工质的状态参数按 $pv^n=$ 常数而变化的过程称为多变过程。不难看出，四种基本热力过程是多变过程在一定条件下的特例。

当 $n=0$ 时，$pv^0=$ 常数，即 $p=$ 常数，为定压过程。

$n=1$ 时，$pv=$ 常数，为定温过程。

$n=\kappa$ 时，$pv^\kappa=$ 常数，为可逆绝热过程或定熵过程。

$n=\pm\infty$ 时，$p^{1/n}v$ 常数，$v=$ 常数，为定容过程。

根据过程方程，可得

$$\frac{p_2}{p_1} = \left(\frac{v_1}{v_2}\right)^n$$

对上式取对数，可得

$$\ln\frac{p_2}{p_1} = n\ln\frac{v_1}{v_2}$$

则多变指数 n 为

$$n = \frac{\ln\dfrac{p_2}{p_1}}{\ln\dfrac{v_1}{v_2}} \tag{3-14}$$

实际过程是复杂的，过程中的多变指数 n 可能会有变化。若实际过程的 n 变化不大，仍可近似地将其视为 n 为定值的多变过程；若实际过程的 n 变化较大，可将其分为几段 n 值不同的多变过程，每段过程中的 n 仍为常数。

二、多变过程分析

1. 确定初、终状态基本状态参数之间的关系

根据过程方程及状态方程，可得

$$\frac{p_2}{p_1} = \left(\frac{v_1}{v_2}\right)^n \tag{3-15a}$$

$$\frac{T_2}{T_1} = \left(\frac{p_2}{p_1}\right)^{\frac{n-1}{n}} \tag{3-15b}$$

$$\frac{T_2}{T_1} = \left(\frac{v_1}{v_2}\right)^{n-1} \tag{3-16}$$

2. 过程在 $p\text{-}v$ 图及 $T\text{-}s$ 图上的表示

从同一个初始状态出发，在 $p\text{-}v$ 图及 $T\text{-}s$ 图上分别画出四种基本热力过程的过程线，其相对位置如图 3-10 和图 3-11 所示。由此看出，在 $p\text{-}v$ 图及 $T\text{-}s$ 图上，除定容线外，n 值是沿顺时针方向增大的。若已知某多变过程的 n 值，则可在状态图上确定其过程线的位置。

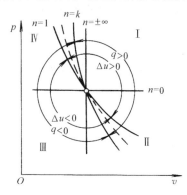

图 3-10 多变过程的 $p\text{-}v$ 图

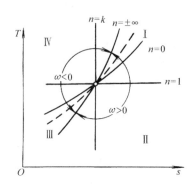

图 3-11 多变过程的 $T\text{-}s$ 图

对比 $p\text{-}v$ 图和 $T\text{-}s$ 图可以看出，要判断过程中 q 及 Δu、Δh 的正负，用 $T\text{-}s$ 图较方便。在 $T\text{-}s$ 图上，一切自左向右进行的过程，熵均增加，即 $\Delta s > 0$，则 $q > 0$，为吸热过程；相反，一切自右向左进行的过程，熵均减小，即 $\Delta s < 0$，则 $q < 0$，为放热过程。一切自下而上进行的过程，温度均升高，即 $\mathrm{d}T > 0$，则 $\Delta u > 0$、$\Delta h > 0$；相反，一切自上而下进行的过程，温度均降低，即 $\mathrm{d}T < 0$，则 $\Delta u < 0$、$\Delta h < 0$。判断体积变化功 w 的正负，则用 $p\text{-}v$ 图较方便，在 $p\text{-}v$ 图上，一切自左向右进行的过程，比体积均增大，则 $w > 0$，气体对外做膨胀功；一切自右向左进行的过程，比体积均减小，则 $w < 0$，外界对气体做压缩功。

3. 过程中交换的热量和功量

在多变过程中，由于 $pv^n = $ 常数，故体积变化功为

$$w_n = \int_1^2 p\mathrm{d}v = \int_1^2 pv^n\frac{\mathrm{d}v}{v^n}$$

$$= \frac{1}{n-1}(p_1v_1 - p_2v_2) = \frac{R}{n-1}(T_1 - T_2) \tag{3-17}$$

根据能量方程，可得

$$q_n = c_V(T_2 - T_1) + \frac{R}{n-1}(T_1 - T_2)$$

由于 $R = c_V(\kappa - 1)$

故

$$q_n = c_V(T_2 - T_1) - \frac{\kappa - 1}{n-1}c_V(T_2 - T_1)$$

$$= \frac{n - \kappa}{n-1}c_V(T_2 - T_1) \tag{3-18a}$$

令 $c_n = \dfrac{n-\kappa}{n-1}c_V$，称为比多变热容，则

$$q_n = c_n(T_2 - T_1) \tag{3-18b}$$

【例3-3】　空气的体积 $V_1 = 2m^3$，由 $p_1 = 0.2MPa$、$t_1 = 40℃$ 压缩到 $p_2 = 1MPa$、$V_2 = 0.5m^3$。求该过程的多变指数、压缩功及气体在过程中所放出的热量。设空气的比热容 $c_V = 0.7174kJ/(kg \cdot K)$，空气的气体常数 $R = 287J/(kg \cdot K)$。

【解】　多变指数为

$$n = \frac{\ln(p_2/p_1)}{\ln(V_1/V_2)} = \frac{\ln(1/0.2)}{\ln(2/0.5)} = 1.16$$

压缩功为

$$W = \frac{1}{n-1}(p_1 V_1 - p_2 V_2)$$
$$= \left[\frac{1}{1.16-1} \times (0.2 \times 10^3 \times 2 - 1 \times 10^3 \times 0.5)\right]kJ$$
$$= -6.25kJ$$

气体的终态温度为

$$T_2 = T_1\left(\frac{V_1}{V_2}\right)^{n-1} = \left[313 \times \left(\frac{2}{0.5}\right)^{1.16-1}\right]K = 390.7K$$

气体的质量为

$$m = \frac{p_1 V_1}{R T_1} = \frac{0.2 \times 10^6 \times 2}{287 \times 313}kg = 4.453kg$$

内能的变化为

$$\Delta U = m c_V (T_2 - T_1)$$
$$= [4.453 \times 0.7174 \times (390.7 - 313)]kJ$$
$$= 248.2kJ$$

热量为

$$Q = \Delta U + W = [248.2 + (-625)]kJ = -376.8kJ$$

第三节　活塞式压气机的压缩过程

压缩气体在工程上应用非常广泛，如锅炉的鼓风、颗粒物料的气力输送、风动工具以及工业通风和制冷工程等，都离不开压缩气体。

通常将产生压缩气体的设备称为压气机。按其结构及工作原理，压气机可分为活塞式、叶轮式（离心式、轴流式、回转容积式）及引射式等。在活塞式压气机中，活塞在气缸内做往复运动，靠工作腔容积的改变使气体的压力升高。由于其吸气过程与排气过程间歇进行，且转速不高，所以活塞式压气机的排气量小，但可达到较高的终态压力。在叶轮式压气机中，叶轮高速旋转，靠高速旋转的叶轮对气体做功使其压力升高。因为其压缩过程连续进行，且转数高，所以叶轮式压气机的排气量大，但终态压力较低。

压气机也可按其产生压缩气体的压力高低分为通风机（$p_g < 10kPa$）、鼓风机（$p_g = 10 \sim 200kPa$）和压气机（$p_g > 200kPa$）三类。本节讨论的是活塞式压气机。

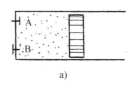

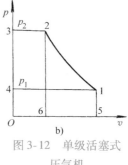

一、单级活塞式压气机的工作原理

图 3-12a 为单级活塞式压气机的示意图。其工作过程可分为以下三个阶段：

1. 吸气阶段

当活塞由上止点（向左移动的终点）向右移动时，进气阀 A 开启，排气阀 B 关闭，压力为 p_1 的气体被吸入气缸。活塞到达下止点时，吸气阶段结束。

2. 压缩阶段

当活塞由下止点向左移动时，进、排气阀门均关闭，缸内气体被压缩，压力升高。当达到预期状态 p_2 时，压缩阶段结束。

3. 排气阶段

当缸内气体被压缩到预期状态后，活塞继续左移，排气阀门打开，缸内压力为 p_2 的气体排出气缸。活塞到达上止点时，排气阶段结束。

图 3-12　单级活塞式
压气机

在上述全过程中，只有压缩阶段使气体的状态发生了变化，是热力过程。若忽略各种不可逆因素，并假定活塞运动到上止点时，活塞与气缸之间没有间隙存在。在这些假定条件下的压气机称为理想压气机。其工作过程称为理论压气过程，或称为理论工作循环。将该理论压气过程表示在 p-v 图上，如图 3-12b 所示。

二、活塞式压气机的压缩过程分析

活塞式压气机由于工作条件不同，有不同的压缩过程。其压缩过程存在两种极端情况：一种是过程进行得很快，压缩过程中机械能转变的热能来不及向外放散，或放散极少，可以忽略不计，即绝热过程（定熵过程）；另一种是过程进行得很慢，气缸冷却散热效果好，压缩过程中机械能转变的热能随时向外界放散，气体温度保持不变，即定温过程。实际上，压气机的压缩过程是介于两种情况之间的多变过程。将这三种压缩过程表示在 p-v 图和 T-s 图上，如图3-13所示。其中 1—2_s 表示定熵压缩；1—2_n 表示 $1 < n < \kappa$ 的多变压缩；1—2_T 表示定温压缩。

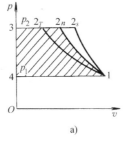

a)

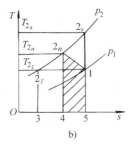

b)

图 3-13　三种压缩过程

1. 压缩过程的终态温度

（1）绝热过程

$$T_{2_s} = T_1 \left(\frac{p_2}{p_1} \right)^{\frac{\kappa-1}{\kappa}}$$

（2）多变过程

$$T_{2_n} = T_1 \left(\frac{p_2}{p_1} \right)^{\frac{n-1}{n}}$$

（3）定温过程

$$T_{2_T} = T_1$$

从上述公式或图 3-13b 中可以看出，$T_{2_s} > T_{2_n} > T_{2_T}$。

气体温度过高会影响润滑油的性能，从而导致运行事故发生，因此，在压缩过程中，终态温度越低越好。所以定温压缩过程最有利；多变压缩过程次之；绝热压缩过程最不利。

2. 压缩过程所耗的轴功

根据技术功的定义式，若忽略压缩过程中气体的动、位能变化，则

$$w_s = w_t = -\int_1^2 v \mathrm{d}p \tag{3-19}$$

或从能量变化的角度来分析，若忽略压缩过程中气体的动、位能变化，则压缩过程所消耗的理论压缩轴功应等于热力过程中的压缩功和进气、排气所做流动功的代数和，即

$$w_s = p_1 v_1 + \int_1^2 p \mathrm{d}v - p_2 v_2 = \int_1^2 p \mathrm{d}v - (p_2 v_2 - p_1 v_1)$$

$$= \int_1^2 p \mathrm{d}v - \int_1^2 \mathrm{d}(pv) = -\int_1^2 v \mathrm{d}p$$

（1）绝热压缩轴功 根据理论压缩轴功的计算式

$$w_{ss} = -\int_1^2 v \mathrm{d}p$$

将 $v = p_1^{\frac{1}{\kappa}} v_1 / p^{\frac{1}{\kappa}}$ 代入上式，积分后可得

$$w_{ss} = \frac{\kappa}{\kappa - 1} p_1 v_1 \left[1 - \left(\frac{p_2}{p_1} \right)^{\frac{\kappa-1}{\kappa}} \right]$$

$$= \frac{\kappa}{\kappa - 1} (p_1 v_1 - p_2 v_2)$$

$$= \frac{\kappa}{\kappa - 1} R (T_1 - T_2) \tag{3-20}$$

如图 3-13a 所示，该轴功为面积 12_s341。

由稳定流动能量方程可知，绝热压缩所消耗的轴功全部用于增加气体的焓，使气体的温度升高。

（2）多变压缩轴功 用计算绝热压缩轴功类似的方法，可得

$$w_{sn} = \frac{n}{n - 1} p_1 v_1 \left[1 - \left(\frac{p_2}{p_1} \right)^{\frac{n-1}{n}} \right]$$

$$= \frac{n}{n - 1} (p_1 v_1 - p_2 v_2)$$

$$= \frac{n}{n - 1} R (T_1 - T_2) \tag{3-21}$$

如图 3-13a 所示，该轴功为面积 12_n341。

由稳定流动方程可知，多变压缩过程所消耗的轴功，部分用于增加气体的焓，部分对外放热。

（3）定温压缩轴功　由式

$$w_{sT} = -\int_1^2 v\mathrm{d}p$$

将 $v = p_1 v_1 / p$ 代入上式，积分后可得

$$w_{sT} = -\int_1^2 \frac{p_1 v_1}{p}\mathrm{d}p = -p_1 v_1 \ln\frac{p_2}{p_1}$$

$$= RT_1 \ln\frac{p_1}{p_2} \tag{3-22}$$

如图 3-13a 所示，该轴功以面积 $12_T 341$ 表示。

由稳定流动能量方程可知，定温压缩过程中所消耗的轴功全部转化成热能向外界放出。

显然，$w_{ss} > w_{sn} > w_{sT}$，即定温压缩过程最省功；多变压缩过程次之；绝热压缩过程所消耗的轴功最多。

从上述分析可知，无论从压缩终态温度的角度分析，还是从耗功的角度分析，定温压缩过程都是最有利的。为了减少压气机的耗功量，应采取措施使压缩过程尽量接近于定温压缩。从放热量的角度分析，压缩过程中放热量越多，多变指数 n 越小，压缩过程越接近于定温过程，就越有利。因此，在工程中，为了改善压气机的性能，总是尽量采用各种有效的冷却散热措施以降低多变指数 n 值。

【例 3-4】　一单缸活塞式压气机的气缸直径 $D = 100\mathrm{mm}$，活塞行程 $s = 125\mathrm{mm}$。从大气中吸入 $p_1 = 0.1\mathrm{MPa}$、$t_1 = 20℃$ 的空气，经过 $n = 1.25$ 的多变压缩过程压缩至 $p_2 = 0.8\mathrm{MPa}$。若机轴转速为 $600\mathrm{r/min}$。试计算压气机每分钟产生的压缩空气的质量及所消耗的理论功率。

【解】　气缸容积为　　　　　　　$V = \dfrac{1}{4}\pi D^2 s$

则每次吸入的空气质量为

$$m_0 = \frac{p_1 V}{RT_1} = \frac{p_1 \pi D^2 s}{4RT_1}$$

每分钟生产的压缩空气质量为

$$m = nm_0 = \left[600 \times \frac{0.1 \times 10^6 \times 3.14 \times (100 \times 10^{-3})^2 \times (125 \times 10^{-3})}{4 \times 287 \times (273 + 20)}\right]\mathrm{kg/min}$$

$$= 0.7\mathrm{kg/min}$$

压气机消耗的理论功率为

$$P = \frac{n}{n-1}mRT_1 \left[1 - \left(\frac{p_2}{p_1}\right)^{\frac{n-1}{n}}\right]$$

$$= \left\{\frac{1.25}{1.25-1} \times \frac{0.7}{60} \times 0.287 \times (273 + 20) \times \left[1 - \left(\frac{0.8}{0.1}\right)^{\frac{0.25}{1.25}}\right]\right\}\mathrm{kW}$$

$$= -2.53\mathrm{kW}$$

第四节　活塞式压气机的余隙及其影响

活塞式压气机为了安装进、排气阀门，也为了运转平稳，避免活塞与气缸端盖发生撞

击，当活塞处于上死点时，活塞端面与气缸端盖之间必须留有一定间隙，这一间隙称为余隙，它所具有的容积，称为余隙容积。余隙容积在数量上用余隙百分比 c 表示。

$$c = \frac{V_3}{V_1 - V_3} \times 100\% \tag{3-23}$$

式中　　V_3——余隙容积；

　　　　$V_1 - V_3$——活塞排量。

可以看出，余隙百分比 c 在压气机制造过程就已经确定了。

显然，余隙的存在势必对压缩机产生一些影响。

一、余隙对排气量的影响

由于余隙的存在，压气机排气后，余隙中会保留一部分高压气体。当活塞回行时，这部分高压气体首先膨胀，直到压力降为 p_1 时，才开始吸气过程。如图 3-14 所示，图中 3—4 过程为余隙膨胀过程，4—1 过程为吸气过程，$V_1 - V_4$ 为有效进气量，$V_1 - V_3$ 为活塞排量。可以看出，$(V_1 - V_4) < (V_1 - V_3)$，两者之比称为容积效率，用符号 λ_V 表示，即

$$\lambda_V = \frac{V_1 - V_4}{V_1 - V_3} = 1 - \frac{V_4 - V_3}{V_1 - V_3} \tag{3-24}$$

设 3—4 过程为多变膨胀过程，则

① $$V_4 = V_3 \left(\frac{p_3}{p_4}\right)^{\frac{1}{n}} = V_3 \left(\frac{p_2}{p_1}\right)^{\frac{1}{n}}$$

由余隙百分比 c 的定义式，可得

② $$V_1 - V_3 = \frac{V_3}{c}$$

将式①、式②代入式（3-24），整理后可得

$$\lambda_V = 1 - c\left[\left(\frac{p_2}{p_1}\right)^{\frac{1}{n}} - 1\right] \tag{3-25}$$

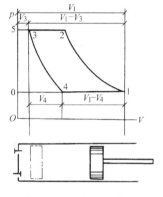

图 3-14　具有余隙容积的压气机

由上式可知，当压气机及其运行条件一定时，容积效率 λ_V 随增压比 p_2/p_1 的增加而减小。如图 3-15 所示，随增压比 p_2/p_1 的增大，有效进气量 $V_1 - V_4$ 越来越小，而 $V_1 - V_3$ 是一定的，因此，容积效率 λ_V 也越来越小。当增压比 p_2/p_1 达到某一极限，即当终态压力达到图中所示的压力 p_2 时，气体的压缩过程线与余隙中残留的高压气体的膨胀过程线重合。此时压缩终态时的容积 V_2 与余隙容积 V_3 相等，使 $V_1 - V_4 = 0$，即气缸不进气，也不排气。

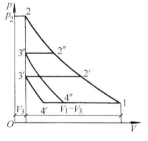

图 3-15　压气机的容积效率

由上述分析可知，余隙的存在不仅使压气机本身容积不能被利用，而且使一部分气缸容积也不能被有效地利用，且随着增压比的提高，余隙的不利影响加剧。这样使单级活塞压气机的增压比受到了一定限制，通常单级活塞式压气机的增压比不超过 8~9。当需要获得较高压力时，必须采用多级压缩。

二、余隙对压气机耗功的影响

如图 3-14 所示，有余隙时的理论压缩轴功为压缩过程 1—2 所消耗的功与膨胀过程3—4所作功的代数和，即

$$W_s = 面积\ 12501 - 面积\ 43504 = 面积\ 12341$$

若压缩过程 1—2 与膨胀过程 3—4 具有相同的多变指数 n，则

$$W_s = \frac{n}{n-1}p_1 V_1 \left[1 - \left(\frac{p_2}{p_1} \right)^{\frac{n-1}{n}} \right] - \frac{n}{n-1}p_4 V_4 \left[1 - \left(\frac{p_3}{p_4} \right)^{\frac{n-1}{n}} \right]$$

由于 $p_1 = p_4$，$p_2 = p_3$
故

$$W_s = \frac{n}{n-1}p_1 (V_1 - V_4) \left[1 - \left(\frac{p_2}{p_1} \right)^{\frac{n-1}{n}} \right]$$

$$= \frac{n}{n-1}p_1 V \left[1 - \left(\frac{p_2}{p_1} \right)^{\frac{n-1}{n}} \right]$$

式中　　V——实际吸入的气体体积，$V = V_1 - V_4$。

若吸气温度为 T_1，则

$$p_1 V = mRT_1$$

将其代入上式，可得

$$W_s = \frac{n}{n-1}mRT_1 \left[1 - \left(\frac{p_2}{p_1} \right)^{\frac{n-1}{n}} \right]$$

或

$$w_s = \frac{n}{n-1}RT_1 \left[1 - \left(\frac{p_2}{p_1} \right)^{\frac{n-1}{n}} \right]$$

由此可知，无论压气机是否存在余隙容积，压缩 1kg 气体达到相同的增压比时所耗的轴功相同，即余隙的存在对压缩等量气体所耗的理论轴功并无影响。应当指出，该结论是在膨胀过程与压缩过程的多变指数相同时得出的。

尽管余隙的存在对耗功没有影响，但却使容积效率降低，若需压缩等量气体，势必采用较大气缸的压气机，从而增加设备费用。因此，余隙的存在对压气机不利，应当尽量减小余隙容积。一般 $c = 0.02 \sim 0.06$。

【例3-5】　某活塞式压气机活塞每往复一次生产 $p_2 = 0.35\text{MPa}$ 的空气 0.5kg。若空气进入压气机时 $p_1 = 0.1\text{MPa}$，$t_1 = 15℃$，压缩过程 $n = 0.2$。①若压气机没有余隙，求活塞往复一次所耗轴功；②若压气机有余隙，且余隙内残留高压气体的膨胀过程的 $n = 1.2$，求活塞往复一次所耗轴功；③若压气机的 $c = 0.05$，求压缩过程中气缸内空气的总质量；④在上述情况下，与产气量相同但没有余隙的压气机相比，压气机的活塞排量要大多少？

【解】　①没有余隙时活塞往复一次的耗功量为

$$W_s = mw_s = \frac{n}{n-1}mRT_1 \left[1 - \left(\frac{p_2}{p_1} \right)^{\frac{n-1}{n}} \right]$$

$$= \left\{ \frac{1.2}{1.2-1} \times 0.5 \times 0.287 \times (273+15) \times \left[1 - \left(\frac{0.35}{0.1} \right)^{\frac{1.2-1}{1.2}} \right] \right\}\text{kJ}$$

$$= -57.8\text{kJ}$$

② 有余隙存在时，余隙内高压气体膨胀过程的 n 值仍为 1.2，且产气量又相等，所以活塞往复一次耗功量相等，即 $W_s = -57.8\text{kJ}$。

③ 有余隙存在时，压缩过程气缸内气体的总质量应为每次产气量 m 与余隙内残留的高压气体 m_0 之和。

由于

$$\lambda_V = \frac{V_1 - V_4}{V_1 - V_3}$$

而

$$V_1 - V_4 = V = \frac{mRT_1}{p_1} = \frac{0.5 \times 287 \times 288}{0.1 \times 10^6}\text{m}^3 = 0.4133\text{m}^3$$

$$\lambda_V = 1 - c\left[\left(\frac{p_2}{p_1}\right)^{\frac{1}{n}} - 1\right]$$

$$= 1 - 0.05 \times \left[\left(\frac{0.35}{0.1}\right)^{\frac{1}{1.2}} - 1\right] = 0.9080$$

故

$$V_1 - V_3 = \frac{V_1 - V_4}{\lambda_V} = \frac{0.4133}{0.9080}\text{m}^3 = 0.4552\text{m}^3$$

由于

$$c = \frac{V_3}{V_1 - V_3} = 0.05$$

故

$$V_3 = c\,(V_1 - V_3) = 0.05 \times 0.4552\text{m}^3 = 0.02776\text{m}^3$$

又因为

$$m_0 = \frac{p_3 V_3}{RT_3}$$

其中

$$p_3 = p_2 = 0.35\text{MPa}$$

$$T_3 = T_2 = T_1\left(\frac{p_2}{p_1}\right)^{\frac{n-1}{n}} = \left[288 \times \left(\frac{0.35}{0.1}\right)^{\frac{0.2}{1.2}}\right]\text{K} = 354.9\text{K}$$

则

$$m_0 = \frac{0.35 \times 10^6 \times 0.02776}{287 \times 354.9}\text{kg} = 0.09539\text{kg}$$

故

$$m + m_0 = (0.5 + 0.09539)\ \text{kg} = 0.5954\text{kg}$$

④ 有余隙时活塞排量为 $V_1 - V_3 = 0.4552\text{m}^3$，没有余隙时活塞排量即有效进气量，为 $V = V_1 - V_4 = 0.4133\text{m}^3$，则由于余隙的存在使活塞排量增大了

$$\frac{0.4552 - 0.4133}{0.4133} \times 100\% = 10.1\%$$

第五节　多级压缩及中间冷却

压气机在实际工作过程中，随增压比的提高，容积效率降低；同时，随增压比的提高，气体压缩终态温度随之升高，从而影响润滑油的性能、不利于压气机的安全运行。因此，单级压气机的增压比不会很高。若要获得较高压力的压缩气体，常采用具有中间冷却设备的多级压气机。

带有中间冷却设备的多级压气机是将气体依次在几个气缸中连续压缩，同时，为了避免过高的温度和减小气体的比体积，以降低下一级所消耗的压缩功，在前一级压缩之后，将气体引入一个中间冷却器进行定压冷却，然后再进入下一级继续压缩到所要求的压力为止。

图 3-16 为两级压缩及中间冷却的压气机设备示意图及工作过程的 p-v 图和 T-s 图。气体经低压气缸压缩后，压力由初压 p_1 提高至某一中间压力 p_2，温度由初温 T_1 上升为 T_2；然后流入中间冷却器进行定压冷却，温度降低为 $T_{2'}$；再经过高压气缸压缩至所需要的压力 p_3，最后由高压气缸排出。

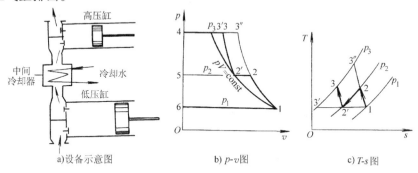

a) 设备示意图   b) p-v 图   c) T-s 图

图 3-16　两级压气机工作过程图

从 p-v 图和 T-s 图中可看出，进入低压气缸和高压气缸的气体温度 T_1 和 $T_{2'}$ 位于同一定温线 T_1 上，两个压缩过程 1—2、2′—3 偏离定温线不远。若在相同压缩比 p_2/p_1 下进行单级压缩，则其过程为 1—2—3″，较之两级压缩偏离定温线 T_1 远得多。从图中不难看出，采用两级压缩中间冷却不仅降低了排气温度，而且比单级压缩节省功。

两级压缩所耗的总功应等于低压、高压两气缸耗功之和。若两级压缩的多变指数相同，则

$$W_s = W_{s1} + W_{s2}$$

$$= \frac{n}{n-1} p_1 V_1 \left[1 - \left(\frac{p_2}{p_1} \right)^{\frac{n-1}{n}} \right] + \frac{n}{n-1} p_2 V_{2'} \left[1 - \left(\frac{p_3}{p_2} \right)^{\frac{n-1}{n}} \right]$$

式中　W_s——两级压缩所需的总轴功；

W_{s1}——低压气缸所需的轴功；

W_{s2}——高压气缸所需的轴功。

若 $T_{2'} = T_1$，则 $p_1 V_1 = p_2 V_{2'}$。将其代入上式，可得

$$W_s = \frac{n}{n-1} p_1 V_1 \left[2 - \left(\frac{p_2}{p_1} \right)^{\frac{n-1}{n}} - \left(\frac{p_3}{p_2} \right)^{\frac{n-1}{n}} \right]$$

从上式可知，当压气机的运行条件、气体的初态及增压比一定时，两级压缩所耗的总功仅与中间压力 p_2 有关。从 p-v 图中可看出，当 p_2 接近于 p_3 或接近于 p_1 时，两级压缩所节省的功都较原有的少。因此，必有一个最佳的中间压力使总耗功最小。最佳的中间压力可由 $\mathrm{d}W_s/\mathrm{d}p_2 = 0$ 求得，整理后可得

$$\frac{p_2}{p_1} = \frac{p_3}{p_2}$$

或

$$p_2 = \sqrt{p_1 p_3} \tag{3-26}$$

上式表明，当两级压缩的增压比相等时，两级压缩所需的总轴功为最小。

同理，z 级压缩及中间冷却的增压比 β 应为

$$\beta = \sqrt[z]{\frac{p_{z+1}}{p_1}} \tag{3-27}$$

式中 β——增压比；

p_{z+1}——压缩终了时气体的压力；

p_1——气体的初始压力。

根据 p_1、p_{z+1} 和级数 z，按上式计算出 β 后，即可确定各级间压力 p_2、$p_3\cdots$。

理论上压缩的级数越多，整个压缩过程也越接近于定温过程，压缩功越小。但由于摩擦、扰动等不可逆因素的存在，以及制造成本等其他经济性原因，所以不能只考虑能量的经济性而采用过多的级数。实际上，一般取 2~3 级，最多为 4 级。

【例 3-6】 已知图 3-17 中空气的初态为 $p_1 = 0.1\text{MPa}$、$t_1 = 20℃$，经过三级压气机压缩后，压力提高到 12.5MPa。假定气体进入各级气缸的温度相同，各级间压力按最有利情况确定，且各级压缩指数 n 均为 1.25。试求生产 1kg 压缩空气所需的轴功和各级的排气温度。若改用单级压气机，一次压缩到 12.5MPa，压缩指数 n 也为 1.25，试求所需的轴功和气缸的排气温度。

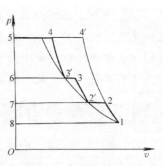

图 3-17 例 3-6 图

【解】 三级压气机各级的压力比为

$$\beta = \sqrt[z]{\frac{p_{z+1}}{p_1}} = \sqrt[3]{\frac{12.5 \times 10^6}{0.1 \times 10^6}} = 5$$

各级气缸的排气温度为

$$T_2 = T_3 = T_4 = T_1 \left(\frac{p_2}{p_1}\right)^{\frac{n-1}{n}} = \left[(273+20) \times \left(\frac{0.5 \times 10^6}{0.1 \times 10^6}\right)^{\frac{1.25-1}{1.25}}\right]\text{K} = 404\text{K}$$

三级压气机所需的轴功为

$$w_s = 3w_{s1} = 3\frac{n}{n-1}RT_1\left[1 - \left(\frac{p_2}{p_1}\right)^{\frac{n-1}{n}}\right]$$

$$= \left\{3 \times \frac{1.25}{1.25-1} \times 287 \times 293 \times \left[1 - \left(\frac{0.5 \times 10^6}{0.1 \times 10^6}\right)^{\frac{1.25-1}{1.25}}\right]\right\}\text{J/kg}$$

$$= -479000\text{J/kg} = -479\text{kJ/kg}$$

单级压气机的排气温度为

$$T_{4'} = T\left(\frac{p_4}{p_1}\right)^{\frac{n-1}{n}} = \left[293 \times \left(\frac{12.5 \times 10^6}{0.1 \times 10^6}\right)^{\frac{1.25-1}{1.25}}\right]\text{K} = 769.6\text{K}$$

单级压气机所消耗的轴功为

$$w_s = \frac{n}{n-1}RT_1\left[1 - \left(\frac{p_{4'}}{p_1}\right)^{\frac{n-1}{n}}\right]$$

$$= \left\{\frac{1.25}{1.25-1} \times 287 \times 293 \times \left[1 - \left(\frac{12.5 \times 10^6}{0.1 \times 10^6}\right)^{\frac{1.25-1}{1.25}}\right]\right\}\text{J/kg}$$

$$= -683000\text{J/kg} = -683\text{kJ/kg}$$

计算结果表明，与多级压气机比较，单级压气机所耗轴功更多，排气温度更高。

本章小结

本章主要讲述了理想气体的基本热力过程和多变热力过程、活塞式压气机的压缩过程、多级压缩及中间冷却。重点内容如下：

（1）理想气体的基本热力过程包括定容过程、定压过程、定温过程和绝热过程。要熟练掌握这四种基本热力过程的分析及计算。

（2）多变热力过程是比基本热力过程更一般化的热力过程，四种基本热力过程是多变热力过程在一定条件下的特例。要熟练掌握多变热力过程的分析及计算。

（3）气体的压缩过程可分为定温压缩、绝热压缩和多变压缩。实际压气机进行的压缩过程是多变指数 $1 < n < k$ 的多变过程。活塞式压气机余隙的存在尽管对压缩气体所耗轴功没有影响，但使容积效率降低，且随增压比的提高容积效率减小。因此，要获得较高压力的压缩气体，必须采用多级压缩及中间冷却。

习题与思考题

3-1 如图 3-18 所示，容器被闸板分隔为 A、B 两部分。A 中气体参数为 p_A、T_A，B 为真空。现将隔板抽去，气体作绝热自由膨胀，压力降为 p_2。试问终了温度 T_2 是否可用下式计算？为什么？

$$T_2 = T_A \left(\frac{p_2}{p_A} \right)^{\frac{\kappa - 1}{\kappa}}$$

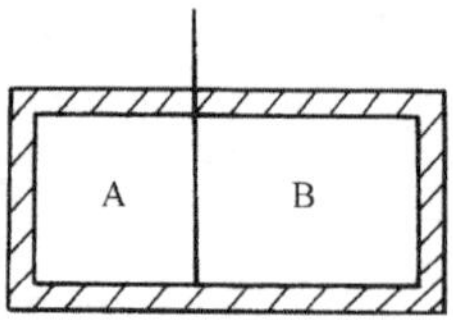

3-2 将满足下列要求的多变过程表示在 $p\text{-}v$ 图及 $T\text{-}s$ 图上（工质为空气）。

（1）工质压力升高、温度升高且放热。

（2）工质膨胀、温度降低且放热。

（3）$n = 1.6$ 的膨胀过程，并判断 q、w、Δu 的正负。

（4）$n = 1.3$ 的压缩过程，并判断 q、w、Δu 的正负。

图 3-18

3-3 将 $p\text{-}v$ 图表示的循环（图 3-19）表示在 $T\text{-}s$ 图上。图中 2—3、5—1 为定容过程；1—2、4—5 为定熵过程；3—4 为定压过程。

3-4 今有任意两过程 a—b、a—c，b、c 两点在同一条定熵线上，如图 3-20 所示。试问 Δu_{ab} 与 Δu_{ac} 哪个大？若 b、c 在同一条定温线上，结果又如何？

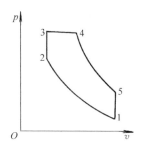

图 3-19

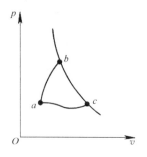

图 3-20

3-5 说明下列公式各适用于什么工质、什么过程？与是否可逆有关吗？

$$①q = u_2 - u_1 \qquad ②q = h_2 - h_1$$
$$③w = u_1 - u_2 \qquad ④w_t = h_1 - h_2$$

3-6　若采用了有效的冷却方法后，使气体在压气机气缸中实现了定温压缩，这时是否还需要采用多级压缩？为什么？

3-7　1kg 空气在可逆多变过程中吸热 40kJ，其体积增大为 $v_2 = 10v_1$，压力降低为 $p_2 = p_1/8$。设比热容为定值。求过程中内能的变化、焓的变化及膨胀功。

3-8　具有 1kmol 空气的闭口系统，经历一可逆定温膨胀过程。其初态容积为 $3m^3$，终态容积为 $10m^3$，初态和终态温度均为 100℃。试计算该闭口系统对外所做的功。

3-9　质量为 5kg 的氧气，在 30℃ 的温度下定温压缩。体积由 $3m^3$ 变成 $0.6m^3$。试问该过程中工质吸收或放出多少热量？输入或输出了多少功量？内能、焓的变化各为多少？

3-10　为了试验容器的强度，必须使容器壁受到比大气压力高 0.1MPa 的压力。为此把压力等于大气压力、温度为 13℃ 的空气充入受试验的容器内，然后关闭进气阀门并对空气加热。已知大气压力 $p_b = 101.3$kPa。试问应将空气的温度加热到多少度？空气的内能、焓的变化各为多少？

3-11　6kg 空气由初态 $p_1 = 0.3$MPa、$t_1 = 30$℃经过下列不同的过程膨胀到同一终压 $p_2 = 0.1$MPa。①定温过程；②定熵过程；③指数为 $n = 1.2$ 的多变过程。试比较不同过程中空气对外所做的功、所交换的热量和终态温度。

3-12　已知空气的初态为 $p_1 = 0.6$MPa、$v_1 = 0.236m^3/kg$，经过一个多变过程后状态变化为 $p_2 = 0.12$MPa、$v_2 = 0.815m^3/kg$。试求该过程的多变指数、每千克气体所做的功、所吸收的热量以及内能、焓的变化。

3-13　如图 3-21 所示，将空气从初状态 1 $t_1 = 20$℃定熵压缩到它开始时体积的 1/3，然后定温膨胀。经过两个过程后，空气的体积和开始时的体积相等。求 1kg 空气所做的功。

3-14　压气机吸入标准状态下的空气 $150m^3$，并将其定温压缩至 $p_2 = 5$MPa。试求用水冷却压气机气缸所必须带走的热量。设大气处于标准状态。

3-15　活塞式压气机每小时吸入温度 $t_1 = 20$℃、压力 $p_1 = 0.1$MPa 的空气 $600m^3$，并将其压缩到 $p_2 = 0.8$MPa。若压缩按定温过程进行，试问压气机所需的理论功率为多少千瓦？若压缩按定熵过程进行，则所需的理论功率又为多少千瓦？

3-16　某工厂需要每小时供应压力为 0.6MPa 的压缩空气 600kg。设空气的初始温度为 20℃，压力为 0.1MPa，求压力机需要的最小理论功率和最大理论功率。若按 $n = 1.22$ 的多变过程压缩，需要的理论功率为多少？

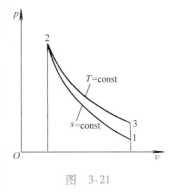

图　3-21

3-17　实验室需要压力为 6MPa 的压缩空气，应采用一级压缩还是二级压缩？若采用二级压缩，最佳的中间压力应等于多少？设大气压力为 0.1MPa，大气温度为 20℃，压缩过程多变指数 $n = 1.25$，采用中间冷却器能将压缩气体冷却到初温。试计算压缩终了空气的温度。

第四章

热力学第二定律

 学习目标

1) 理解热力循环的概念，掌握动力循环和制冷循环。
2) 掌握热力学第二定律的实质及表述。
3) 掌握卡诺循环、逆卡诺循环和卡诺定理。
4) 了解熵的概念，掌握熵的计算。

热力学第一定律阐明了各种热过程（与热现象有关的过程）能量之间的数量关系，为热工计算提供了重要的理论依据，但实践证明，仅仅用热力学第一定律来分析热过程是不够的。第一定律只能说明能量转换或传递过程中的数量守恒关系，而不能说明能量转换或传递过程进行的方向、条件和限度。例如，温度不同的两个物体之间进行热量传递时，热力学第一定律只能说明由一个物体传出的热量必等于另一物体所得到的热量，而不能说明热量是从高温物体传向低温物体还是从低温物体传向高温物体，而且也不能说明在什么条件下才能进行传热以及传热进行到何时为止。

然而在生产实践中，不仅需要分析热力过程中能量的数量关系，而且往往首先需要判断过程能否进行，即存在着方向与条件问题。阐明热力过程进行的方向、条件和限度的定律就是热力学第二定律。它和热力学第一定律一起组成了热力学的主要理论基础。

生产实践告诉我们，所有的热力过程必须符合热力学第一定律。但符合热力学第一定律的过程并不一定都能实现，它还必须符合热力学第二定律。只有既符合热力学第一定律又符合热力学第二定律的热力过程才能实现。

第一节 热 力 循 环

通过工质的膨胀过程可以将热能转变为机械能。然而任何一个膨胀过程都不可能无限制地进行下去，要使工质连续不断地做功，就必须使膨胀后的工质回复到初始状态，如此反复循环。

工质经历一系列状态变化又重新回复到原来状态的全部过程称为热力循环，或简称为循环。若组成循环的全部过程均为可逆过程，则该循环为可逆循环；否则，为不可逆循环。根据热力循环所产生的效果不同，可将其分为动力循环和制冷循环。

一、动力循环

使热能转变为机械能的循环称为动力循环。一切热力发动机所进行的循环都是动力循环。

设 1kg 工质在气缸中进行一个动力循环 12341，如图 4-1a 所示。过程 1—2—3 表示膨胀过程所做的膨胀功，在 p-v 图上以面积 123561 表示；过程 3—4—1 为压缩过程，所消耗的压缩功在 p-v 图上以面积 341653 表示。循环所做的净功 w_0 为膨胀功与压缩功之差，即循环所包围的面积 12341（正值）。这一热力循环在 p-v 图上是按顺时针方向进行的，因此，也称为正循环。

对于正循环 12341，在膨胀过程 1—2—3 中，工质从热源吸收热量 q_1；在压缩过程 3—4—1 中，工质向冷源放出热量 q_2（取绝对值）。由于工质在经历一个循环后回到初态，其状态没有变化，所以其内部所具有的能量也没有发生变化。根据热力学第一定律可知，在循环过程中，工质从热源吸收的热量 q_1 与向冷源放出的热量 q_2 的差值必然等于循环所得到的净功 w_0，即

$$q_1 - q_2 = w_0$$

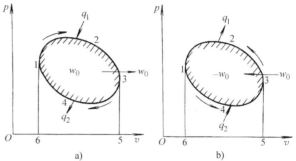

图 4-1　热力循环

无数热机实践表明，在正循环中，工质从热源得到的热量不能全部转变为机械功，所获得的机械功与所付出的热量的比值称为热效率，用符号 η_t 表示。其定义式为

$$\eta_t = \frac{w_0}{q_1} = \frac{q_1 - q_2}{q_1} = 1 - \frac{q_2}{q_1} \tag{4-1}$$

热效率反映了热能转变为机械能的程度。热效率越大，热能转变为机械能的百分数越大，循环的经济性就越好。由于向冷源的放热量 $q_2 \neq 0$，所以热效率 η_t 总是小于 1 的，即在动力循环中，热能不可能全部变为机械能。

二、制冷循环

消耗机械能，使热量从低温物体传向高温物体的循环称为制冷循环。一切制冷装置进行的循环都是制冷循环。

由于制冷循环要消耗机械能，所以其循环净功 $w_0 < 0$。在状态图上，制冷循环必然按逆时针方向进行，因此，又称为逆循环。

设 1kg 工质在气缸中进行一个制冷循环 14321，如图 4-1b 所示。在循环过程中，若消耗净功 w_0（取绝对值），工质从冷源吸收热量 q_2，向热源放出热量 q_1（取绝对值），则

$$q_1 - q_2 = w_0$$

制冷循环可以达到两种目的：一种是制冷，即从冷源提取冷量；另一种是供热，即向热源供给热量。通常用性能系数来衡量制冷循环的经济性，性能系数是所获得的收益与所花费的代价之比。制冷量与消耗净功之比称为制冷系数，用符号 ε_1 表示。其定义式为

$$\varepsilon_1 = \frac{q_2}{w_0} = \frac{q_2}{q_1 - q_2} \tag{4-2}$$

供热量与消耗净功之比称为供热系数，用符号 ε_2 表示。其定义式为

$$\varepsilon_2 = \frac{q_1}{w_0} = \frac{q_1}{q_1 - q_2} \tag{4-3}$$

制冷系数与供热系数之间存在下列关系

$$\varepsilon_2 = 1 + \varepsilon_1 \tag{4-4}$$

对于制冷循环来说，无论是用于制冷还是供热，性能系数越大，循环的经济性越好。制冷系数 ε_1 可能大于、等于或小于 1，而供热系数总是大于 1。

由于在式（4-1）、式（4-2）、式（4-3）的推导过程中，只用到了热力学第一定律，而热力学第一定律是普遍适用的，所以式（4-1）、式（4-2）、式（4-3）适用于任何可逆循环与不可逆循环。

第二节　热力学第二定律的实质及表述

热力学第二定律是说明各种热过程进行的方向、条件和深度问题的规律。其中最根本的是热过程的方向问题。

一、热过程的方向性与不可逆性

1. 热能与机械能的转换

众所周知，机械能通过摩擦可全部转变为热能。这个过程是不需要任何条件的，可以自动进行。但它的逆向过程——热能转变为机械能的过程，却不能自动进行。因此，机械能转变为热能的过程是不可逆的。

2. 热量的传递

经验证明，热量可以无条件地从高温物体传向低温物体。例如，将一个烧红了的铁块放在空气中，铁块会将热量散发给周围的空气而自动冷却。但它的逆向过程——热量从低温物体传向高温物体的过程，却不能自动实现。因此，在温差作用下的传热过程也是不可逆的。

3. 气体的自由膨胀

用隔板将容器分成两部分，左边充以气体，右边抽成真空，如图 4-2 所示。若把隔板抽去，气体就会自动地占据全部空间。这一过程称为气体的自由膨胀。它的逆向过程——气体自发地压缩过程，即气体自动回到其初始体积的过程，则是不会发生的。因此，气体的自由膨胀也是不可逆过程。

考察上述过程，它们有一个共同的特点：一个方向可以无条件地进行，其逆向却不能无条件地进行。我们将可以无条件进行的过程称为自发过程，将不能无条件进行的过程称为非自发过程。显然，自发过程都是不可逆过程。但必须指出，自发过程的不可逆性并不是说自发过程的逆过程不能进行。自发过程的逆过程是可能实现的，

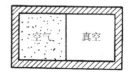

图 4-2　自由膨胀示意图

但必须有另外的补偿过程同时进行。例如，要使热量由低温物体传向高温物体，可以通过制冷机消耗一定的机械能来实现，这一消耗机械能的过程就是补偿过程。所消耗的机械能转变为热能，这是一个自发过程。又如，热能转变为机械能也是一个非自发过程，但可通过热机来实现，热机使一部分热量转变为功，另一部分热量从热源流向冷源，后者是自发过程，它使前者得到了补偿。由此可知，非自发过程进行的必要条件是要有一个自发过程进行补偿。

二、热力学第二定律的两种表述

针对各种具体过程，热力学第二定律可有不同的表述方式。由于各种表述方式所阐明的是同一个客观规律，所以它们是彼此等效的，这里只介绍两种经典说法。

1. 克劳修斯（Clausius）表述

不可能把热量从低温物体传向高温物体而不引起其他变化。

这种说法指出了传热过程的方向性，是从热量传递过程来表达热力学第二定律的。它说明，热量从低温物体传至高温物体是一个非自发过程，要使之实现，必须花费一定的代价，即需要通过制冷机或热泵装置消耗功量进行补偿来实现。

2. 开尔文—普朗克（Kelvin-Plank）表述

不可能制造只从一个热源取得热量使之完全变为机械功而不引起其他变化的循环发动机。这种说法也可以简化为"第二类永动机是不可能的。"

这种说法是从热功转换过程来表达热力学第二定律的。它说明，从热源取得的热量不能全部变成机械能，因为这是非自发过程。但若伴随以自发过程作为补偿，那么热能变成机械能的过程就能实现。

上述两种说法是根据不同类型的过程所做出的特殊表述，热力学第二定律还有很多不同的说法，通过论证，可以证明其实质都是一致的。

第三节 卡诺循环与卡诺定理

热力学第二定律指出，工质从热源中吸取的热量，不能完全转变为机械能，必须有一部分排放到冷源中去。因此，循环的热效率总是小于1。那么在给定冷、热源温度的条件下，热效率可能达到的最高极限是多少呢？卡诺循环解决了这一问题。

一、卡诺循环

卡诺循环是一个理想的热力循环，它由两个可逆的定温过程和两个可逆的绝热过程组成。将卡诺循环表示在 p-v 图和 T-s 图上，如图 4-3a、b 所示。工质先经过定温过程 a—b，在热源温度 T_1 下膨胀，从热源吸取热量 q_1；又经过绝热过程 b—c，工质继续膨胀，温度降低；再经过定温过程 c—d，工质在冷源温度 T_2 下被压缩，向冷源放出热量 q_2；最后经过绝热过程 d—a，工质继续被压缩，温度升高，回到初态，完成循环。

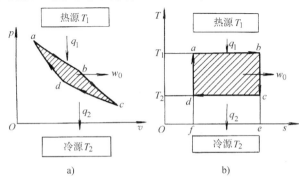

图 4-3 卡诺循环

从 T-s 图上可知，工质从热源吸取的热量 q_1 为面积 $abefa$，即

$$q_1 = T_1(s_b - s_a)$$

工质向冷源放出的热量 q_2 为面积 $dcefd$，即

$$q_2 = T_2(s_c - s_d)$$

则卡诺循环热效率为

$$\eta_C = 1 - \frac{q_2}{q_1} = 1 - \frac{T_2(s_c - s_d)}{T_1(s_b - s_a)}$$

由于过程 b—c、d—a 为定熵过程，故 $s_b - s_a = s_c - s_d$

则

$$\eta_C = 1 - \frac{T_2}{T_1} \qquad (4\text{-}5)$$

由上式可得到下列结论：

1）卡诺循环热效率仅取决于热源温度 T_1 和冷源温度 T_2，而与工质的性质无关。且随热源温度 T_1 的提高或冷源温度 T_2 的降低而增大。

2）卡诺循环热效率永远小于1。这是因为 $T_1 = \infty$ 或 $T_2 = 0$ 是不可能达到的。

3）当 $T_1 = T_2$ 时，卡诺循环热效率为零，即只有单一热源存在时，不可能将热能转变为机械能。

二、逆卡诺循环

逆向进行的卡诺循环称为逆卡诺循环。将其表示在 p-v 和 T-s 图上，如图4-4a、b所示。工质先经过定温过程 d—c，在冷源温度 T_2 下膨胀，从冷源吸收热量 q_2；又经过绝热过程 c—b，工质被压缩，温度升高；再经过定温过程 b—a，工质在热源温度 T_1 下继续被压缩，向热源放出热量 q_1；最后经过绝热过程 a—d，工质膨胀，温度降低，回到初态，完成循环。

逆卡诺循环

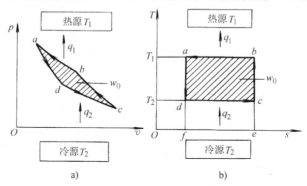

a)　　　　　　　　　b)

图4-4　逆卡诺循环

在 T-s 图上，工质从冷源吸取的热量 q_2 为面积 $dcefd$，即

$$q_2 = T_2(s_c - s_d)$$

工质向热源放出的热量 q_1 为面积 $abefa$，故

$$q_1 = T_1(s_b - s_a)$$

则逆卡诺循环的制冷系数为

$$\varepsilon_{1,C} = \frac{q_2}{q_1 - q_2} = \frac{T_2(s_c - s_d)}{T_1(s_b - s_a) - T_2(s_c - s_d)}$$

逆卡诺循环的制热系数为

$$\varepsilon_{2,C} = \frac{q_1}{q_1 - q_2} = \frac{T_1(s_b - s_a)}{T_1(s_b - s_a) - T_2(s_c - s_d)}$$

由于过程 a—d、c—b 为等熵过程，故 $s_b - s_a = s_c - s_d$

则
$$\varepsilon_{1,C} = \frac{T_2}{T_1 - T_2} \qquad (4-6)$$

$$\varepsilon_{2,C} = \frac{T_1}{T_1 - T_2} \qquad (4-7)$$

由式（4-6）和式（4-7）可得到下列结论：

1）逆卡诺循环的制冷系数和制热系数只取决于热源温度 T_1 和冷源温度 T_2，且随热源温度 T_1 的降低或冷源温度 T_2 的提高而增大。

2）逆卡诺循环的制热系数总是大于1，而其制冷系数可以大于1、等于1或小于1。在一般情况下，由于 $T_2 > (T_1 - T_2)$，所以制冷系数也是大于1的。

三、卡诺定理

卡诺定理可表述为：

1）在同温热源和同温冷源之间工作的一切热机，可逆热机的热效率最高。

2）在同温热源和同温冷源之间工作的一切可逆热机，不论采用什么工质，其热效率均等。

卡诺循环与卡诺定理在热力学的研究中具有重要的理论和实际意义。它们解决了热机热效率的极限值问题，并从理论上指出了提高热效率的途径。虽然卡诺循环实际上无法实现，但它给实际热机的循环提供了改进方向和比较标准。

【例4-1】 利用以逆卡诺循环工作的热泵为一住宅的采暖设备。已知室外环境温度为 $-10℃$，为使住宅内保持20℃，每小时需供给 $10^5 kJ$ 的热量。试求①该热泵每小时从室外吸取的热量；②热泵所需功率；③若直接用电炉取暖，电炉的功率应为多少？

【解】 ① 该热泵的制热系数为

$$\varepsilon_{2,C} = \frac{T_1}{T_1 - T_2} = \frac{273 + 20}{(273 + 20) - (273 - 10)} = 9.77$$

又由于
$$\varepsilon_{2,C} = \frac{Q_1}{Q_1 - Q_2}$$

故从室外的吸热量为

$$Q_2 = Q_1 - \frac{Q_1}{\varepsilon_{2,C}} = \left(10^5 - \frac{10^5}{9.77}\right) kJ/h = 89765 kJ/h$$

② 热泵所需功率为

$$P = Q_1 - Q_2 = (10^5 - 89765) kJ/h = 10235 kJ/h = 2.84 kW$$

③ 电炉采暖所需功率为

$$P_1 = Q_1 = 10^5 kJ/h = 27.78 kW$$

【例4-2】 有一汽轮机工作于500℃及环境温度30℃之间。试求①该热机可能达到的最高热效率；②若从热源吸热10000kJ，则该热机能产生多少净功？

【解】 ① 热机可能达到的最高热效率为卡诺循环的热效率，即

$$\eta_C = 1 - \frac{T_2}{T_1} = 1 - \frac{30 + 273}{500 + 273} = 0.608$$

② 该热机可产生的净功为

$$W_0 = Q_1\eta_C = (10000 \times 0.608)\,\text{kJ} = 6080\,\text{kJ}$$

由上述结果可以看出，在本题给定的温度范围内，热机的最高热效率仅为60%左右，而实际热机在相同温度范围内的热效率将远低于该数值。

第四节　熵及孤立系统的熵增原理

一、熵的导出

对于卡诺循环

$$\eta_C = 1 - \frac{q_2}{q_1} = 1 - \frac{T_2}{T_1}$$

故

$$\frac{q_2}{q_1} = \frac{T_2}{T_1}$$

或

$$\frac{q_2}{T_2} = \frac{q_1}{T_1}$$

即

$$\frac{q_1}{T_1} - \frac{q_2}{T_2} = 0$$

式中，吸热量 q_1 及放热量 q_2 均取绝对值。若取代数值，则

$$\frac{q_1}{T_1} + \frac{q_2}{T_2} = 0$$

即

$$\sum \frac{q}{T} = 0 \tag{4-8}$$

上式表明，在卡诺循环中，以传热量除以传热时的热力学温度所得的商的代数和等于零。

不难证明，上述结论也适用于任意的可逆循环。图 4-5 所示为一任意的可逆循环 12341。现用一系列无限接近的可逆绝热过程线去分割该循环，如 5—0、6—9、7—8 等。可逆循环 12341 被分成无限多个微小循环，如 56905、67896 等。这些微小循环都是由两个可逆绝热过程及两个微小的传热过程组成。由于可逆绝热过程线无限接近，所以微小的传热过程可看作是微小的定温过程。这样这些微小循环均可看作是微小卡诺循环。

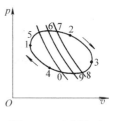

图 4-5　可逆循环

对于每一微小卡诺循环

$$\frac{\delta q_1}{T_1} + \frac{\delta q_2}{T_2} = 0$$

对于全部微小卡诺循环

$$\int_{123} \frac{\delta q_1}{T_1} + \int_{341} \frac{\delta q_2}{T_2} = 0$$

或

$$\oint \frac{\delta q}{T} = 0 \tag{4-9}$$

上式表明，对于任意的可逆循环，以无限小传热量除以传热时的热力学温度所得商的代数和等于零。

根据状态参数的特性可知，式（4-9）中的 $\dfrac{\delta q}{T}$ 是一个状态参数的全微分。令该状态参数为比熵，用符号 s 表示，即

$$\mathrm{d}s = \frac{\delta q}{T} \tag{4-10}$$

式（4-10）是从任意的可逆循环推导出来的，因此，仅适用于可逆过程。该式也是比熵的定义式，它是以微分形式给出的。

对于有限可逆过程 1—2

$$\Delta s = s_2 - s_1 = \int_1^2 \frac{\delta q}{T} \tag{4-11}$$

由上式可知，熵的变化只取决于初、终状态，而与所经历的过程无关。

熵是热力学中常见且极为有用的一个状态参数。它与内能、焓等状态参数一样，具有质量可加性，即 $S = ms$。在热工计算中，只需求两个状态之间熵的变化，因此，熵的真实值在实际问题中无关紧要，可任意规定某一基准的熵为零。

二、不可逆过程的熵

对于任意不可逆循环，也可以将其分为无限多个微小循环。这些微小循环都是不可逆循环。根据卡诺定理可知，这些微小不可逆循环的热效率均小于同温度范围内的卡诺循环的热效率，即

$$1 - \frac{\delta q_2}{\delta q_1} < 1 - \frac{T_2}{T_1}$$

故

$$\frac{T_2}{T_1} < \frac{\delta q_2}{\delta q_1}$$

或

$$\frac{\delta q_1}{T_1} < \frac{\delta q_2}{T_2}$$

式中的吸热量 δq_1 和放热量 δq_2 均取绝对值。若取代数值，则

$$\frac{\delta q_1}{T_1} + \frac{\delta q_2}{T_2} < 0$$

对于全部微小循环

$$\oint \frac{\delta q}{T} < 0 \tag{4-12}$$

上式表明，对于任意的不可逆循环，以无限小传热量除以传热时热源的热力学温度所得商的代数和小于零。

合并式（4-9）和式（4-12），可得

$$\oint \frac{\delta q}{T} \leqslant 0 \tag{4-13}$$

上式称为克劳修斯积分式。式中等号适用于可逆循环；小于号适用于不可逆循环。

对于不可逆循环，由于熵是状态参数，故

$$\oint \mathrm{d}s = 0$$

将其代入式（4-12），可得

$$ds > \frac{\delta q}{T} \tag{4-14}$$

对于不可逆过程

$$\Delta s = s_2 - s_1 > \int_1^2 \frac{\delta q}{T} \tag{4-15}$$

三、熵的计算

熵是状态参数，两状态之间系统熵的变化只取决于初、终状态，而与所经历的过程无关，也与过程是否可逆无关。只要初、终状态确定，系统熵的变化就可确定，并可利用初、终状态的基本状态参数进行计算。理想气体的熵可根据熵的定义式，并结合热力学第一定律能量方程及理想气体状态方程等有关关系式来计算。

根据热力学第一定律能量方程

$$\delta q = du + \delta w$$

对于可逆过程

$$\delta q = c_V dT + p dv$$

将其代入式（4-11），可得

$$\Delta s = s_2 - s_1 = \int_1^2 c_V \frac{dT}{T} + \int_1^2 \frac{p}{T} dv$$

由于 $pv = RT$，故

$$\frac{p}{T} = \frac{R}{v}$$

将其代入上式，并取定值比热容，可得

$$\Delta s = c_V \ln \frac{T_2}{T_1} + R \ln \frac{v_2}{v_1} \tag{4-16a}$$

由于 $\dfrac{p_1 v_1}{T_1} = \dfrac{p_2 v_2}{T_2}$，故上式还可以写为

$$\Delta s = c_p \ln \frac{T_2}{T_1} + R \ln \frac{p_1}{p_2} \tag{4-16b}$$

或

$$\Delta s = c_p \ln \frac{v_2}{v_1} + c_V \ln \frac{p_2}{p_1} \tag{4-16c}$$

以上公式虽然从可逆过程推导得来，但它们仍然适用于不可逆过程。

四、孤立系统的熵增原理

若将所研究的热力系统与其外界合为一个系统，则该系统为孤立系统。孤立系统与外界无联系，但其内部各物体之间可以进行质量、热量和功量的交换。

对于孤立系统

$$\Delta S_{iso} = S_2 - S_1 \geq \int_1^2 \frac{\delta Q}{T}$$

由于孤立系统与外界没有热量交换，即 $\delta Q = 0$

故

$$\Delta S_{iso} = S_2 - S_1 \geq 0 \tag{4-17}$$

上式中，等号适用于孤立系统的可逆过程；大于号适用于孤立系统的不可逆过程。该式表明，孤立系统的熵可以增加（当进行不可逆过程时）或保持不变（当进行可逆过程时），但不可能减少。由于客观世界中一切实际过程都是不可逆的，所以孤立系统的一切实际过程总是朝着熵增加的方向进行，这就是孤立系统的熵增原理。

下面以热能转换为机械能的正循环为例来证明孤立系统的熵增原理。若工质在温度为 T_1 的热源及温度为 T_2 的冷源之间进行一个正循环，并将热源、循环工质及冷源三者组成一个孤立系统。此时孤立系统熵的变化应是三者之和，即

$$\Delta S_{iso} = \Delta S_1 + \Delta S_0 + \Delta S_2$$

式中　ΔS_1——热源熵的变化；

　　　ΔS_0——工质熵的变化；

　　　ΔS_2——冷源熵的变化。

若工质在循环中从热源吸取热量 Q_1，向冷源放出热量 Q_2，产生净功 W_0。

对热源来说，由于热源向工质放热，所以熵减少。在温度 T_1 不变的情况下，熵的变化为

$$\Delta S_1 = -\frac{Q_1}{T_1}$$

对循环工质来说，不论进行可逆循环还是不可逆循环，工质都回复到初态，因此循环工质的熵不变化，即

$$\Delta S_0 = \oint \mathrm{d}s = 0$$

对冷源来说，由于冷源从工质吸热，所以熵增加。在 T_2 不变的情况下，熵的变化为

$$\Delta S_2 = \frac{Q_2}{T_2}$$

故孤立系统熵的变化为

$$\Delta S_{iso} = \Delta S_1 + \Delta S_0 + \Delta S_2 = -\frac{Q_1}{T_1} + 0 + \frac{Q_2}{T_2} = -\frac{Q_1}{T_1} + \frac{Q_2}{T_2}$$

若循环过程是可逆的，则从卡诺循环热效率公式可知

$$\frac{Q_1}{T_1} = \frac{Q_2}{T_2}$$

故

$$\Delta S_{iso} = 0$$

若循环过程是不可逆的，则根据卡诺定理可知 $\eta_t < \eta_C$，即

$$1 - \frac{Q_2}{Q_1} < 1 - \frac{T_2}{T_1}$$

则

$$\frac{Q_1}{T_1} < \frac{Q_2}{T_2}$$

故

$$\Delta S_{iso} > 0$$

【例4-3】 20kg 温度为 50℃的水和 30kg 温度为 80℃的水相混合，然后定压加热到 100℃。若不考虑散热，试求该系统熵的变化。

【解】 定压过程熵的变化为

$$\Delta S = \int_1^2 \frac{\delta Q}{T} = \int_1^2 mc_p \frac{\mathrm{d}T}{T} = mc_p \ln \frac{T_2}{T_1}$$

该系统熵的变化应为两部分水熵的变化之和，即

$$\Delta S = \Delta S_1 + \Delta S_2$$

$$= m_1 c_p \ln \frac{T}{T_1} + m_2 c_p \ln \frac{T}{T_2}$$

$$= \left(20 \times 4.1868 \times \ln \frac{273 + 100}{273 + 50} + 30 \times 4.1868 \times \ln \frac{273 + 100}{273 + 80} \right) \mathrm{kJ/K}$$

$$= 18.97 \mathrm{kJ/K}$$

 本章小结

本章主要讲述了热力循环、热力学第二定律、卡诺循环、卡诺定理、熵的计算。重点内容如下：

（1）热力循环根据所产生的效果不同，可分为动力循环和制冷循环。动力循环是将热能转变为机械能的循环，制冷循环是将机械能转变为热能的循环。要熟练掌握动力循环的热效率和制冷循环的性能系数。

（2）热力学第二定律说明了热过程进行的方向、条件和深度问题。要充分理解并掌握热力学第二定律的两种表述。

（3）卡诺循环是由两个定温过程和两个定熵过程组成的可逆循环，是最佳的动力循环。要熟练掌握卡诺循环热效率及逆卡诺循环性能系数的计算。

（4）熵是状态参数，两状态之间系统熵的变化只取决于初、终状态，而与所经历的过程无关。

 习题与思考题

4-1 热力学第二定律的下列说法能否成立？
（1）功量可以转换成热量，但热量不能转换成功量。
（2）自发过程是不可逆的，但非自发过程是可逆的。
（3）从任何具有一定温度的热源取热，都能进行热变功的循环。

4-2 下列说法是否正确？为什么？
（1）系统熵增大的过程必须是不可逆过程。
（2）系统熵减小的过程无法进行。
（3）系统熵不变的过程必须是绝热过程。
（4）系统熵增大的过程必须是吸热过程。
（5）系统熵减少的过程必须是放热过程。
（6）对于不可逆循环，工质熵的变化 $\oint \mathrm{d}s > 0$。
（7）在相同的初、终态之间分别进行可逆过程与不可逆过程，则不可逆过程中工质熵的变化大于可逆

过程中工质熵的变化。

（8）在相同的初、终态之间分别进行可逆过程与不可逆过程，则在两个过程中，工质与外界之间传递的热量不相等。

4-3 何谓正循环与逆循环？它们的作用结果有何不同？在状态参数坐标图上的表示又有何不同？

4-4 循环的热效率越高，则循环净功越多；反过来，循环的净功越多，则循环的热效率也越高。这种说法对吗？为什么？

4-5 任何热力循环的热效率均可用公式 $\eta_t = 1 - \dfrac{q_2}{q_1} = 1 - \dfrac{T_2}{T_1}$ 来表达。这种说法对吗？为什么？

4-6 某热机从热源 $T_1 = 2000K$ 得到热量 Q_1，并将热量 Q_2 排向冷源 $T_2 = 300K$。在下列条件下确定该热机是可逆、不可逆或无法实现。

（1）$Q_1 = 1000kJ$，$W_0 = 900kJ$。

（2）$Q_1 = 2000kJ$，$Q_2 = 300kJ$。

（3）$Q_2 = 500kJ$，$W_0 = 1500kJ$。

4-7 闭口系统从热源吸热 1000kJ，熵增加了 4kJ/K，若系统吸热时温度为 300K。问该吸热过程是可逆、不可逆或无法实现？

4-8 卡诺循环工作于 600℃ 及 40℃ 两个热源之间。设卡诺循环每秒钟从高温热源吸热 100kJ。求①卡诺循环的热效率；②卡诺循环产生的功率；③每秒钟排向冷源的热量。

4-9 一循环发动机工作于温度为 $T_1 = 1000K$ 的热源及 $T_2 = 400K$ 的冷源之间。若从热源吸热 1000kJ 而对外做功 700kJ。试问该循环发动机能否实现？

4-10 某一动力循环工作于温度为 $T_1 = 1000K$ 的热源及 $T_2 = 300K$ 的冷源之间，循环过程为 1231。其中 1—2 为定压吸热过程；2—3 为可逆绝热膨胀过程；3—1 为定温放热过程。点 1 的参数为 $p_1 = 0.1MPa$，$T_1 = 300K$；点 2 的参数为 $T_2 = 1000K$。若循环中空气的质量为 1kg，其 $c_p = 1.01kJ/(kg \cdot K)$。求循环的热效率及净功。

4-11 假定利用一逆卡诺循环作为一住宅的采暖设备。已知室外环境温度为 −10℃，为使住宅内保持 20℃，每小时需供给 100000kJ 的热量。试求①该热泵每小时从室外吸取多少热量；②热泵所需的功率；③如直接用电炉采暖，则需要多大功率？

4-12 有一热泵用来冬季采暖和夏季降温。室内要求保持 20℃，室内外温度每相差 1℃，每小时通过房屋围护结构的热损失是 1200kJ。设热泵按逆卡诺循环工作，求①当冬季室外温度为 0℃ 时，该热泵需要多大功率？②若夏季该热泵仍用上述功率工作，问室外空气温度在什么情况下还能维持室内为 20℃？

4-13 若用热效率为 30% 的热机来拖动供热系数为 5 的热泵，将热泵的放热量用于加热某采暖系统的循环水。若热机每小时从热源取出 10000kJ，则建筑物将得到多少热量？

4-14 在某一刚性绝热容器中，有一隔板将容器分为容积相等的两部分，每一部分容积均为 0.1m³。若容器一边是温度为 40℃、压力为 0.4MPa 的空气，另一边是温度为 20℃、压力为 0.2MPa 的空气。当抽出隔板后，两部分空气均匀混合而达到热力平衡。求混合过程引起的空气熵的变化。

4-15 质量为 1kg 的空气在气缸中由 $p_1 = 0.1MPa$、$t_1 = 30℃$ 经多变压缩达到 $p_2 = 1MPa$。如多变指数 $n = 1.3$，在压缩过程中放出的热量全部被环境所吸收，环境温度 $T_0 = 290K$。求由环境与空气所组成的孤立系统熵的变化。

第五章

水 蒸 气

 学习目标

1）熟悉水蒸气的定压发生过程。
2）掌握水蒸气表和焓熵图的用法。
3）掌握水蒸气基本热力过程的分析计算。

水蒸气具有良好的热力性质，并且极易获得、价格低廉、对人体无害、对环境没有污染，因此，它在工业生产中的应用很广。例如，在热力工程中，蒸汽机、汽轮机以及很多热力装置都采用水蒸气作为工质以实现能量的转换。在供热通风专业范围内，水蒸气也是最常见的工质之一。例如，在蒸汽采暖系统中，利用水蒸气在散热器内凝结放热来提高室内空气温度；在空调工程中，常用水蒸气对空气进行加热或加湿处理。此外，在制冷装置中，还要用到氨或氟利昂等蒸气，其热力性质与水蒸气的性质基本相同，仅是物态变化时的参数不同而已。通过对水蒸气热工性质的分析，有助于我们了解其他蒸气共同具有的特性。因此，应充分掌握水蒸气的性质。

工程上应用的水蒸气大多是刚刚脱离液态或离液态较近，其分子之间的相互作用力及分子本身所占有的体积均不能忽略，因此，不能把水蒸气当作理想气体来看待，也不能应用理想气体状态方程式来对其进行分析和计算。由于水蒸气的性质要比理想气体复杂得多，所以描述它的实际气体状态方程式往往十分复杂，应用起来很不方便。为此，人们研究编制出常用水蒸气的热力性质图表，供工程计算时查用。

本章主要介绍水蒸气的产生过程、水蒸气状态参数的确定、水蒸气图表的结构和应用以及水蒸气在热力过程中功量和热量的计算。

第一节　水蒸气的产生

一、液体的汽化

物质由液态变为气态的过程称为汽化。汽化有蒸发和沸腾两种形式。

1. 蒸发

在液体表面发生的汽化过程称为蒸发。蒸发是由于液体表面附近动能较大的分子克服表面张力跃入气相空间而发生的，可以在任何温度下进行。

蒸发速度取决于液体的温度。这是因为液体的温度越高，分子的平均动能就越大，能够克服分子引力而跃入气相空间的分子数就越多，蒸发速度也就越快。在蒸发的同时，气相空间的蒸气分子也有可能碰撞液体表面而返回液体，这个过程叫凝结。凝结速度取决于气相空间蒸气分子的浓度。这是因为气相空间的蒸气分子数越多，它们碰撞液面的机会就越多，凝结速度也就越快。由于密度与压力成正比，故也可以说，凝结速度取决于蒸气的压力。若蒸发在自由空间中进行，由于蒸气分子不断地向四周扩散，使得气相空间蒸气的分压力很低，所以蒸发速度远远大于凝结速度，总体上呈现蒸发过程。若蒸发在密闭容器中进行，开始时，由于气相空间的蒸气分子数较少，所以蒸发过程占优势。随着蒸发的进行，气相空间的蒸气分子数越来越多，从而凝结速度加快。当蒸发速度和凝结速度相等时，虽然蒸发和凝结仍在进行，但气相空间的蒸气分子数不再增加，气、液两相处于动态平衡，这种状态称为饱和状态。此状态下的蒸气称为饱和蒸气；液体称为饱和液体；汽、液的温度称为饱和温度；蒸气的压力称为饱和压力。正因为蒸发速度取决于温度，而凝结速度取决于压力，所以饱和压力与饱和温度之间必然存在着对应的关系，且饱和压力将随着温度的升高而增大。这是因为温度升高，液体分子的平均动能增大，飞离液面的分子数增多，使得气相空间的分子浓度和分子平均动能均增大，所以饱和压力升高。

2. 沸腾

在液体内部发生的气化过程称为沸腾。液体受热后，由于其中空气的溶解度降低，液体内部会产生气泡，液体会通过气泡表面向气泡空间蒸发，最终达到饱和状态。随着温度的升高，气泡内的饱和压力逐渐增大。当气泡内的饱和压力等于外界压力时，气泡会迅速增大，升到液面后破裂，蒸气进入气相空间。此时，液体处于沸腾状态。由于饱和压力取决于温度，所以沸腾只能发生在给定压力所对应的饱和温度下，这一温度也就是该压力下液体的沸点。

沸腾可在压力不变的情况下通过加热来实现，也可在温度不变的情况下通过降低压力来实现。

液体中含有气体是沸腾过程开始的必要条件。液体受热后，所含气体分离出来成为气泡，为沸腾建立了必要的分界面，气泡成为汽化核心。若没有它，沸腾过程就不能开始，液体可能超过沸点而不沸腾，这种现象称为液体过热，或称为沸腾延缓。

二、水蒸气的定压发生过程

工程上所用的水蒸气是由锅炉在定压下对水加热而得到的。为了便于分析问题，我们用一个简单的实验设备来观察水蒸气的定压发生过程。

将 1kg0.01℃的水装在带有活塞的气缸中，活塞上承受一个不变的压力 p，使水在定压下被加热生成蒸汽。这一过程大致可以分为三个阶段：

1. 水的预热过程

对 0.01℃的水加热，初始时，水的温度低于 p 压力下的饱和温度 t_s，此时的水称为未饱和水，如图 5-1a 所示。随着温度的升高，水的比体积稍有增加。当温度达到饱和温度 t_s 时，水将开始沸腾，此时的水称为饱和水，如图 5-1b 所示。由未饱和水变为饱和水的过程称为水的预热过程，该过程中所吸收的热量称为液体热。

2. 饱和水的汽化过程

将饱和水继续加热，饱和水开始沸腾，在定温下产生蒸汽而形成饱和水和饱和蒸汽的混合物，这种混合物称为湿饱和蒸汽，简称湿蒸汽，如图5-1c所示。湿蒸汽的比体积随着蒸汽的产生而逐渐增大。再继续加热，饱和水会全部汽化为蒸汽，这种蒸汽称为干饱和蒸汽，或称为饱和蒸汽，如图5-1d所示。由饱和水变为饱和蒸汽的过程称为饱和水的汽化过程，该过程中所吸收的热量称为汽化潜热。

3. 饱和蒸汽的过热过程

对饱和蒸汽继续加热，其温度进一步升高，比体积进一步增大，此时的蒸汽称为过热蒸汽，如图5-1e所示。其温度与饱和温度的差值称为过热度。由饱和蒸汽变为过热蒸汽的过程称为饱和蒸汽的过热过程。该过程中所吸收的热量称为过热热量。

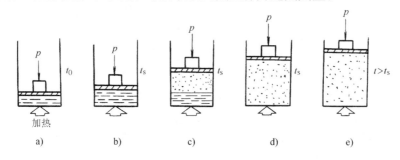

图 5-1 水蒸气的定压发生过程

将上述水蒸气的定压发生过程分别表示在 p-v 图与 T-s 图上，如图5-2中 a_0—a'—a''—a 所示。其中状态点 a_0 为未饱和水；a' 为饱和水；a'' 为饱和蒸汽；a 为过热蒸汽；a' 和 a'' 间的任一状态点为湿蒸汽；过程线 a_0—a' 为水的预热过程；a'—a'' 为饱和水的汽化过程；a''—a 为饱和蒸汽的过热过程。由于整个过程是在定压的条件下进行的，所以该过程线在 p-v 图上为一水平线。在 T-s 图上，对于水的预热过程，由于温度升高，且吸收热量，所以 a_0—a' 为一向右上倾斜的指数曲线；对于饱和水的汽化过程，由于饱和压力与饱和温度存在着对应关系，当压力不变时，温度也不变，所以 a'—a'' 为一水平线；对于饱和蒸汽的汽化过程，由于温度升高，且吸收热量，所以 a''—a 为一向右上倾斜的指数曲线。

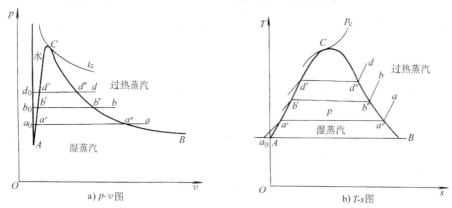

图 5-2 水蒸气定压发生过程的 p-v 图和 T-s 图

若在不同压力下重复上述试验，可在 p-v 图和 T-s 图上得到一系列水蒸气在定压下发生的过程曲线，如过程线 b_0—b'—b''—b、d_0—d'—d''—d 等。由于水的压缩性极小，压力虽然提高，但只要温度不变（仍为 0.01℃），其比体积就基本保持不变，所以在 p-v 图上 0.01℃

的各种压力下水的状态点 a_0、b_0、d_0 等几乎处于一条垂直线上。由于水的压缩性小于其热胀性，当压力增大时，水的比体积变化甚小；而随着饱和温度的升高，水的比体积明显增大。从总体上看，饱和水的比体积随压力升高而有所增大，所以在 p-v 图上，b' 在 a' 的右上方。由于蒸汽的压缩性大于其热胀性，当压力增大时，蒸汽的比体积明显减小；而随着饱和温度的升高，蒸汽的比体积增大相对较小。从总体上看，饱和蒸汽的比体积随压力升高而有所减小，所以在 p-v 图上，b'' 在 a'' 的左上方。从上述分析可知，随着压力的提高，水的预热过程拉长，而汽化过程缩短。当达到某一压力时，汽化过程将缩为一点，该点称为临界点，如图 5-2 中 C 点所示。连接各压力下的饱和水状态点 a'、b'、d'……和临界点 C 得曲线 AC，称为饱和液体线（或下界线）；连接各压力下的饱和蒸汽状态点 a''、b''、d''……和临界点 C 得曲线 BC，称为饱和蒸汽线（或上界线）。这一点（临界点）、两线（饱和液体线、饱和蒸汽线）将 p-v 图及 T-s 图分为三个区域和五种状态。三个区域分别为：饱和液体线 AC 左侧的未饱和液体区、饱和蒸汽线 BC 右侧的过热蒸汽区和饱和液体线 AC 与饱和蒸汽线 BC 之间的湿蒸汽区。五种状态分别为：未饱和水状态、饱和水状态、湿蒸汽状态、饱和蒸汽状态和过热蒸汽状态。

在湿蒸汽区，湿蒸汽的成分用干度 x 表示。干度指的是 1kg 湿蒸汽中所含饱和蒸汽的质量，即湿蒸汽中饱和蒸汽的质量成分。

$$x = \frac{m_{vap}}{m_{vap} + m_{wat}} \tag{5-1}$$

式中　m_{vap}——湿蒸汽中饱和蒸汽的质量；

　　　m_{wat}——湿蒸汽中饱和水的质量。

显然，x 的值在 0~1 之间。对于饱和水，$x=0$；对于饱和蒸汽，$x=1$。因此，饱和液体线也是 $x=0$ 的定干度线；而饱和蒸汽线也是 $x=1$ 的定干度线。

由于水的压缩性很小，且水的比定压热容随压力的变化很小，所以在 T-s 图上，水的定压线与饱和液体线 AC 靠得很近。

第二节　水蒸气表及焓熵图

在工程实际计算中，水和水蒸气的状态参数可根据水蒸气图表查得。为了能正确应用图表查取数据，需对水蒸气图表所列参数及参数间的一般关系有所了解。

一、水和水蒸气表

水和水蒸气表分为两类。一类是饱和水和饱和蒸汽表；另一类是未饱和水和过热蒸汽表（见附表 5）。前者又分为按温度排列（见附表 3）和按压力排列（见附表 4）两种。若要确定饱和水和饱和蒸汽的状态参数值，可根据已知的温度或压力，从附表 3 或附表 4 中查出相应的状态参数值，包括饱和压力 p_s 或饱和温度 t_s、比体积、焓、熵等。表中饱和水和饱和蒸汽的参数分别用右上角标 "$'$" 和 "$''$" 表示。若要确定未饱和水和过热蒸汽的状态参数值，可根据已知的压力和温度，从附表 5 中查出相应的比体积、焓和熵的值。表中参数值被一粗黑水平线分为上、下两部分。上方为未饱和水的参数；下方为过热蒸汽的参数。

对这三种表有以下说明：

1）零点的规定。1963 年，第六届国际水蒸气会议上规定：以纯水的三相点

（273.16K）的液相水为基准状态，令其内能和熵均为零，即 $u_0 = 0$、$s_0 = 0$，这时 $h_0 = u_0 + p_0 v_0 =$ （$0 + 611.2 \times 0.001002$）J/kg $= 0.611$J/kg。这样表中所列焓、熵值是该状态的焓、熵值与纯水三相点液相水的焓、熵值的差值。

2）表中未列出内能值，可由焓的定义式 $u = h - pv$ 求之。

3）表中未列出湿蒸汽状态参数，可由饱和水、饱和蒸汽的参数以及干度求之。

$$v_x = xv'' + (1 - x)v' \tag{5-2}$$

$$h_x = xh'' + (1 - x)h' \tag{5-3}$$

$$s_x = xs'' + (1 - x)s' \tag{5-4}$$

4）表中不可能列出全部的参数值，对于未列出的中间状态的参数，可用内插法求之。

二、水蒸气的焓熵图（h-s）

利用水蒸气表确定水蒸气的状态参数很准确，但不直观，而且水蒸气表不能将所有的数据全部列出，有时需用内插法。此外，对于湿蒸汽的参数值水蒸气表也不能直接查出，还需利用公式进行计算。这些都会给分析和计算带来不便，如果将水蒸气的状态参数绘制成线图，就会解决上述问题。水蒸气图有很多种，如前面已用过的 p-v 图和 T-s 图，但它们在计算功量和热量时需用积分进行计算，仍很麻烦。所以在水蒸气的热工计算中常采用焓熵图。

图 5-3 是 h-s 图的结构示意图。它是以熵为横坐标，焓为纵坐标。图中绘有临界点、饱和液体线（$x = 0$）、饱和蒸汽线（$x = 1$），还有六组定参数线，分别为定焓线、定熵线、定压线、定温线、定容线、定干度线。其中定焓线与定熵线都是直线，分别平行于横坐标与纵坐标；定压线是由左下方向右上方延伸的一簇放射线；定温线在湿蒸汽区与定压线重合，在过热蒸汽区先弯曲而后趋于平坦；定容线的延伸方向同定压线相近，但比定压线陡峭；定干度线是由临界点出发，与饱和液体线和饱和蒸汽线延伸方向大致相近且与定压线相交的一组曲

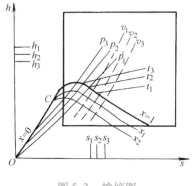

图 5-3　焓熵图

线。由于工程上所用水蒸气多为干度较大的湿蒸汽，饱和蒸汽和过热蒸汽，故采用的 h-s 图只保留图中右上部分，如图 5-3 中粗黑线框出的部分。

应用水蒸气的 h-s 图，可以根据已知的任意两个独立的状态参数来确定状态点在图上的位置，从而查得其余状态参数；也可以在图上表示水蒸气的热力过程，并对过程的热量、功量、内能等进行计算。附图 1 为工程计算中用的水蒸气的 h-s 图。

【例 5-1】　试确定：①$p = 0.8$MPa、$v = 0.22$m³/kg；②$p = 0.6$MPa、$t = 190$℃；③$p = 1$MPa、$t = 179.88$℃三种情况下蒸汽的状态。

【解】　① 查附表 2，$p = 0.8$MPa 时，$v' = 0.0011150$m³/kg　$v'' = 0.2403$m³/kg　由于 $v' < v < v''$，所以第一种情况下的蒸汽为湿蒸汽。

② $p = 0.6$MPa 时，$t_s = 158.84$℃时，由于 $t > t_s$，所以第二种情况下的蒸汽为过热蒸汽。

③ $p = 1$MPa 时，$t_s = 179.88$℃时，由于 $t = t_s$，所以第三种情况下的蒸汽处于饱和状态。但因 p 和 t_s 不能完全确定饱和状态，所以不能说明是饱和蒸汽、湿蒸汽还是饱和水。

【例 5-2】 在 $V=60L$ 的容器内装有湿蒸汽若干。已知容器内压力为 2MPa，饱和蒸汽含量为 0.57kg。试求其干度、比体积及焓值。

【解】 查附表 4，当 $p=2$MPa 时，$t_s=212.37$℃

$$v'=0.0011766\text{m}^3/\text{kg} \quad h'=908.6\text{kJ/kg}$$

$$v''=0.09953\text{m}^3/\text{kg} \quad h''=2797.4\text{kJ/kg}$$

这样

$$V_{vap}=m_{vap}v''=(0.57\times0.09953)\text{m}^3=56.73\times10^{-3}\text{m}^3$$

$$V_{wat}=V-V_{vap}=(60\times10^{-3}-56.73\times10^{-3})\text{m}^3=3.27\times10^{-3}\text{m}^3$$

$$m_{wat}=\frac{V_{wat}}{v'}=\frac{3.27\times10^{-3}}{0.0011766}\text{kg}=2.78\text{kg}$$

故

$$x=\frac{m_{vap}}{m_{vap}+m_{wat}}=\frac{0.57}{0.57+2.78}=0.17$$

$$v_x=xv''+(1-x)v'$$

$$=[0.17\times0.09953+(1-0.17)\times0.0011766]\text{m}^3/\text{kg}$$

$$=0.0179\text{m}^3/\text{kg}$$

$$h_x=xh''+(1-x)h'$$

$$=[0.17\times2797.4+(1-0.17)\times908.6]\text{kJ/kg}$$

$$=1229.7\text{kJ/kg}$$

第三节　水蒸气的基本热力过程

水蒸气热力过程的分析和计算，与气体热力过程的方法、步骤类似，即要确定初、终态的状态参数，求出过程中交换的热量、功量等，也可以在状态图上进行分析。不同的是气体热力过程的分析和计算是依据理想气体的有关关系式进行的，而水蒸气热力过程的分析和计算一般是依据水蒸气图表进行的。尤其是 *h-s* 图的应用，给水蒸气热力过程的分析和计算带来了很大方便。本节应用 *h-s* 图来分析水蒸气的四个基本热力过程。

一、定压过程

锅炉中水蒸气的产生过程，以及水蒸气在换热设备中进行热量交换的过程，若忽略一切不可逆因素，均可视为可逆定压过程。

若已知定压过程的初态参数 p_1、x_1 及终态参数 t_2。首先可在 *h-s* 图上找出 p_1 定压线和 x_1 定干度线，两线交点即为初状态点 1。查出相应的状态参数 h_1、s_1、t_1 及 v_1。然后过 1 点作 $p_2=p_1$ 定压线与 t_2 定温线相交，交点即为终状态点 2。查出相应的状态参数 h_2、s_2 及 v_2。该定压过程如图 5-4 中 1—2 所示。

利用上述所查参数可进行下列计算：

$$q=h_2-h_1$$

$$w=p(v_2-v_1)$$

$$\Delta u=\Delta h-\Delta(pv)=(h_2-h_1)-p(v_2-v_1)$$

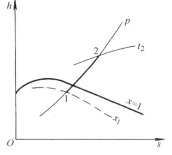

图 5-4　水蒸气的定压过程

从图 5-4 可看出，定压过程沿 1→2 进行，水蒸气吸热膨胀且温度升高。若是湿蒸汽定压吸热膨胀，会使干度提高，最后可变为过热蒸汽。

二、定容过程

水蒸气在刚性容器中进行的热力过程，若忽略一切不可逆因素，则可视为可逆定容过程。

若已知定容过程的初态参数 p_1、x_1 及终态参数 t_2。首先可在 h-s 图上找出 p_1 定压线和 x_1 定干度线，两线交点即为初状态点 1。查出相应的状态参数 h_1、s_1、t_1 及 v_1。然后过 1 点作 $v_2 = v_1$ 定容线与 t_2 定温线相交，交点即为终状态点 2。查出相应的状态参数 h_2、s_2 及 p_2。该定容过程如图 5-5 中 1—2 所示。

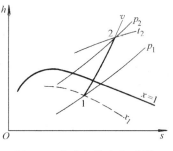

图 5-5　水蒸气的定容过程

利用上述所查参数可进行下列计算：

$$w = 0$$
$$\Delta u = (h_2 - h_1) - v(p_2 - p_1)$$
$$q = \Delta u$$

从图 5-5 中可看出，定容过程沿 1→2 进行，水蒸气定容吸热而温度升高。若是湿蒸汽定容吸热，会使干度提高，最后可变为过热蒸汽。

三、定温过程

若已知定温过程的初态参数 p_1、x_1 及终态参数 p_2。首先可在 h-s 图上找出 p_1 定压线和 x_1 定干度线，两线交点即为初状态点 1。查出相应的状态参数 h_1、s_1、t_1 及 v_1。然后过 1 点作 $t_2 = t_1$ 定温线与 p_2 定压线相交，交点即为终状态点 2。查出相应的状态 p_2、h_2、t_2 及 v_2。该定温过程如图 5-6 中 1—2 所示。

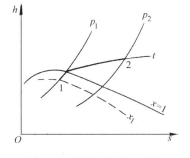

图 5-6　水蒸气的定温过程

利用上述所查参数可进行下列计算：

$$q = T(s_2 - s_1)$$
$$\Delta u = (h_2 - h_1) - (p_2 v_2 - p_1 v_1)$$
$$w = q - \Delta u$$

从图 5-6 可看出，定温过程沿 1→2 进行，水蒸气吸热膨胀。若是湿蒸汽定温吸热膨胀，起初干度提高，压力不变，变为干饱和蒸汽后，若再吸热，则压力下降，变为过热蒸汽。

四、绝热过程

水蒸气流过汽轮机或通过喷管等过程，若忽略散热及不可逆因素，均可视为可逆绝热过程，即定熵过程。

若已知绝热过程的初态参数 p_1、t_1 及终态参数 p_2。首先可在 h-s 图上找出 p_1 定压线和 t_1 定温线，两线交点即为初状态点 1。查出相应的状态参数 h_1、s_1 及 v_1。然后过 1 点作 $s_2 = s_1$ 定熵线与 p_2 定压线相交，交点即为终状态点 2。查出相应的状态参数 h_2、s_2 及 v_2。该绝热过程如图 5-7 中 1—2 所示。

利用上述所查得参数可进行下列计算：

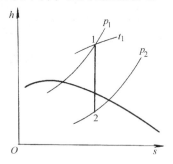

图 5-7　水蒸气的绝热过程

$$q = 0$$
$$\Delta u = (h_2 - h_1) - (p_2 v_2 - p_1 v_1)$$
$$w = -\Delta u$$

从图5-7可看出，绝热过程沿1→2进行，水蒸气绝热膨胀，压力、温度均降低。若过热蒸汽绝热膨胀，会使其过热度减小，最后可变为饱和蒸汽或湿蒸汽。

【例5-3】 $2m^3$ 过热蒸汽，在压力0.6MPa下从200℃定压加热至300℃。试求该过程中热量、功量的交换，内能的变化及终态的体积。

【解】 由 $p_1 = 0.6$MPa定压线与 $t_1 = 200$℃定温线确定初态点1，如图5-8所示。由 $p_2 = p_1$、$t = 300$℃可确定终态点2，从而查出相应的参数值：

$$h_1 = 2850\text{kJ/kg} \quad v_1 = 0.35\text{m}^3/\text{kg}$$
$$h_2 = 3060\text{kJ/kg} \quad v_2 = 0.44\text{m}^3/\text{kg}$$

这样在1—2中

$$q = \Delta h = h_2 - h_1$$
$$= (3060 - 2850)\text{kJ/kg} = 210\text{kJ/kg}$$
$$w = p(v_2 - v_1)$$
$$= [0.6 \times 10^6 \times (0.44 - 0.35) \times 10^{-3}]\text{kJ/kg}$$
$$= 54\text{kJ/kg}$$

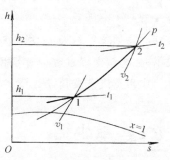

图5-8 例5-3图

由于
$$m = \frac{V_1}{v_1} = \frac{2}{0.35} = 5.71\text{kg}$$

故
$$Q = mq = (5.71 \times 210)\text{kJ} = 1199.1\text{kJ}$$
$$W = mw = (5.71 \times 54)\text{kJ} = 308.34\text{kJ}$$
$$V_2 = mv_2 = (5.71 \times 0.44)\text{m}^3 = 2.51\text{m}^3$$

【例5-4】 在刚性容器内盛有压力为0.8MPa的湿蒸汽。通过对容器加热，使湿蒸汽成为压力为1MPa的饱和蒸汽。求湿蒸汽初态的干度及过程中的加热量。

【解】 由于刚性容器容积不变，所以蒸汽经历一个定容过程。终态为1MPa的饱和蒸汽，可查附表4，当 $p_2 = 1$MPa 时，$t_2 = 179.88$℃。

$$h_2 = h_2'' = 2777\text{kJ/kg}$$
$$v_2 = v_2'' = 0.1934\text{m}^3/\text{kg}$$

由于过程中容积不变，故

$$v_1 = v_2 = 0.1943\text{m}^3/\text{kg}$$

初态为湿蒸汽状态，查附表4，当 $p_1 = 0.8$MPa 时，

$$h_1' = 720.9\text{kJ/kg} \quad r = 2047.5\text{kJ/kg}$$
$$v_1' = 0.00112\text{m}^3/\text{kg} \quad v_1'' = 0.2403\text{m}^3/\text{kg}$$

又由于
$$v_1 = x_1 v_1'' + (1 - x_1)v_1'$$

故
$$x_1 = \frac{v_1 - v_1'}{v_1'' - v_1'} = \frac{0.1943 - 0.00112}{0.2403 - 0.00112} = 0.808$$

$$h_1 = x_1 h_1'' + (1 - x_1)h_1' = h_1' + x_1 r$$
$$= (720.9 + 0.808 \times 2047.5)\text{kJ/kg}$$
$$= 2375.28\text{kJ/kg}$$

故
$$q = \Delta u = \Delta h - \Delta(pv)$$
$$= (h_2 - h_1) - v(p_2 - p_1)$$
$$= [(2777 - 2375.28) - 0.1943 \times$$
$$(1 - 0.8) \times 10^6 \times 10^{-3}]\text{kJ/kg}$$
$$= 440.58\text{kJ/kg}$$

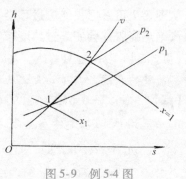

图 5-9 例 5-4 图

显然该题也可用 h-s 图求解，如图 5-9 所示。由 $x_2 = 1$ 定干度线与 p_2 定压线相交确定终态点 2。通过点 2 的定容线与 p_1 定压线交点为初态点 1。过程 1—2 为该定容过程，可根据初、终态参数计算过程中热量，方法同上。显然用 h-s 图计算，比用蒸汽表要简单方便，也更直观。

本章小结

本章主要讲述了水蒸气的性质、水蒸气表及焓湿图、水蒸气的基本热力过程。重点内容如下：

（1）水蒸气是实际气体，不能当作理想气体来看待。

（2）在工程计算时，水蒸气的状态参数可根据水蒸气图表查得。要熟练掌握水蒸气图表的用法。

（3）水蒸气的基本热力过程包括定压过程、定容过程、定温过程和绝热过程。要学会应用焓熵图来分析水蒸气的四个基本热力过程。

习题与思考题

5-1 为什么将气态物质分为气体和蒸气？它们的主要区别有哪些？

5-2 有没有 400℃ 的水？有没有 0℃ 或温度在 0℃ 以下的水蒸气？为什么？

5-3 若压力为 25MPa，水蒸气的汽化过程是否还存在？为什么？

5-4 $\Delta h_p = c_p \Delta T$ 适用于任何工质的定压过程，在水蒸气的定压发生过程中，由于 $\Delta T = 0$，故 $\Delta h_p = c_p \times 0 = 0$。这个结论对吗？为什么？

5-5 当水的温度 $t = 80℃$，压力分别为 0.01MPa、0.05MPa、0.1MPa、0.5MPa 及 1MPa 时，各处于什么状态？并求出该状态下的焓值。

5-6 在容积为 30L 的容器内，有水和水蒸气的混合物。若蒸汽温度为 180℃，水的质量为 0.08kg。试求容器内混合物的干度及焓值。

5-7 已知 8m^3 的湿蒸汽在 $p = 0.9\text{MPa}$ 时，湿度 $(1 - x) = 0.65$。求此湿蒸汽的质量与焓值。

5-8 利用水蒸气图表填充表 5-1 中空白。

表 5-1

序号	指标值					
	p /MPa	t /℃	x	v / (m^3 /kg)	h / (kJ /kg)	s / [kJ /(kg · K)]
1	0. 005		0. 88			
2	3		1			
3		200		0. 2060		
4					3651	7. 34
5	5	500				
6		150			2500	

5-9　某空调系统用 $p = 0.3\mathrm{MPa}$、$x = 0.94$ 的湿蒸汽来加热空气。暖风机空气流量 $V = 4000\mathrm{Nm^3/h}$,空气通过暖风机从 0℃ 被加热到 120℃。若湿蒸汽流过暖风机后成为 0.3MPa 下的饱和水,求每小时需要多少千克湿蒸汽?

5-10　某锅炉每小时生产压力 4MPa、温度 450℃ 的过热蒸汽 130t,给水温度为 150℃。求①由给水加热到饱和水的吸热量;②由饱和水变为饱和蒸汽的吸热量;③由饱和蒸汽到过热蒸汽的吸热量;④若锅炉热效率为 80%,煤的发热量为 28500kJ/kg,求每小时的耗煤量。

5-11　一刚性封闭容器内有压力为 2.5MPa 的饱和蒸汽,由于散热,其压力降为 2MPa。求容器内工质的终态参数及过程中的散热量;并将该过程定性地表示在水蒸气的 h-s 图上。

5-12　将 $5\mathrm{m^3}$ 压力 $p_1 = 1\mathrm{MPa}$、温度 $t_1 = 350℃$ 的过热蒸汽定压加热到 $t_2 = 500℃$。求过程中的加热量、内能的变化及蒸汽的终态体积;并将该过程定性地表示在水蒸气的 h-s 图上。

5-13　将 1kg 压力 $p_1 = 1\mathrm{MPa}$、温度 $t_1 = 200℃$ 的蒸汽定压加热到 $t_2 = 300℃$。求过程中的加热量和内能的变化量。若将此蒸汽再送入某容器中绝热膨胀至 $p_3 = 0.1\mathrm{MPa}$,求此膨胀过程所做的功量。

第六章 湿空气

 ## 学习目标

1) 掌握湿空气的状态参数。

2) 掌握焓湿图的结构及应用。

3) 掌握湿空气基本热力过程的分析计算。

存在于地球周围的空气层称为大气。由于地球的绝大部分表面为海洋、江河和湖泊，必然有大量水分蒸发为水蒸气而进入大气中。所以，自然界中存在的空气都是干空气和水蒸气的混合物，称为湿空气，即

湿空气＝干空气＋水蒸气

存在于湿空气中的干空气，由于其组成成分不发生变化，所以可将其当作一个整体，并可视为理想气体；存在于湿空气中的水蒸气，由于其分压力很低，比体积很大，一般处于过热状态，所以也可视为理想气体。这样由干空气和水蒸气组成的湿空气，就可视为理想混合气体。它仍然遵循理想气体的有关规律，其状态参数之间的关系，也可用理想气体状态方程来描述。

由于湿空气中水蒸气的含量甚微，所以在一般工程中常忽略其影响。但在空气调节、物料干燥等工程中，湿空气中水蒸气的含量对于湿空气的性质及其有关过程有很大影响，因此，不可以忽略。在通风与空气调节工程中，经常要使用湿空气作为工质，并对其进行加热、冷却、加湿、去湿等方面的处理。因此，必须掌握湿空气的性质及其处理过程。本章主要介绍湿空气的有关性质及其热工计算。

第一节 湿空气的状态参数

湿空气的性质不仅与它的组成成分有关，而且也取决于它所处的状态。要说明湿空气的状态，同样可以采用压力、温度、比体积、焓等参数来表示。此外，还需要有反映湿空气中水蒸气含量的参数，如绝对湿度、相对湿度和含湿量等。下面介绍湿空气的主要状态参数。

一、温度和压力

1. 温度

由于湿空气为干空气和水蒸气组成的混合气体，所以湿空气的温度 T 也就是干空气和

水蒸气的温度，即

$$T = T_{dry} = T_{vap} \tag{6-1}$$

式中　T_{dry}——干空气的温度；

　　　T_{vap}——水蒸气的温度。

2. 压力

根据道尔顿定律，湿空气的压力 p 应为干空气的分压力和水蒸气的分压力之和，即

$$p = p_{dry} + p_{vap}$$

式中　p_{dry}——干空气的分压力；

　　　p_{vap}——水蒸气的分压力。

通风与空气调节工程中所处理的湿空气就是大气，因此，湿空气的压力 p 就是当地大气压力 p_b。则上式又可写为

$$p_b = p_{dry} + p_{vap} \tag{6-2}$$

一般情况下，湿空气中水蒸气的分压力低于湿空气温度所对应的水蒸气的饱和压力，此时的水蒸气处于过热状态，如图 6-1 中 a 点所示。这种由干空气和过热蒸汽组成的湿空气称为未饱和空气。在一定的温度下，湿空气中水蒸气分压力的大小可反映水蒸气含量的多少。由于未饱和空气中水蒸气的分压力没有达到最大值，所以它具有一定的吸湿能力。若在保持湿空气温度不变的情况下，向未饱和空气中加入水蒸气，随着水蒸气含量的增加，水蒸气的分压力也随之增大，水蒸气的状态将沿图 6-1 中的 $a \rightarrow b$ 变化。当水蒸气分

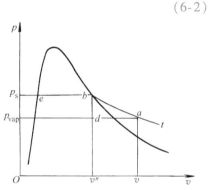

图 6-1　湿空气中水蒸气的状态

压力达到湿空气温度所对应的水蒸气的饱和压力时，水蒸气处于饱和状态，如图 6-1 中 b 点所示。这种由干空气和饱和水蒸气组成的湿空气称为饱和湿空气。若继续增加水蒸气的含量，水蒸气的状态将沿 $b \rightarrow e$ 变化，即不断有凝结水析出。

二、绝对湿度、相对湿度、含湿量

湿空气中水蒸气的含量称为湿度。反映湿度的参数有绝对湿度、相对湿度和含湿量。

1. 绝对湿度

1m³ 湿空气中所含水蒸气的质量称为绝对湿度。由于湿空气中的水蒸气也充满湿空气的整个体积，所以绝对湿度也就是湿空气中水蒸气的密度，用符号 ρ_{vap} 表示，单位为 kg/m³。其定义式为

$$\rho_{vap} = \frac{m_{vap}}{V}$$

根据理想气体状态方程，可得

$$\rho_{vap} = \frac{p_{vap}}{R_{vap} T} \tag{6-3}$$

式中　R_{vap}——水蒸气的气体常数，$R_{vap} = 461.5 \text{J}/(\text{kg} \cdot \text{K})$。

绝对湿度只能说明湿空气中实际所含水蒸气的多少，而不能说明湿空气的干、湿程度或吸湿能力的大小。为此，需要引入相对湿度的概念。

2. 相对湿度

湿空气的绝对湿度与同温度下饱和湿空气的绝对湿度之比称为相对湿度，用符号 φ 表示。其定义式为

$$\varphi = \frac{\rho_{vap}}{\rho_s} \times 100\% \tag{6-4}$$

相对湿度反映了未饱和湿空气接近同温度下饱和湿空气的程度，或湿空气中的水蒸气接近饱和状态的程度，因此，又称为饱和度。

显然，相对湿度是 0 ~ 1 间的值。它的大小反映了湿空气的干、湿程度或吸湿能力。φ 值越小，湿空气越干燥，吸湿能力越强；φ 值越大，湿空气越潮湿，吸湿能力越弱；当 $\varphi = 1$ 时，为饱和湿空气，不具有吸湿能力。

根据理想气体状态方程，可得

$$\rho_{vap} = \frac{p_{vap}}{R_{vap}T}$$

$$\rho_s = \frac{p_s}{R_{vap}T}$$

则

$$\varphi = \frac{p_{vap}}{p_s} \times 100\% \tag{6-5}$$

由上式可知，在一定温度下，水蒸气的分压力越大，相对湿度就越大，湿空气越接近于饱和湿空气。

3. 含湿量

在通风、空调及物料干燥工程中，常常要对湿空气进行加湿或去湿处理，湿空气中水蒸气的含量则会发生变化，从而导致湿空气的量也会发生变化。如果以湿空气作为基准进行计算，将会比较麻烦。为此，通常利用湿空气中的干空气在状态变化过程中质量不变的特点，以 1kg 干空气作为计算基准，并提出了含湿量的概念。

在含有 1kg 干空气的湿空气中，所含有的水蒸气的质量（通常以克计）称为含湿量，用符号 d 表示，单位为 g/kg（干空气）。其定义式为

$$d = \frac{m_{vap}}{m_{dry}} \times 10^3 \tag{6-6}$$

根据理想气体状态方程，可得

$$m_{dry} = \frac{p_{dry}}{R_{dry}T}$$

$$m_{vap} = \frac{p_{vap}}{R_{vap}T}$$

则

$$d = 622 \frac{p_{vap}}{p_{dry}} \tag{6-7}$$

由于 $p_{dry} = p_b - p_{vap}$，则

$$d = 622 \frac{p_{vap}}{p_b - p_{vap}} \tag{6-8}$$

由上式可知，当大气压力 p_b 一定时，含湿量取决于水蒸气的分压力，因此，含湿量与水蒸气的分压力不是相互独立的状态参数。

由于 $p_{vap} = \varphi p_s$，则

$$d = 622 \frac{\varphi p_s}{p_b - \varphi p_s} \qquad (6-9)$$

由上式可知，当大气压力 p_b 和湿空气温度 t 一定时，d 随 φ 的增大而增加。

含湿量在过程中的变化 Δd，表示 1kg 干空气组成的湿空气在过程中所含水蒸气质量的改变，即湿空气在过程中吸收或析出的水分。

三、焓

湿空气的质量焓也是以 1kg 干空气为基准来计算的。它应为 1kg 干空气和 $10^{-3}d$ kg 水蒸气的质量焓的总和，即

$$h = h_{dry} + 10^{-3}d h_{vap} \qquad (6-10)$$

在空气调节工程所涉及的范围内，干空气和过热蒸汽的比热容值，均可视为定值。取 0°C 时干空气的焓值为零，取 0°C 时水的焓值为零，则

$$h_{dry} = c_p t = 1.01t$$

式中　c_p——干空气的平均比定压热容。

$$h_{vap} = r_0 + c_p t = 2501 + 1.85t$$

式中　r_0——0°C 时水的汽化潜热；

　　　c_p——水蒸气的平均比定压热容。

则　　　　　　　$$h = 1.01t + 10^{-3}d(2501 + 1.85t) \qquad (6-11)$$

在空调工程中，常常要对湿空气进行加热或冷却处理，由于这些处理过程都是在定压条件下进行的，所以空气在加热或冷却过程中，吸收或放出的热量均可用过程前后的焓差来计算。

四、密度

$1m^3$ 湿空气所具有的质量称为湿空气的密度，用符号 ρ 表示，单位为 kg/m^3。其定义式为

$$\rho = \frac{m}{V}$$

由于 $m = m_{dry} + m_{vap}$，故

$$\rho = \frac{m_{dry} + m_{vap}}{V} = \rho_{dry} + \rho_{vap} \qquad (6-12)$$

上式表明，湿空气的密度为干空气的密度和水蒸气的密度之和。

根据理想气体状态方程，可得

$$\rho_{dry} = \frac{p_{dry}}{R_{dry} T}$$

$$\rho_{vap} = \frac{p_{vap}}{R_{vap} T}$$

则

$$\rho = \frac{p_{dry}}{R_{dry} T} + \frac{p_{vap}}{R_{vap} T}$$

$$= \frac{p_b - p_{vap}}{287 T} + \frac{p_{vap}}{461 T}$$

$$= \frac{p_b}{287 T} - 0.001315 \frac{p_{vap}}{T}$$

$$= \frac{p_b}{287T} - 0.001315 \frac{\varphi p_s}{T} \tag{6-13}$$

由上式可知,在同温同压下,湿空气的密度总是小于干空气的密度,并随相对湿度的增大而减小。

五、露点温度和湿球温度

1. 露点温度

对于未饱和湿空气,若保持湿空气的水蒸气分压力不变,降低其温度,也可使之达到饱和湿空气状态,其中水蒸气的状态变化过程如图 6-1 中 $a \rightarrow d$ 所示。图中 d 点即饱和蒸汽状态,其温度就是湿空气中水蒸气的分压力 p_{vap} 所对应的饱和温度,称为湿空气的露点温度,或简称为露点,用符号 t_{dew} 表示。

湿空气达到饱和后,若进一步降低其温度,湿空气中将有水滴析出,这种现象称为结露现象。结露现象无论在工程上还是生活中,都是普遍存在的。如蒸发器表面的水珠,冬天房屋窗玻璃内侧的水雾等。结露现象是由于冷表面的温度低于湿空气的露点温度,湿空气中的水蒸气在冷表面凝结为水滴析出而形成的。

在空气调节工程中,常常利用露点来控制空气的干、湿程度。若空气太潮湿,就可将其温度降至其露点温度以下,使多余的水蒸气凝结为水滴析出去,从而达到去湿的目的。

2. 湿球温度

图 6-2 所示为一干湿球温度计的示意图。它由两支相同的玻璃杆温度计组成:一支称为干球温度计,其读数为干球温度 t_{dry};另一支的水银球用浸在水中的湿纱布包起来,称为湿球温度计,其读数为湿球温度 t_{wet}。

若湿球温度计周围为未饱和湿空气,湿纱布上的水将向空气中蒸发,使水温下降,即湿球温度计上的读数将下降。这样水与周围空气间产生了温度差,从而导致周围空气向水传热。当水蒸发所需的热量正好等于水从周围空气中所获得的热量时,湿球温度计上的读数不再下降而保持一个定值,即 t_{wet}。此时,湿球温度计的水银球表面形成了很薄的饱和空气层,其温度与水温十分接近,因此,湿球温度 t_{wet} 即这一薄层饱和湿空气的温度。

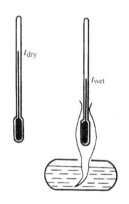

图 6-2　干湿球温度计

干球温度与湿球温度的差值大小与空气的相对湿度有关。空气的相对湿度越小,水分蒸发量越多,干、湿球温差就越大;反之,空气的相对湿度越大,水分蒸发量越少,干、湿球温差就越小;当空气的相对湿度达到100%时,水分不再蒸发,干、湿球温差等于零,即干球温度与湿球温度相等。因此,可以用干、湿球温度来确定空气的相对湿度。为了使用方便,常将这一关系做成表格,在读得干、湿球温度后,可以从表格中直接查得相对湿度值。

应当指出,水分的蒸发过程及空气向水的传热过程都与空气的流速有关。严格地说,干湿球温度计所测得的湿球温度并不完全取决于湿空气的热力状态。但当空气流速大于2.5m/s时,空气流速对湿球温度的影响很小,可不予考虑。在工程上,一般是用干湿球温度计所测得的湿球温度作为湿空气的状态参数。

最后要说明,湿空气是干空气和水蒸气组成的混合气体,必须有三个独立参数才能确定其状态。若大气压力 p_b 一定,则只需要两个独立参数就可确定其状态,并可求出其余状态参数。

【例 6-1】 已知湿空气的总压力 $p_b = 0.1\text{MPa}$，温度 $t = 27°C$，其中水蒸气的分压力 $p_{vap} = 0.00283\text{MPa}$。求该湿空气的含湿量 d、相对湿度 φ、绝对湿度 ρ_{vap} 及焓 h。

【解】 湿空气的含湿量为

$$d = 622\frac{p_{vap}}{p_b - p_{vap}} = \left(622 \times \frac{0.00283}{0.1 - 0.00283}\right)\text{g/kg(干空气)} = 18.1\text{g/kg(干空气)}$$

查附表 6，当 $t = 27°C$ 时，$p_s = 3564\text{Pa}$

湿空气的相对湿度为

$$\varphi = \frac{p_{vap}}{p_s} = \frac{0.00283}{3564 \times 10^{-6}} \times 100\% = 79.4\%$$

湿空气的绝对湿度为

$$\rho_{vap} = \frac{1}{v_{vap}} = \frac{p_{vap}}{R_{vap}T} = \frac{0.00283 \times 10^6}{461 \times (273 + 27)}\text{kg/m}^3 = 0.205\text{kg/m}^3$$

湿空气的质量焓为

$$h = 1.01t + 10^{-3}d(2501 + 1.85t)$$
$$= [1.01 \times 27 + 10^{-3} \times 18.1 \times (2501 + 1.85 \times 27)]\text{kJ/kg(干空气)}$$
$$= 73.44\text{kJ/kg(干空气)}$$

【例 6-2】 有温度 $t = 30°C$、相对湿度 $\varphi = 60\%$ 的湿空气 10^4m^3。若空气的 $p_b = 0.1\text{MPa}$，求湿空气的总质量焓和总质量。

【解】 查附表 6，当 $t = 30°C$ 时，$p_s = 4241\text{Pa}$。则湿空气的密度为

$$\rho = \frac{p_b}{287T} - 0.001315\frac{\varphi p_s}{T}$$
$$= \left[\frac{0.1 \times 10^6}{287 \times (273 + 30)} - 0.001315 \times \frac{60\% \times 4241}{273 + 30}\right]\text{kg/m}^3$$
$$= 1.1389\text{kg/m}^3$$

湿空气的总质量为

$$m = \rho V = 1.1389 \times 10^4\text{kg} = 11389\text{kg}$$

又由于 $$d = 622\frac{\varphi p_s}{p_b - \varphi p_s} = \left(622 \times \frac{60\% \times 4241}{0.1 \times 10^6 - 60\% \times 4241}\right)\text{g/kg(干空气)}$$
$$= 16.24\text{g/kg(干空气)}$$

故干空气质量为

$$m_{dry} = \frac{m}{1 + 10^{-3}d} = \frac{11389}{1 + 10^{-3} \times 16.24}\text{kg(干空气)} = 11207\text{kg(干空气)}$$

则湿空气的总焓为

$$H = m_{dry}h = m_{dry}[1.01t + 10^{-3}d(2501 + 1.85t)]$$
$$= \{11207 \times [1.01 \times 30 + 10^{-3} \times 16.24 \times (2501 + 1.85 \times 30)]\}\text{kJ}$$
$$= 804860\text{kJ}$$

第二节　湿空气的焓湿图

在工程计算中，应用公式计算较麻烦，为方便分析和计算，人们绘制了湿空气的各种线算图，最常用的是焓湿图（h-d 图）。在焓湿图上不仅可以表示湿空气的状态，确定其状态参数，而且还可以对湿空气的处理过程进行分析和计算，因此，h-d 图是空气调节工程计算中的一个十分重要的工具。

一、h-d 图的构成及绘制原理

湿空气的焓湿图是以含有 1kg 干空气的湿空气为基准，并在一定的大气压力 p_b 下，取质量焓 h 为纵坐标、含湿量 d 为横坐标而绘制的。为使图线清晰，横、纵坐标方向的夹角取 135°，如图 6-3 所示。

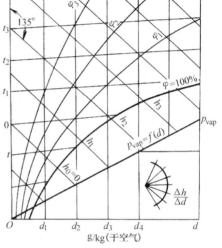

图 6-3　焓湿图

1. 定质量焓线及定含湿量线

在纵坐标轴上标出零点，即 $h=0$，$d=0$，则纵坐标轴即为 $d=0$ 的定含湿量线，该纵坐标轴上的读数也是干空气的质量焓值。在确定坐标轴的比例后，就可以绘制一系列与纵坐标轴平行的定含湿量线和与横坐标轴平行的定质量焓线。为了减小图面，常取一水平线来代替实际的横坐标轴。

2. 定温线

由关系式 $h=1.01t+10^{-3}d\,(2501+1.85t)$ 可以看出，当 t 为定值时，h 与 d 成直线关系，所以在 h-d 图上，定温线是一组直线。式中 $1.01t$ 为直线方程的截距，$10^{-3}\times(2501+1.85t)$ 为直线方程的斜率。当温度不同时，每条定温线的斜率是不同的，因此，各定温线不是平行的。但由于 $1.85t$ 远小于 2501，直线斜率随温度变化甚微，所以各定温线又几乎是平行的。

3. 定相对湿度线

由关系式 $d=622\varphi p_s/(p_b-\varphi p_s)$ 可以看出，在一定的大气压下，当 φ 值一定时，d 与 p_s 之间有一系列相对应的值，而 p_s 又是温度的单值函数，因此，当 φ 为某一定值时，把不同温度下的饱和压力值代入上式中，就可得到相应温度下的一系列 d 值。在 h-d 图上，可得到相应的状态点，连接这些状态点，就可得到该 φ 值的定相对湿度线。取不同的 φ 值，按同样方法可作一系列定相对湿度线。

显然，$\varphi=0$ 的定相对湿度线就是干空气线，此时 $d=0$，即纵坐标轴；$\varphi=100\%$ 的定相对湿度线就是饱和空气线。该曲线将 h-d 分为两部分。上部为未饱和空气区；下部为过饱和空气区。在未饱和空气区中，湿空气中的水蒸气处于过热状态；而在过饱和空气区，湿空气中多余的水蒸气凝结成细小水珠，形成水雾，因此，该区也称为雾区，它在工程上没有实际意义。

4. 水蒸气分压力线

由关系式 $d=622p_{vap}/(p_b-p_{vap})$ 可知，当大气压力 p_b 为一定值时，水蒸气的分压力仅与含湿量有关，即 $p_{vap}=f(d)$。有的 h-d 图将关系线绘制在图下方，而 p_{vap} 值则标在右边的

坐标上；有的 $h\text{-}d$ 图根据二者关系将 p_{vap} 值直接标在图的上方坐标上。

5. 热湿比

为了说明湿空气状态变化过程中质量焓和含湿量的变化，通常可用状态变化前后的质量焓差和含湿量差的比值来描述过程变化的方向和特征，这个比值称为热湿比，用符号 ε 表示。其定义式为

$$\varepsilon = \frac{h_2 - h_1}{\dfrac{d_2 - d_1}{1000}} = 1000 \frac{\Delta h}{\Delta d} \tag{6-14}$$

从上式不难看出，热湿比 ε 实际上是状态变化过程直线的斜率，它反映了过程直线与水平方向的倾斜角度，因此，又称为角系数。在 $h\text{-}d$ 图上，任何一状态变化过程，都对应于一定的角系数。对于湿空气的各种变化过程，只要它们的角系数 ε 相同，过程线就必定平行，而与过程的初始状态无关。因此，在 $h\text{-}d$ 图上，可在图的右下方任取一点为基点，作出许多角系数线，也称为过程辐射线，如图 6-4 所示。

在 $h\text{-}d$ 图上，用定质量焓线和定含湿量线可将图划分为四个象限，如图 6-5 所示。由关系式 $\varepsilon = 1000\Delta h/\Delta d$ 可知，对于定质量焓过程，$\Delta h = 0$，其角系数 $\varepsilon = 0$；对于定湿过程，$\Delta d = 0$，其角系数 $\varepsilon = \pm\infty$。

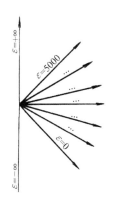

图 6-4　角系数线

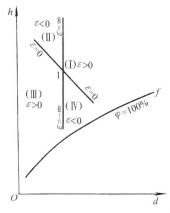

图 6-5　$h\text{-}d$ 图四个区域的特征

各象限间的角系数分别为：

Ⅰ象限，$\Delta h > 0$，$\Delta d > 0$，即增焓增湿过程，$\varepsilon > 0$。

Ⅱ象限，$\Delta h > 0$，$\Delta d < 0$，即增焓减湿过程，$\varepsilon < 0$。

Ⅲ象限，$\Delta h < 0$，$\Delta d < 0$，即减焓减湿过程，$\varepsilon > 0$。

Ⅳ象限，$\Delta h < 0$，$\Delta d > 0$，即减焓增湿过程，$\varepsilon < 0$。

二、$h\text{-}d$ 图的应用

1. 确定状态参数

$h\text{-}d$ 图上的任意一点都代表着湿空气的某一状态。若已知湿空气的任意的两个独立状态参数，就可在图上确定湿空气的状态点，并查出其余的状态参数。

2. 确定露点温度

露点是指湿空气在水蒸气分压力不变的情况下冷却到饱和状态时的温度。则在 $h\text{-}d$ 图上，可从初态点 A 向下作定含湿量线与 $\varphi = 100\%$ 的饱和曲线相交，交点对应的温度就是处于状态点 A 的湿空气的露点温度，如图 6-6 所示。

3. 确定湿球温度

在湿球温度形成过程中，由于饱和空气传给纱布中水的显热全部以汽化潜热的形式返回到空气中，所以可认为空气的焓值基本上不变。则在 h-d 图上，可从初态点 A 作定质量焓线与 $\varphi = 100\%$ 的饱和曲线相交，交点对应的温度就是处于状态点 A 的湿空气的湿球温度，如图 6-6 所示。

4. 表示湿空气的状态变化过程

若已知湿空气的初始状态及变化过程的角系数值，则在 h-d 图上，可通过初状态点作一直线平行于角系数为 ε 的过程辐射线，即得状态变化过程线，只要知道变化过程终状态的任一参数，就可确定变化过程终状态点，即过程线与已知终状态参数线的交点。

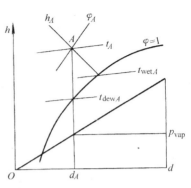

图 6-6　露点温度、湿球温度
在 h-d 图上的表示

【例 6-3】　某车间内空气状态要求达到 $t_1 = 20℃$、$\varphi_1 = 50\%$。已知车间共有工作人员 10 名，在 20℃ 下工作时，每人散热量为 530kJ/h、散湿量为 80g/h。经计算车间的围护结构及设备向车间内散热量为 4700kJ/h、散湿量为 1.2kg/h。若送风温度 $t_2 = 12℃$，试确定送风状态及送风量。设 $p_b = 0.1MPa$。

【解】　每小时向车间的散热量就是空气焓的变化，为

$$m_{dry}\Delta h = (10 \times 530 + 4700)kJ/h = 10^4 kJ/h$$

每小时向车间的散湿量就是空气湿量的变化，为

$$m_{dry}\Delta d = (10 \times 80 + 1.2 \times 10^3)g/h = 2 \times 10^3 g/h$$

则

$$\varepsilon = 10^3 \frac{\Delta h}{\Delta d}$$

$$= 10^3 \times \frac{10^4}{2 \times 10^3} = 5000$$

如图 6-7 所示，根据 $t_1 = 20℃$、$\varphi_1 = 50\%$ 可在 h-d 图上确定状态点 1，即车间内要求达到的空气状态，并可以查出 $h_1 = 39kJ/kg$（干空气）。

通过状态点 1，作与角系数辐射线 $\varepsilon = 5000$ 相平行的直线，与 $t_2 = 12℃$ 的定温线交于点 2，点 2 即送风状态，可查出其参数为

$$\varphi_2 = 47.5\% \quad h_2 = 22kJ/kg(干空气)$$

$$d_2 = 4g/kg(干空气)$$

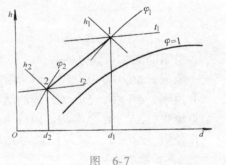

图　6-7

送风量为

$$m_{dry} = \frac{Q}{\Delta h} = \frac{10^4}{39 - 22}kg（干空气）/h$$

$$= 588.2kg（干空气）/h$$

或

$$m = m_{dry}(1 + 10^{-3}d_2) = [588.2 \times (1 + 10^{-3} \times 4)]kg/h$$

$$= 590.6kg/h$$

第三节　湿空气的基本热力过程

湿空气进行热力过程的目的是使湿空气达到一定的温度及湿度。在工程上，湿空气的实际过程可以由多个过程组合而成。本节利用 h-d 图来讨论湿空气的几种典型的热力过程。

一、加热过程

湿空气的加热过程是在空气加热器中进行的。在加热过程中，湿空气吸收热量，其温度升高、含湿量不变，如图 6-8 中 1—2 所示。从图中可以看出，加热后，湿空气的温度升高、质量焓增大、相对湿度降低。因此，加热过程也往往用于干燥湿空气。

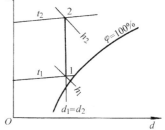

过程中，由于 $\Delta h > 0$，$\Delta d = 0$

故

$$\varepsilon = 10^3 \frac{\Delta h}{\Delta d} = + \infty$$

由 1kg 干空气组成的湿空气在过程中所吸收的热量为

$$q = \Delta h = h_2 - h_1$$

图 6-8　湿空气的加热过程

二、冷却过程

湿空气的冷却过程是在空气冷却器中进行的，可分为定湿冷却和冷却去湿两种情况。

1. 定湿冷却

湿空气冷却放热，其温度降低，只要不低于露点温度，湿空气的含湿量将保持不变，这样的冷却过程称为定湿冷却，如图 6-9 中 1—2 所示。从图中可以看出，冷却后，湿空气的温度降低、焓减小、相对湿度增大。

过程中，由于 $\Delta h < 0$，$\Delta d = 0$

故

$$\varepsilon = 10^3 \frac{\Delta h}{\Delta d} = - \infty$$

由 1kg 干空气组成的湿空气所放出的热量为

$$q = \Delta h = h_2 - h_1$$

2. 冷却去湿

若湿空气被冷却到温度降至露点温度以下，则湿空气中将有水蒸气凝结为水析出，而湿空气仍保持饱和状态。这样的冷却过程称为冷却去湿，如图 6-9 中 1—2—3 所示。从图中可以看出，冷却后，湿空气的湿度降低、焓减小、含湿量先不变而后减小，相对湿度先增大而后保持 $\varphi = 100\%$ 不变。

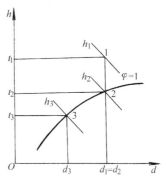

过程中，由于 $\Delta h < 0$，$\Delta d < 0$

故

$$\varepsilon = 10^3 \frac{\Delta h}{\Delta d} > 0$$

由 1kg 干空气组成的湿空气所放出的热量为

$$q = \Delta h = h_3 - h_1$$

析出的水分为

$$w = \Delta d = d_3 - d_1$$

图 6-9　湿空气的冷却过程

【例6-4】 在空调设备中，将 $t_1 = 30℃$、$\varphi_1 = 75\%$ 的湿空气先冷却去湿达到 $t_2 = 15℃$，然后又加热到 $t_3 = 22℃$。干空气流量 $\dot{m}_{dry} = 500$ kg（干空气）/min。试计算调节后空气的状态、空气在冷却器中的放热量及凝结水量、空气在加热器中的吸热量。设 $p_b = 0.1$ MPa。

【解】 将空气调节过程表示在 h-d 图上，如图 6-10 所示。1—2′—2 为冷却去湿过程；2—3 为加热过程。

在 h-d 图上可查得

$h_1 = 82$ kJ/kg（干空气） $d_1 = 20.4$ g/kg（干空气）

$h_2 = 42$ kJ/kg（干空气） $d_2 = 10.7$ g/kg（干空气）

$h_3 = 49$ kJ/kg（干空气） $d_3 = d_2 = 10.7$ g/kg（干空气）

$$\varphi_3 = 64\%$$

空气在冷却器中的放热量为

$$Q_1 = m_{dry}(h_2 - h_1) = [500 \times (42 - 82)] \text{kJ/min}$$
$$= -2 \times 10^4 \text{kJ/min}$$

凝结水量为

$$m_{wat} = m_{dry}(d_2 - d_1) = [500 \times (10.7 - 20.4) \times 10^{-3}] \text{kg/min}$$
$$= -4.85 \text{kg/min}$$

空气在加热器中的吸热量为

$$Q_2 = m_{dry}(h_3 - h_2) = [500 \times (49 - 42)] \text{kJ/min} = 3500 \text{kJ/min}$$

在上述计算中，空气在冷却器中的放热量 Q_1 采用了近似算法，即忽略了凝结水所带走的热量，该热量为 $m_{dry}(d_1 - d_2) \times 10^{-3} h_{wat} = m_{wat} h_{wat}$，由于凝结水量 m_{wat} 及水的质量焓值 h_{wat} 均很小，所以将其忽略也无关大局。

三、加湿过程

加湿过程可分为绝热加湿和定温加湿两种情况。

1. 绝热加湿

若加湿过程是在绝热的条件下进行的，则称为绝热加湿。在空气调节中，通常是在喷水室中通过喷入循环水来实现的。在该过程中，水分从湿空气本身吸取热量而汽化，汽化后的水蒸气又返回到湿空气中去，这样湿空气本身焓的变化量很小，只是增加了补充水的液体热。这部分热量很小，可以忽略不计。因此，在工程上，一般把绝热加湿过程视为定焓过程，如图 6-11 中 1—2 所示。从图中可以看出，加湿后，湿空气的温度降低、含湿量增大、相对湿度增大。

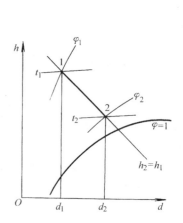

图 6-11   湿空气的绝热加湿过程

过程中，由于 $\Delta h = 0$，$\Delta d > 0$

故

$$\varepsilon = 10^3 \frac{\Delta h}{\Delta d} = 0$$

由 1kg 干空气组成的湿空气所吸收的水分为

$$w = \Delta d = d_2 - d_1$$

2. 定温加湿

若向湿空气中喷入有限量的大气压下的饱和蒸汽，在湿空气未达到饱和之前，随着水蒸气喷入量的增加，湿空气的焓值逐渐增大，其增量为

$$\Delta h = 10^{-3}\Delta d h_{vap}$$

式中 h_{vap}——水蒸气的质量焓，单位为 kJ/kg，$h_{vap} = 2501 + 1.85t$；

  Δd——含有 1kg 干空气的湿空气所吸收的蒸汽量，单位为 g/kg（干空气）。

则

$$\varepsilon = 10^3 \frac{\Delta h}{\Delta d} = 2501 + 1.85t$$

由上式可知，这一过程线与定温线近似平行，因此，可认为这一过程为定温加湿过程，如图 6-12 中 1—2 所示。从图中可以看出，加湿后，湿空气的质量焓增大、含湿量增大、相对湿度增大。

过程中，由于 $\Delta h > 0$，$\Delta d > 0$

故

$$\varepsilon = 10^3 \frac{\Delta h}{\Delta d} > 0$$

由 1kg 干空气组成的湿空气所吸收的水分为

$$w = \Delta d = d_2 - d_1$$

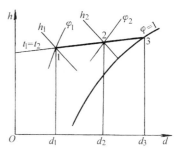

图 6-12 湿空气的
定温加湿过程

若在加湿过程中，喷入的蒸汽量足够多，将使湿空气达到饱和，如图 6-12 中 1—3 所示。若继续喷入蒸汽，将会有蒸汽凝结为水析出，而湿空气仍保持饱和状态。由于蒸汽在凝结时会放出潜热，所以湿空气的温度将有所升高，湿空气的状态将沿 $\varphi = 100\%$ 的饱和湿空气向右上方移动。

四、绝热混合过程

在空调工程中，在满足卫生条件的情况下，常使一部分空调系统中的循环空气与室外新风混合，经过处理再送入空调房间，以节省冷量或热量，达到节能的目的。若混合过程与外界没有热量交换，即为绝热混合过程。

下面以两股湿空气的绝热混合过程为例，来分析该过程的规律。

若第一股湿空气的质量为 m_1（其中干空气的质量为 m_{dry1}），其状态参数为 t_1、h_1、φ_1、d_1；第二股湿空气的质量为 m_2（其中干空气的质量为 m_{dry2}），其状态参数为 t_2、h_2、φ_2、d_2；混合后湿空气的质量为 m_c（其中干空气的质量为 m_{dryc}），其状态参数为 t_c、h_c、φ_c、d_c。

根据质量守恒，对于干空气

$$m_{dry1} + m_{dry2} = m_{dryc} \tag{6-15}$$

对于水蒸气

$$m_{dry1}d_1 + m_{dry2}d_2 = m_{dryc}d_c \tag{6-16}$$

根据稳定流动能量方程，由于 $Q = 0$、$W_s = 0$，并忽略动能和位能变化，故 $\Delta H = 0$

即

$$m_{dry1}h_1 + m_{dry2}h_2 = m_{dryc}h_c \tag{6-17}$$

将式（6-15）代入式（6-16）和式（6-17），整理后可得

$$\frac{m_{dry2}}{m_{dry1}} = \frac{h_c - h_1}{h_2 - h_c} = \frac{d_c - d_1}{d_2 - d_c} \tag{6-18}$$

利用上式可对绝热混合过程进行计算。可以根据混合前的状态和流量，求出混合后的状

态；也可以根据混合前两股空气的状态及预定的混合后的状态，求出混合前两股空气中干空气的流量比。由于湿空气中水蒸气的含量很少，所以在工程上，可近似地以湿空气的质量来代替湿空气中干空气的质量。

由方程式 $\dfrac{h_c - h_1}{h_2 - h_c} = \dfrac{d_c - d_1}{d_2 - d_c}$ 可知，该式为通过状态点 1 和 2 的直线方程，且混合点 c 也在线段 1—2 上，如图 6-13 所示。

根据相似原理，可得

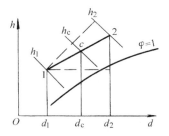

$$\frac{\overline{1c}}{\overline{c2}} = \frac{h_c - h_1}{h_2 - h_c} = \frac{d_c - d_1}{d_2 - d_c} = \frac{m_{dry2}}{m_{dry1}} \approx \frac{m_2}{m_1}$$

由上式可知，c 点分线段 1—2 的比例与两股湿空气的质量流量成反比。这样可用图解法确定混合点 c 或混合前两股气流的质量比。

图 6-13 湿空气的混合过程

【例6-5】 若温度 $t_1 = 30℃$、相对湿度 $\varphi_1 = 80\%$ 的空气 600kg 与温度 $t_2 = 22℃$、相对湿度 $\varphi_2 = 60\%$ 的空气 200kg 绝热混合，求混合后状态。设 $p_b = 0.1\text{MPa}$。

【解】 在 h-d 图上，根据 t_1、φ_1 及 t_2、φ_2 分别确定状态点 1 和点 2，并连接 1—2，如图 6-14 所示。若以湿空气流量近似代替其中干空气的流量，则

$$\frac{\overline{1c}}{\overline{c2}} = \frac{m_2}{m_1} = \frac{200}{600} = \frac{1}{3}$$

那么可将线段 1—2 分为 4 等份，距离点 1 为 1 等分处即混合后湿空气的状态点 c，可查得

$t_c = 29℃$ $\varphi_c = 77\%$

$d_c = 19.8\text{g/kg}$（干空气） $h_c = 79\text{kJ/kg}$（干空气）

也可先根据 t_1、φ_1 及 t_2、φ_2 查得 d_1、h_1 及 d_2、h_2，并根据 m_1、d_1 求出 m_{dry1}，根据 m_2、d_2 求出 m_{dry2}，然后用式（6-18）进行计算。

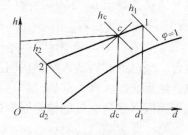

图 6-14 例 6-5 图

 本章小结

本章主要讲述了湿空气的性质、焓湿图的构成及应用、湿空气的基本热力过程。重点内容如下：

（1）湿空气的主要状态参数有绝对湿度、相对湿度、含湿量、焓、露点温度、湿球温度等。要充分理解并掌握这些状态参数的意义和表达式，并会用这些表达式对其状态参数进行一般计算。还应当明确，必须有三个独立的状态参数才能确定湿空气的状态。

（2）湿空气的焓湿图是空气调节工程计算中的一个十分重要的工具。必须了解其结构，并学会利用焓湿图来确定湿空气的状态参数。另外，应当了解热湿比的含义及用途。

（3）湿空气的基本热力过程包括加热过程、冷却过程、加湿过程和绝热混合过程。要学会在焓湿图上把这些过程表示出来，并会利用焓湿图进行热力过程的分析计算。

习题与思考题

6-1 绝对湿度的大小能否说明湿空气的干燥或潮湿的程度?

6-2 在相同压力和温度下,湿空气和干空气的密度哪个大?为什么?

6-3 干湿球温度计所测得的湿球温度是否完全取决于湿空气的热力状态?为什么?

6-4 对于未饱和空气,湿球温度、干球温度及露点温度三者的大小关系如何?对于饱和空气,三者的大小关系又如何?

6-5 在冬季采暖季节,为什么房间外墙内表面的温度必须高于空气的露点温度?

6-6 要决定湿空气的状态,必须知道哪几个独立的状态参数?为什么?

6-7 若室内空气温度 $t = 21°C$,相对湿度 $\varphi = 70\%$,房间体积为 $V = 60 m^3$。试求房间内空气的总质量和总焓值各为多少?设 $p_b = 0.1 MPa$。

6-8 有压力为 0.1MPa、温度为 27°C 的湿空气 13.45m^3,其中干空气质量为 15.18kg。试计算①水蒸气的分压力;②湿空气的含湿量;③湿空气中水蒸气的质量。

6-9 体积为 2m^3 的湿空气,在温度为 30°C 时含有水蒸气 42g。试求其相对湿度。设 $p_b = 0.1 MPa$。

6-10 利用湿空气的 h-d 图确定表 6-1 中空白处的状态参数值。设 $p_b = 0.1 MPa$。

表 6-1

序号	温度 /°C	相对湿度 (%)	焓 /[kJ/kg(干空气)]	含湿量 /[g/kg(干空气)]	湿球温度 /°C	露点温度 /°C	水蒸气分压力 /×10² Pa
1	30				30		
2			56	10			
3	10	75					
4			73.5			20	
5		70					13
6					14	8	

6-11 某厂房产生余热 16500kJ/h,热湿比 $\varepsilon = 7000$。为保证室内温度 $t_2 = 27°C$ 及相对湿度 $\varphi_2 = 40\%$ 的要求,向厂房送入的湿空气温度 $t_1 = 19°C$。求每小时的送风量以及厂房的产湿量。设 $p_b = 0.1 MPa$。

6-12 将 $t_1 = 30°C$、$\varphi_1 = 65\%$ 的空气送入去湿机中去除水分。空气先被冷却到 $t_2 = 10°C$,然后又被加热到 $t_3 = 20°C$。干空气流量,$m_{dry} = 100 kg/min$,求处理后空气的相对湿度、去除的水分及加热量。设 $p_b = 0.1 MPa$。

6-13 温度 $t_1 = 35°C$、相对湿度 $\varphi_1 = 70\%$ 的空气在冷却器中被冷却为 $t_2 = 25°C$ 的饱和湿空气。若干空气流量 $m_{dry} = 100 kg/min$,求每分钟排出的水分及放出的热量。设 $p_b = 0.1 MPa$。

6-14 温度 $t_1 = 20°C$、相对湿度 $\varphi_1 = 50\%$ 的空气先在加热器中被加热到温度 $t_2 = 50°C$,又进入干燥室去干燥物料。从干燥室出来时空气温度 $t_3 = 30°C$。试计算在干燥室中每吸收 1kg 水分所需要的空气量和在加热器中的加热量。设 $p_b = 0.1 MPa$。

6-15 温度 $t_1 = 35°C$、相对湿度 $\varphi_1 = 30\%$ 的湿空气进入喷淋室进行绝热加湿。离开喷淋室时 $t_2 = 24°C$。求①处理后空气的相对湿度 φ_2;②每千克干空气组成的湿空气在喷淋室中吸收的水分。设 $p_b = 0.1 MPa$。

6-16 两股湿空气进行绝热混合。已知第一股气流的 $V_1 = 15 m^3/min$、$t_1 = 20°C$、$\varphi_1 = 30\%$;第二股气流的 $V_2 = 20 m^3/min$、$t_2 = 35°C$、$\varphi_2 = 80\%$。试分别用图解法及计算法求混合后湿空气的质量焓、含湿量。设 $p_b = 0.1 MPa$。

6-17 空调系统每小时需要 $t_c = 20°C$、$\varphi_c = 60\%$ 的湿空气 12000m^3。已知新空气的温度 $t_1 = 5°C$、相对湿度 $\varphi_1 = 80\%$,循环空气的温度 $t_2 = 25°C$、相对湿度 $\varphi_2 = 70\%$。将新空气加热后,与循环空气混合送入空调系统。试求①需预先将新空气加热到多少度?②新空气与循环空气的质量各为多少千克?设 $p_b = 0.1 MPa$。

第七章

气体和蒸气的流动

 学习目标

1）掌握稳定流动的基本方程。
2）掌握喷管和扩压管的流动规律。
3）掌握喷管中流速和流量的计算。
4）了解绝热节流的过程特点。

在工程中，经常遇到气体和蒸气在喷管及扩压管内的流动问题。例如，在汽轮机中，蒸气通过喷管后流速增大，然后高速蒸气推动汽轮机的叶轮旋转而对外做功；在叶轮式压气机中，气体在高速旋转的叶片推动下加速，然后高速气体通过扩压管，流速降低而压力升高，从而达到压缩气体的目的；在引射器中，高压的工作流体首先通过喷管，流速提高而压力降低，可把被引射流体吸引上来，并在混合室混合，然后一起通过扩压管，流速降低而压力升高，达到压缩的目的。可见，气体和蒸气通过喷管和扩压管的流动过程是一种具有状态变化、流速变化和能量转换的特殊热力过程。

本章主要研究气体和蒸气在通过喷管和扩压管时，其热力状态和流动情况的变化规律及能量转换情况，并对气体和蒸气流过阀门、孔板等所发生的绝热节流过程进行简单介绍。

第一节 稳定流动基本方程

工程上常见的管道内的流动过程，一般可看作稳定流动，即流道中任一点的热力状态及流动情况均不随时间而变化，但在系统的不同点上，参数值可以不同。为了简化起见，可认为管道内垂直于轴向的任一截面上的各种参数值都均匀一致，工质的参数只沿管道轴向上发生变化，这种流动称为一元稳定流动。本章只研究一元稳定流动的基本方程。

一、连续性方程

由质量守恒定律可知，在稳定流动中，流道的任何截面上的质量流量都相等，并且不随时间而变化。若以 $\dot{m}$ 表示质量流量，则

$$\dot{m}_1 = \dot{m}_2 = \cdots = \dot{m} = 常数$$

若以 A 表示截面面积，以 c 表示该截面上的流速，以 v 表示该截面上的比体积，则

$$\dot{m} = \frac{Ac}{v}$$

故
$$\frac{A_1 c_1}{v_1} = \frac{A_2 c_2}{v_2} = \cdots = \frac{Ac}{v} = 常数 \tag{7-1}$$

对于微元稳定流动过程

$$\frac{\mathrm{d}A}{A} + \frac{\mathrm{d}c}{c} - \frac{\mathrm{d}v}{v} = 0 \tag{7-2}$$

式（7-1）、式（7-2）称为连续性方程。它是从质量守恒这一普遍规律导出的，因此，适用于任何工质的可逆与不可逆稳定流动过程。

二、稳定流动能量方程

由能量守恒与转换定律可知，气体和蒸气的稳定流动过程必然符合稳定流动能量方程，即

$$q = \Delta h + \frac{1}{2}\Delta c^2 + g\Delta z + w_{\mathrm{s}}$$

气体和蒸气在流经喷管或扩压管时流速很高，时间很短，来不及与外界进行热量交换，可认为是绝热流动过程，而且在流动过程中与外界无轴功交换，位能的变化很小，可以忽略不计。因此，上式可简化为

$$\Delta h + \frac{1}{2}\Delta c^2 = 0$$

或
$$\frac{1}{2}(c_2^2 - c_1^2) = h_1 - h_2 \tag{7-3}$$

对于微元绝热流动过程

$$\frac{1}{2}\mathrm{d}c^2 = -\mathrm{d}h$$

或
$$c\mathrm{d}c = -\mathrm{d}h \tag{74}$$

式（7-3）、式（7-4）称为绝热稳定流动能量方程。它是从能量守恒这一普遍规律导出的，因此，适用于一切不做轴功的绝热稳定流动，且对任何工质的可逆与不可逆过程均成立。

三、定熵过程方程

气体在管道内进行的绝热流动过程，若是可逆的，就是定熵过程。气体的状态参数变化符合理想气体定熵过程方程式，即

$$pv^\kappa = 常数 \tag{7-5}$$

对于微元定熵过程

$$\kappa\frac{\mathrm{d}v}{v} + \frac{\mathrm{d}p}{p} = 0 \tag{7-6}$$

式（7-5）、式（7-6）只适用于比热容比为常数的理想气体的可逆绝热过程。对于蒸气在定熵过程中状态参数的变化，可通过蒸气的图表查得。

以上三个基本方程式是分析气体或蒸气绝热稳定流动过程的理论基础，是对喷管或扩压管中的流动进行分析和计算的主要依据。

四、声速与马赫数

研究气体在管道内的流动时，特别是对可压缩性气体来说，声速具有很重要的意义。下

面对声速和马赫数做一些简单讨论。

声速是微小扰动在连续介质中的传播速度，用符号 a 表示，单位为 m/s。其计算式为

$$a = \sqrt{\kappa p v} = \sqrt{\kappa R T} \tag{7-7}$$

应当指出，式（7-7）只适用于理想气体的定熵流动过程。从式中可以看出，声速与气体性质及其热力状态有关。在不同气体中，声速不同；在不同状态下，声速也不同。为此，将某状态下的声速称为当地声速。

在研究气体流动时，常以当地声速作为气体流速的比较标准，将气体流速与当地声速的比值称为马赫数，用符号 M 表示，其定义式为

$$M = \frac{c}{a} \tag{7-8}$$

马赫数是研究气体流动特性的一个很重要的无因次量。根据它的大小，可将气体的流动分为三种情况：

$M < 1$，即 $c < a$，气体为亚声速流动。

$M = 1$，即 $c = a$，气体为声速流动或临界流动。

$M > 1$，即 $c > a$，气体为超声速流动。

第二节　喷管和扩压管中的流动特性

喷管和扩压管都是短管道。当工质通过喷管时，速度提高；当工质通过扩压管时，流速降低。下面用基本方程式来分析喷管和扩压管中定熵流动的基本特性。

一、定熵流动的一般特性

由式 $cdc = -dh$ 可知，在流动中，工质流速提高，焓必减小；反之，流速降低，焓必增大。在喷管中，由于 $dc > 0$，故 $dh < 0$；在扩压管中，由于 $dc < 0$，故 $dh > 0$。

由式 $\delta q = dh - vdp$ 可知，对于定熵流动过程，$dh = vdp$，将其代入式（7-4）得

$$cdc = -dh = -vdp \tag{7-9}$$

由上式可知，在流动中，工质流速提高，压力必降低；反之，流速降低，压力必升高。在喷管中，由于 $dc > 0$，故 $dp < 0$；在扩压管中，由于 $dc < 0$，故 $dp > 0$。

由式 $\kappa \dfrac{dv}{v} + \dfrac{dp}{p} = 0$ 可知，在流动中，工质压力提高，比体积必减小；反之，压力降低，比体积必增大。在喷管中，由于 $dp < 0$，故 $dv > 0$，为定熵膨胀过程，故 $dT < 0$；在扩压管中，由于 $dp > 0$，故 $dv < 0$，为定熵压缩过程，故 $dT > 0$。

综上所述，当工质流过喷管时，为一定熵膨胀过程，其速度提高、压力降低、焓减小、比体积增大、温度降低；当工质通过扩压管时，为一定熵压缩过程，其速度降低、压力升高、焓增大、比体积减小、温度升高。

二、喷管截面的变化规律

根据式（7-2），可得

$$\frac{dA}{A} = \frac{dv}{v} - \frac{dc}{c}$$

根据式（7-6），可得

$$\frac{\mathrm{d}v}{v} = -\frac{1}{\kappa}\frac{\mathrm{d}p}{p}\qquad①$$

根据式（7-9），可得

$$\mathrm{d}p = -\frac{c\mathrm{d}c}{v}\qquad②$$

将式②代入式①，可得

$$\frac{\mathrm{d}v}{v} = \frac{c\mathrm{d}c}{\kappa pv}$$

在等式右边的分子分母上同乘以 c，可得

$$\frac{\mathrm{d}v}{v} = \frac{c^2}{\kappa pv}\frac{\mathrm{d}c}{c}$$

将式 $\kappa pv = a^2$ 代入上式，可得

$$\frac{\mathrm{d}v}{v} = M^2\frac{\mathrm{d}c}{c}$$

故

$$\frac{\mathrm{d}A}{A} = (M^2-1)\frac{\mathrm{d}c}{c}\qquad(7\text{-}10)$$

由上式可知，管道截面的变化取决于工质流速的变化及马赫数。对于喷管而言，由于 $\mathrm{d}c>0$，所以 $\mathrm{d}A$ 与 (M^2-1) 同号。当工质作亚声速流动时，$M<1$，则 $(M^2-1)<0$，故 $\mathrm{d}A<0$，即喷管截面逐渐缩小，为渐缩形喷管，如图7-1a所示；当工质作超声速流动时，$M>1$，则 $(M^2-1)>0$，故 $\mathrm{d}A>0$，即喷管截面逐渐扩大，为渐扩形喷管，如图7-1b所示；当工质由 $M<1$ 的亚声速流动变为 $M>1$ 的超声速流动时，喷管截面由 $\mathrm{d}A<0$ 转变为

$\mathrm{d}A>0$，喷管截面先逐渐缩小而后逐渐扩大，为缩放形喷管，如图7-1c所示，或称为拉伐尔喷管。在其渐缩部分，工质做亚声速流动；在渐扩部分，工质作超声速流动。两部分的连

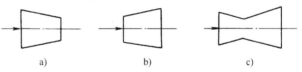

图7-1　三种喷管示意图

接处，也是喷管的最小截面，称为"喉部"，此处的工质 $M=1$，则 $(M^2-1)=0$，故 $\mathrm{d}A=0$，工质处于临界状态，相应的参数称为临界参数，如临界压力 p_c、临界温度 T_c、临界速度 c_c 等。

对于扩压管而言，由于 $\mathrm{d}c<0$，所以 $\mathrm{d}A$ 与 (M^2-1) 异号。显然，扩压管截面的变化规律与喷管正好相反，在这里不再进行讨论。喷管及扩压管截面的变化规律见表7-1。

表7-1　喷管及扩压管截面的变化规律

管道种类	流动状态		
	$M<1$	$M>1$	缩放形喷管 $M<1$ 转 $M>1$ 缩放形扩压管 $M>1$ 转 $M<1$
	管道形状		
喷管 $\begin{array}{l}\mathrm{d}c>0\\\mathrm{d}p<0\end{array}$	$M<1$ $\mathrm{d}A<0$	$M>1$ $\mathrm{d}A>0$	$M<1$ $M=1$ $M>1$ $\mathrm{d}A<0$ $\mathrm{d}A>0$

（续）

管道种类	流动状态		
	$M<1$	$M>1$	缩放形喷管 $M<1$ 转 $M>1$ 缩放形扩压管 $M>1$ 转 $M<1$
	管道形状		
扩压管 $\dfrac{\mathrm{d}p>0}{\mathrm{d}c<0}$	$M<1$ $\mathrm{d}A>0$	$M>1$ $\mathrm{d}A<0$	$M>1$ $M=1$ $M<1$ $\mathrm{d}A<0$ $\mathrm{d}A>0$

若工质在缩扩形喷管中定熵流动，其截面面积 A、流速 c、比体积 v、压力 p、当地声速 a 等参数的变化情况如图7-2所示。从图中可看出，沿流动方向上，工质压力降低、声速减小、比体积和流速均增大。在渐缩段，流速增大得更快一些；而在渐扩段，比体积增大得更快一些。在渐缩段 $c<a$；在渐扩段 $c>a$；在喉部 $c=a$。在渐缩喷管中，出口截面上的工质流速不可能达到超声速，最多只能达到声速；出口截面上的压力也不可能降到临界压力以下，最多只能达到临界压力。

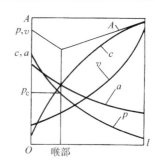

图7-2　喷管中各参数的变化情况示意

第三节　喷管中流速及流量计算

一、定熵滞止参数

由式（7-3）可知，喷管进口流速 c_1 的大小将影响出口状态的参数值。为了简化计算，常采用定熵滞止参数作为进口的参数数据。将具有一定初速度的工质，在定熵条件下，使其速度降低为零，这时，工质达到了定熵滞止状态，相应的状态参数称为定熵滞止参数，如 p_0、T_0、v_0、h_0 等。

引入定熵滞止参数后，简化了流动过程的初始条件，使任何初速度不为零的流动都看作从滞止状态开始的流动的一部分。显然，在同一流动过程中，各截面的滞止参数均相同，如图7-3所示，截面1与截面2的滞止状态均为0点，滞止参数也相等。

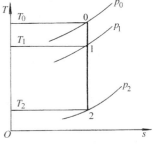

图7-3　定熵滞止过程

根据绝热稳定流动能量方程（7-3），对于定熵滞止过程1—0，有

$$h_0 = h_1 + \frac{c_1^2}{2} \tag{7-11}$$

上式表明，定熵滞止焓为流动过程初始焓与初始动能之和。

对于理想气体，若取定值比热容，则 $h_1 = c_p T_1$；$h_0 = c_p T_0$。将其代入式（7-11），可得

$$T_0 = T_1 + \frac{c_1^2}{2c_p}$$

根据定熵过程方程式（7-5），可得

$$p_0 = p_1 \left(\frac{T_0}{T_1} \right)^{\frac{\kappa}{\kappa-1}}$$

$$v_0 = v_1 \left(\frac{T_1}{T_0} \right)^{\frac{1}{\kappa-1}}$$

或

$$v_0 = \frac{RT_0}{p_0}$$

对于水蒸气，其滞止参数可用 h-s 图来确定。如图 7-4 所示，对于定熵滞止过程 1—0，首先根据初态状态参数 p_1、t_1 确定状态点 1，并查出 h_1。然后利用式（7-11）求出定熵滞止质量焓 h_0。再由 h_0 定质量焓线与通过点 1 的定熵线相交于 0 点，即定熵滞止状态，从而可查得定熵滞止参数 p_0、T_0、v_0 等。

应当指出，当初始速度 c_1 不太大时，初始动能 $1/2c_1^2$ 与初始质量焓 h_1 相比是微不足道的，可以忽略不计，这样可把初态参数近似作为定熵滞止参数；但当初始速度较大时，不应忽略初始速度的影响。

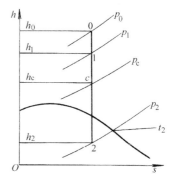

图 7-4　水蒸气的定熵滞止过程

二、流速的计算

1. 出口流速

根据绝热稳定流动能量方程（7-3），出口流速的计算式为

$$c_2 = \sqrt{2(h_0 - h_2)} \tag{7-12}$$

式中　c_2——喷管出口流速，单位为 m/s；

h_0、h_2——定熵滞止质量焓和出口质量焓，单位为 J/kg。

式（7-12）适用于任何工质的可逆与不可逆绝热稳定流动过程。

对于理想气体，式（7-11）可整理为

$$c_2 = \sqrt{2c_p(T_0 - T_2)} = \sqrt{2\frac{\kappa}{\kappa-1}R(T_0 - T_2)}$$

$$= \sqrt{2\frac{\kappa}{\kappa-1}RT_0\left[1 - \left(\frac{p_2}{p_0}\right)^{\frac{\kappa-1}{\kappa}}\right]} = \sqrt{2\frac{\kappa}{\kappa-1}p_0v_0\left[1 - \left(\frac{p_2}{p_0}\right)^{\frac{\kappa-1}{\kappa}}\right]} \tag{7-13}$$

由上式可知，喷管出口速度取决于工质的性质、定熵滞止参数及出口压力与定熵滞止压力之比。当工质一定，进口状态一定，即滞止参数一定时，出口速度 c_2 仅与压力比 p_2/p_0 有关。当 $p_2/p_0 = 1$ 时，$c_2 = 0$；当 p_2/p_0 减小，c_2 增大；当 $p_2/p_0 = 0$ 时，c_2 达到最大值。显然，最大出口流速实际上是不可能达到的。这是因为 p_2 不可能为零。

对于水蒸气，可根据已知状态参数在 h-s 图中查出 h_2 和 h_0。然后用式（7-12）计算出口流速 c_2。应当指出，在 h-s 图上查得的质量焓值是以 kJ/kg 为单位的，要把它换算成以 J/kg 为单位的数值，再代入式（7-12）进行计算。

2. 临界流速与临界压力比

临界流速是缩放形喷管喉部的速度，也是渐缩形喷管出口可能达到的最大速度。

在式（7-12）和式（7-13）中，用临界质量焓 h_c 代替出口质量焓 h_2，可得到临界流速的计算式

$$c_c = \sqrt{2\,(h_0 - h_c)} \tag{7-14}$$

$$c_c = \sqrt{2\,\frac{\kappa}{\kappa-1}p_0 v_0\left[1 - \left(\frac{p_c}{p_0}\right)^{\frac{\kappa-1}{\kappa}}\right]} \tag{7-15}$$

式（7-14）适用于任何工质的可逆与不可逆的绝热稳定流动过程；式（7-15）适用于理想气体的定熵流动过程。

在喉部，临界流速等于当地声速，即

$$c_c = a_c = \sqrt{\kappa p_c v_c} \tag{7-16}$$

将式（7-16）代入式（7-15），整理后可得

$$\frac{p_c v_c}{p_0 v_0} = \frac{2}{\kappa-1}\left[1 - \left(\frac{p_c}{p_0}\right)^{\frac{\kappa-1}{\kappa}}\right] \tag{①}$$

根据理想气体定熵过程方程，可得

$$\frac{p_c v_c}{p_0 v_0} = \frac{p_0}{p_c}\left(\frac{p_0}{p_c}\right)^{\frac{1}{\kappa}} = \left(\frac{p_c}{p_0}\right)^{\frac{\kappa-1}{\kappa}} \tag{②}$$

将式②代入式①，整理后可得

$$\frac{p_c}{p_0} = \left(\frac{2}{\kappa+1}\right)^{\frac{\kappa}{\kappa-1}}$$

令 $\beta = \dfrac{p_c}{p_0}$，称为临界压力比

则

$$\beta = \frac{p_c}{p_0} = \left(\frac{2}{\kappa+1}\right)^{\frac{\kappa}{\kappa-1}} \tag{7-17}$$

由上式可知，临界压力比 β 仅与绝热指数 κ 有关，即只取决于工质的性质。

式（7-17）是从理想气体定熵过程推导出来的，因此，适用于取定值比热容的理想气体的定熵流动过程。水蒸气的定熵流动过程比较复杂，为了使问题简化，假定水蒸气也符合 $pv^\kappa = $ 常数的关系式。这样也可用式（7-17）求得水蒸气的临界压力比，但需强调一点，此时 $\kappa \neq c_p/c_v$，而是一个纯经验值。

在设计或选择喷管时，临界压力比是很重要的参数，它提供了确定喷管形状的依据。工程上往往已知喷管出口外介质的压力，称为背压，用符号 p_b 表示。若工质在喷管中完全膨胀，则出口截面的压力等于背压，工质在流动中的焓降就全部用于动能的提高。为使工质在喷管中获得完全膨胀，合适的喷管类型应做如下选择：

当 $\dfrac{p_b}{p_0} \geqslant \beta$，即 $p_b \geqslant p_c$ 时，应选渐缩形喷管。

当 $\dfrac{p_b}{p_0} < \beta$，即 $p_b < p_c$ 时，应选缩放形喷管。

临界压力比知道后，就可以计算临界流速。对于理想气体，将式（7-17）代入式

(7-15)，可得

$$c_c = \sqrt{2 \frac{\kappa}{\kappa + 1} p_0 v_0} = \sqrt{2 \frac{\kappa}{\kappa + 1} R T_0} \qquad (7-18)$$

对于水蒸气，可根据表7-2中所列的临界压力比 β，求出相应的临界压力。然后在 h-s 图上，p_c 定压线与通过进口状态点1的定熵线相交，交点 c 即为临界状态。从而查出临界质量焓 h_c，再由式（7-14）求出其临界流速。

表7-2　常用气体的 κ 值和 β 值

气体种类	κ	β	气体种类	κ	β
单原子气体	1.67	0.487	过热蒸气	1.3	0.546
双原子气体	1.4	0.528	饱和蒸气	1.135	0.577
多原子气体	1.3	0.546	湿蒸气	$1.035 + 0.1x$	

三、流量的计算

根据连续性方程可知，在稳定流动中，任何截面上的质量流量均相等。故无论用喷管的哪一个截面计算流量，结果都是相同的。一般可用最小截面来计算流量。

1. 渐缩形喷管的质量流量

对于渐缩形喷管，按出口截面来计算流量。

根据连续性方程式

$$\dot{m} = \frac{A_2 c_2}{v_2} \qquad (7-19)$$

式（7-19）适用于任何工质的稳定流动过程。

对于理想气体，将式（7-13）及 $v_2 = v_0 (p_0/p_2)^{\frac{1}{\kappa}}$ 代入式（7-19），经整理，可得

$$\dot{m} = A_2 \sqrt{2 \frac{\kappa}{\kappa - 1} \frac{p_0}{v_0} \left[\left(\frac{p_2}{p_0} \right)^{\frac{2}{\kappa}} - \left(\frac{p_2}{p_0} \right)^{\frac{\kappa+1}{\kappa}} \right]} \qquad (7-20)$$

由上式可看出，当工质一定，进口参数一定，出口截面也一定时，流量的大小仅取决于压力比 p_2/p_0。

若以压力比 p_2/p_0 为横坐标，以质量流量 $\dot{m}$ 为纵坐标，则可得质量流量 $\dot{m}$ 与压力比 p_2/p_0 的关系，如图7-5 所示。图中曲线 abO 就是根据式（7-20）得到的流量 $\dot{m}$ 与压力比 p_2/p_0 的关系曲线。从图中可看出，当 $p_2/p_0 = 1$ 时，$\dot{m} = 0$；当 p_2 降低，即 p_2/p_0 减小时，$\dot{m}$ 逐渐增大；当 p_2/p_0 达到某一定值时，流量达到最大值 $\dot{m}_{max}$；当 p_2/p_0 继续减小，$\dot{m}$ 也逐渐减小；当 $p_2/p_0 = 0$ 时，$\dot{m} = 0$。

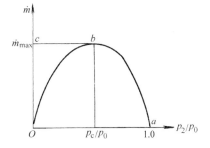

图7-5　流量与压力比的关系

下面分析当 p_2/p_0 为何值时，$\dot{m} = \dot{m}_{max}$。为求流量 $\dot{m}$ 的极值，可令

$$\frac{\mathrm{d}\dot{m}}{\mathrm{d}\left(\frac{p_2}{p_0} \right)} = 0$$

即
$$\frac{d}{d\left(\dfrac{p_2}{p_0}\right)}\left\{A_2\sqrt{2\frac{\kappa}{\kappa-1}\frac{p_0}{v_0}\left[\left(\frac{p_2}{p_0}\right)^{\frac{2}{\kappa}}-\left(\frac{p_2}{p_0}\right)^{\frac{\kappa+1}{\kappa}}\right]}\right\}=0$$

整理后可得

$$\frac{p_2}{p_0}=\left(\frac{2}{\kappa+1}\right)^{\frac{\kappa}{\kappa-1}}=\beta$$

即当 p_2/p_0 等于临界压力比时，$\dot{m}=\dot{m}_{max}$。

应当指出，渐缩形喷管出口截面上的压力 p_2 最低只能降到临界压力 p_c。当外界背压 $p_b<p_c$ 时，p_2 将不随 p_b 的下降而变化，而保持 $p_2=p_c$ 不变。从而流量也保持 $\dot{m}=\dot{m}_{max}$ 不变。这样图 7-5 中 b-O 段所示的流量 $\dot{m}$ 与压力比 p_2/p_0 的关系与实际不符，代之应为图 7-5 中水平线段 b-c，因此，实际上流量 $\dot{m}$ 与压力比 p_2/p_0 的关系应按图中 a-b-c 变化。

将临界压力比 $\beta=\left[2/\left(\kappa+1\right)\right]^{\frac{\kappa}{\kappa-1}}$ 代入式（7-20），可得最大流量（即临界流量）的计算式

$$\dot{m}_{max}=A_2\sqrt{2\frac{\kappa}{\kappa+1}\left(\frac{2}{\kappa+1}\right)^{\frac{2}{\kappa-1}}\frac{p_0}{v_0}} \tag{7-21}$$

也可用连续性方程来确定

$$\dot{m}_{max}=\frac{A_2c_c}{v_c} \tag{7-22}$$

式（7-21）适用于理想气体的定熵流动过程；式（7-22）适用于任何工质的稳定流动过程。水蒸气流过渐缩形喷管的临界流量，应按式（7-22）进行计算，式中的临界流速可以从 h-s 图上查取。

2. 缩放形喷管的质量流量

对于缩放形喷管，按喉部截面积来计算流量。在喷管喉部，由于工质处于临界状态，所以流量为临界流量，也即最大流量。

$$\dot{m}_{max}=A_2\sqrt{2\frac{\kappa}{\kappa+1}\left(\frac{2}{\kappa+1}\right)^{\frac{2}{\kappa-1}}\frac{p_0}{v_0}} \tag{7-23}$$

或
$$\dot{m}_{max}=\frac{A_2c_c}{v_c} \tag{7-24}$$

式（7-23）适用于理想气体的定熵流动过程；式（7-24）适用于任何工质的稳定流动过程。水蒸气流过缩放形喷管的流量，应按式（7-24）进行计算，式中的临界流速可从 h-s 图上查取。

应当指出，当工质一定，进口参数一定，喉部尺寸一定时，缩放形喷管的流量将保持最大流量而不变；且对于缩放形喷管，其出口截面上的压力 p_2 只能降到临界压力 p_c 以下，则缩放形喷管中流量与压力比的关系，应按图 7-5 中 b-c 变化。

表 7-3 中列出了气体和蒸气在喷管中定熵流动的主要公式，在使用这些公式时应注意它们的适用范围。

表 7-3 气体和蒸气在喷管中定熵流动的主要公式

名称	公 式	单位	适 用 范 围
流速	$c_2 = \sqrt{2(h_0 - h_2)}$	m/s	任意工质，绝热流动
	$c_2 = \sqrt{2\dfrac{\kappa}{\kappa-1}p_0 v_0 \left[1 - \left(\dfrac{p_2}{p_0}\right)^{\frac{\kappa-1}{\kappa}}\right]}$	m/s	理想气体，定熵流动
临界压力比	$\beta = \dfrac{p_c}{p_0} = \left(\dfrac{2}{\kappa+1}\right)^{\frac{\kappa}{\kappa-1}}$		理想气体，定熵流动，采用经验数据，可用于水蒸气
临界流速	$c_c = \sqrt{2(h_0 - h_c)}$	m/s	任意工质，绝热流动
	$c_c = \sqrt{2\dfrac{\kappa}{\kappa+1}p_0 v_0} = \sqrt{2\dfrac{\kappa}{\kappa+1}RT_0}$	m/s	理想气体，定熵流动
流量	$\dot{m} = \dfrac{A_2 c_2}{v_2}$	kg/s	任意工质，稳定流动
	$\dot{m} = A_2 \times \sqrt{2\dfrac{\kappa}{\kappa-1}\dfrac{p_0}{v_0}\left[\left(\dfrac{p_2}{p_0}\right)^{\frac{2}{\kappa}} - \left(\dfrac{p_2}{p_0}\right)^{\frac{\kappa+1}{\kappa}}\right]}$	kg/s	理想气体，定熵流动
最大流量	$\dot{m}_{max} = \dfrac{A_{min} c_c}{v_c}$	kg/s	任意工质，稳定流动
	$\dot{m}_{max} = A_{min} \times \sqrt{2\dfrac{\kappa}{\kappa+1}\left(\dfrac{2}{\kappa+1}\right)^{\frac{2}{\kappa-1}}\dfrac{p_0}{v_0}}$	kg/s	理想气体，定熵流动

注：若流动的初始速度 $c_1 = 0$，则表内各公式中的滞止参数 h_0、p_0、v_0、T_0 等则可用初态参数 h_1、p_1、v_1、T_1 等代替。

【例 7-1】 空气进入喷管时的压力 $p_1 = 5MPa$、温度 $t_1 = 30℃$、$c_1 = 50m/s$，喷管出口外界背压 $p_b = 0.1MPa$。①如采用渐缩形喷管，出口截面积 $A_2 = 100mm^2$，求出口气流速度及质量流量；② 如采用缩扩形喷管，气流在喷管中充分膨胀，喉部的截面积 $A_c = 100mm^2$，求出口流速及质量流量。

【解】 ① 对于渐缩形喷管
进口滞止温度为

$$T_0 = T_1 + \frac{c_1^2}{2c_p} = \left(303 + \frac{50^2}{2 \times \dfrac{7}{2} \times 287}\right)K = 304.24K$$

滞止压力为

$$p_0 = p_1\left(\frac{T_0}{T_1}\right)^{\frac{\kappa}{\kappa-1}} = \left[5 \times 10^6 \times \left(\frac{304.24}{303}\right)^{\frac{1.4}{1.4-1}}\right]Pa = 5.07 \times 10^6 Pa$$

滞止比体积为

$$v_0 = \frac{RT_0}{p_0} = \frac{287 \times 304.24}{5.07 \times 10^6}m^3/kg = 0.01722m^3/kg$$

对于双原子气体，$\beta = 0.528$，则 $p_c = 0.528p_0 = 0.528 \times 5.07 \times 10^6 Pa = 2.677 \times 10^6 Pa$。由于 $p_c > p_b$，故出口截面处的压力 $p_2 = p_c$。

出口流速为

$$c_c = \sqrt{2\frac{\kappa}{\kappa+1}RT_0} = \sqrt{2 \times \frac{1.4}{1.4+1} \times 287 \times 304.24}m/s = 319.2m/s$$

质量流量为

$$m_{max} = A_2 \sqrt{2 \frac{\kappa}{\kappa + 1} \left(\frac{2}{\kappa + 1} \right)^{\frac{2}{\kappa - 1}} \frac{p_0}{v_0}}$$

$$= \left[100 \times 10^{-6} \times \sqrt{2 \times \frac{1.4}{1.4 + 1} \times \left(\frac{2}{1.4 + 1} \right)^{\frac{2}{1.4 - 1}} \times \frac{5.07 \times 10^6}{0.01722}} \right] kg/s$$

$$= 1.175 kg/s$$

② 对于缩扩形喷管

由于缩扩形喷管喉部的截面积 f_c 与渐缩形喷管的出口截面积 f_2 相同，故缩扩形喷管的质量流量与渐缩形喷管的最大流量相同，即

$$\dot{m}_{max} = 1.175 kg/s$$

出口流速为

$$c_2 = \sqrt{2 \frac{\kappa}{\kappa - 1} R T_0 \left[1 - \left(\frac{p_2}{p_0} \right)^{\frac{\kappa - 1}{\kappa}} \right]}$$

$$= \sqrt{2 \times \frac{1.4}{1.4 - 1} \times 287 \times 303 \times \left[1 - \left(\frac{0.1}{5.07} \right)^{\frac{1.4 - 1}{1.4}} \right]} \ m/s = 642 m/s$$

【例7-2】 进入喷管的水蒸气是压力 $p_1 = 0.5 MPa$ 的干饱和蒸汽，出口外界的背压 $p_b = 0.1 MPa$。为了保证蒸汽在喷管中充分定熵膨胀，应采用什么类型的喷管？当质量流量为 2000kg/h 时，求该喷管的气流出口流速及喷管的主要截面积。

【解】 对于饱和蒸汽，$\beta = 0.577$，则 $p_c = \beta p_1 =$ （0.577×0.5）MPa $= 0.2885 MPa$。由于 $p_c > p_b$，故为了保证充分膨胀，必须采用缩扩形喷管。

在水蒸气的 h-s 图上，可查得下列参数值

$$h_1 = 2756 kJ/kg$$

$$h_c = 2656 kJ/kg \quad v_c = 0.60 m^3/kg$$

$$h_2 = 2488 kJ/kg \quad v_2 = 1.55 m^3/kg$$

缩扩形喷管的临界流速为

$$c_c = \sqrt{2(h_1 - h_c)} = \sqrt{2 \times (2756 - 2656) \times 10^3} \ m/s = 447.2 m/s$$

喉部截面积为

$$A_c = \frac{\dot{m}_{max} v_c}{c_c} = \frac{2000 \times 0.60}{3600 \times 447.2} m^2 = 0.000745 m^2 = 7.45 cm^2$$

出口流速为

$$c_2 = \sqrt{2(h_1 - h_2)} = \sqrt{2 \times (2756 - 2488) \times 10^3} m/s = 732.1 m/s$$

出口截面积为

$$A_2 = \frac{\dot{m}_{max} v_2}{c_2} = \frac{2000 \times 1.55}{3600 \times 732.1} m^2 = 0.001176 m^2 = 11.76 cm^2$$

第四节　气体和蒸气的绝热节流

气体或蒸气在管道中流过突然缩小的截面，如阀门或孔板等部位时，由于通道截面突然缩小，使气体或蒸气的压力降低，这种现象称为节流。若在节流过程中，工质与外界无热量交换，则称为绝热节流。

一、绝热节流基本方程

图 7-6 所示为工质流过孔板而产生节流的情况。由于工质流过孔板的时间很短，来不及与外界进行热交换，所以该节流过程可看作是绝热的。在节流过程中，由于通道截面突然变小，工质在孔口前后产生强烈的扰动，其热力状态极不平衡，所以不能用宏观的热力学方法进行研究。而距孔板较远的截面 1—1 和 2—2，其热力状态可视为平衡状态，所以可用这两个截面作为节流前后的状态加以分析。

设截面 1—1 和 2—2 上的参数分别为 p_1、v_1、T_1、h_1、c_1 和 p_2、v_2、T_2、h_2、c_2。根据绝热稳定流动能量方程，可得

$$\frac{1}{2}(c_2^2 - c_1^2) = h_1 - h_2$$

或

$$h_1 + \frac{1}{2}c_1^2 = h_2 + \frac{1}{2}c_2^2$$

一般情况下，流速 c_1 与 c_2 相差不大，并且动能与焓相比又很小，因此，动能项可忽略不计，故

$$h_1 = h_2 \tag{7-25}$$

上式为绝热节流基本方程。它表明，绝热节流

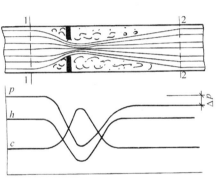

图 7-6　绝热节流过程

前后工质的焓相等。但不能简单地认为绝热节流过程是一个定焓过程。因为在孔板附近，流道突然变窄，工质流速必然提高，焓值必然下降；而在通过孔板时产生的强烈扰动和摩擦，使工质的一部分动能转变为热量。这些热量来不及散出，又被工质本身吸收，从而使工质的焓值回升。

二、绝热节流过程分析

由于扰动和摩擦的不可逆性，使得节流后的压力不能恢复到节流前的压力。显然，绝热节流过程是不可逆过程。正因为如此，节流后工质的熵增大，且在状态图上，该过程只能用连接节流前后两个状态点的虚线来示意。

对于理想气体，焓是温度的单值函数。根据式（7-25），可得

$$T_1 = T_2$$

根据理想气体状态方程，可得

$$v = \frac{RT}{p}$$

由于 $p_2 < p_1$，故

$$v_2 > v_1$$

理想气体绝热节流后，焓不变、温度不变、压力降低、比体积增大、熵增大。

对于水蒸气，可利用 h-s 图来分析其参数的变化情况。在一般情况下，水蒸气绝热节流后，温度降低，压力降低，比体积增大，熵增大。

本章小结

本章主要讲述了稳定流动基本方程、喷管和扩压管中的流动特性、喷管中流速及流量的计算，简要介绍了绝热节流的过程特点，重点内容如下：

（1）稳定流动的基本方程包括连续性方程、稳定流动能量方程和定熵过程方程。应熟练掌握这三个方程的形式，并明确它们各自的适用条件及范围。

（2）马赫数 M 是研究气体流动特性的一个很重要的无因次量。$M<1$，气体为亚声速流动。$M=1$，气体为声速流动。$M>1$，气体为超声速流动。

（3）当工质流过喷管时，为定熵膨胀过程。当工质流过扩压管时，为定熵压缩过程。

（4）当工质流过喷管时，若 $M<1$，为渐缩形喷管。若 $M>1$，为渐扩形喷管。若从 $M<1$ 转变为 $M>1$，为缩放形喷管，喷管的最小截面处称为"喉部"，其相应的参数称为临界参数。

（5）引入定熵滞止参数是为了简化流动的初始条件。定熵滞止过程是通过定熵压缩将流速降为零的过程，该过程符合绝热稳定流动能量方程。

（6）当 $\dfrac{p_b}{p_0} \geq \beta$，即 $p_b \geq p_c$ 时，应选渐缩形喷管。当 $\dfrac{p_b}{p_0} < \beta$，即 $p_b < p_c$ 时，应选缩放形喷管。

（7）绝热节流过程不是一个定焓过程，只是绝热节流前后工质的焓相等。

习题与思考题

7-1　喷管和扩压管有何异同之处？

7-2　什么是定熵滞止参数？对于同一定熵流动过程，流道各截面的滞止参数是否相等？为什么？

7-3　本章在分析绝热稳定流动过程中采用了哪些基本方程？各方程说明了流动过程的哪方面的特性？它们的适用条件分别是什么？

7-4　声速随哪些因素变化？

7-5　气体流经渐缩形喷管而射向真空，流速及流量将如何变化？若经缩扩形喷管射向真空，则喷管出口截面处的压力能否降低到 $p_2 = 0$？为什么？

7-6　当工质进口速度分别为亚声速或超声速时，图7-7中管道宜于作喷管还是扩压管？

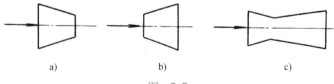

a)　　　　　　　　　b)　　　　　　　　　c)

图　7-7

7-7　在渐扩形喷管中，通道截面积增大，流速却增加。试解释这一物理现象。

7-8　喷管出口流速的计算公式 $c_2 = \sqrt{2(h_0 - h_2)}$ 适用于可逆与不可逆过程，那么不可逆过程中的摩擦损失表现在哪里？

7-9　如何确定喷管中的临界压力？为什么在渐缩形喷管中只能膨胀到临界压力？

7-10　有一渐缩形喷管和缩扩形喷管，如图7-8所示。若渐缩形喷管出口截面积与缩扩形喷管的喉部截面积相等，进口滞止参数也相同。问这两个喷管的出口流速及流量是否相同？若将这两个喷管在出口段各切去一段，如图7-8中虚线所示。问出口流速及流量将发生什么样的变化？

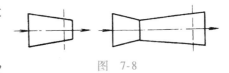

7-11 绝热节流过程是定焓过程吗？为什么？

7-12 在绝热节流过程中，工质的状态参数如何变化？试画出沿流动方向上，焓、流速、压力的变化情况图。

图 7-8

7-13 压力为0.1MPa、温度为27℃的空气以500m/s的速度流动。当空气被定熵滞止，求空气的滞止压力、滞止温度。

7-14 压力为0.1MPa、温度为150℃的水蒸气以500m/s的速度流动。当水蒸气被定熵滞止，求水蒸气的滞止压力、滞止温度和滞止质量焓。

7-15 有压力为0.18MPa、温度为150℃的氧气通过渐缩形喷管流入背压为0.1MPa的介质中。已知喷管出口直径为10mm。若不考虑进口流速的影响，求氧气通过喷管的出口流速及质量流量。

7-16 有压力为1MPa、温度为120℃的空气通过喷管流入背压为0.1MPa的介质中。若空气流量为1.5kg/s，并忽略初速。试求①喷管的类型；②出口压力和出口流速；③喷管的截面积。

7-17 有压力为0.5MPa、温度为25℃的二氧化碳，进口流速为50m/s，流量为1kg/s，通过缩放形喷管流入背压为0.1MPa的介质中。试求①临界流速和出口流速；②临界截面积和出口截面积。

第八章

制冷循环

 学习目标

1）掌握空气压缩式制冷循环的组成及工作过程。

2）掌握蒸气压缩式制冷循环的组成及工作过程。会使用压焓图对其进行一般的热力计算。

3）了解蒸汽喷射式制冷循环和吸收式制冷循环的组成及工作过程。

4）了解热泵供热循环的特点及意义。

　　制冷就是对物体或空间进行冷却，使其温度低于环境温度，并维持一定的低温，为了获得和保持低温，就必须不断地将热量从低温物体或空间转移到环境中去。

　　由热力学第二定律可知，要使热量从低温物体转移到高温物体，必须消耗一定的能量作为补偿。显然，制冷循环应为逆循环。

　　根据所消耗的能量形式不同，制冷循环可分为两大类：一类是以消耗机械能作为补偿的压缩式制冷循环，包括空气压缩式制冷循环和蒸汽压缩式制冷循环；另一类是以消耗热能作为补偿的制冷循环，包括蒸汽喷射式制冷循环和吸收式制冷循环。本章主要介绍这几种制冷循环，并对热泵循环进行简单的说明。

第一节　空气压缩式制冷循环

一、工作原理

　　当空气绝热膨胀时，其温度总要降低。空气压缩式制冷就是利用空气的这一性质来实现制冷的。图 8-1 所示为空气压缩式制冷循环的装置原理图。该装置主要由压缩机、冷却器、膨胀机及换热器等部件组成。作为制冷剂的空气在压缩机中被绝热压缩，压力与温度均升高；高温高压的空气进入冷却器，在定压下放热，热量被冷却介质（大气或水）带走，空气温度降低；压缩空气在膨胀机内绝热膨胀，压力与温度均降低；低压低温的空气进入换热器，在定压下吸热，从而降低了

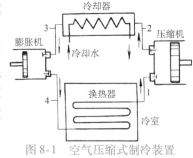

图 8-1　空气压缩式制冷装置

冷室的温度，实现了制冷。空气温度升高后，再进入压缩机，进行下一个循环。

若忽略一切不可逆因素，该制冷循环是由四个可逆过程组成的理想循环，将其表示在 p-v 图和 T-s 图上，如图 8-2 中的循环 12341 所示。其中，1—2 为压缩机中的定熵压缩过程；2—3 为冷却器中的可逆定压放热过程；3—4 为膨胀机中的定熵膨胀过程；4—1 为换热器中的可逆定压吸热过程。

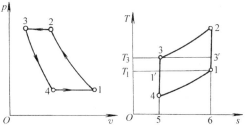

图 8-2　空气压缩式制冷循环的 p-v 图和 T-s 图

二、制冷系数

若将空气当作理想气体看待，并取定值比热容，则 1kg 空气在冷却器中放出的热量为

$$q_1 = h_2 - h_3 = c_p(T_2 - T_3)$$

在 T-s 图上，该热量以面积 23562 表示。1kg 空气在换热器中吸收的热量，即制冷量为

$$q_2 = h_1 - h_4 = c_p(T_1 - T_4)$$

在 T-s 图上，该热量以面积 14561 表示。循环所消耗的净功为

$$w_0 = q_1 - q_2 = c_p(T_2 - T_3) - c_p(T_1 - T_4)$$

在 T-s 图上，净功以面积 12341 表示。

该循环的制冷系数为

①
$$\varepsilon_1 = \frac{q_2}{w_0} = \frac{T_1 - T_4}{(T_2 - T_3) - (T_1 - T_4)} = \frac{1}{\dfrac{T_2 - T_3}{T_1 - T_4} - 1}$$

由于过程 1—2、3—4 均为定熵过程，则

$$\frac{T_2}{T_1} = \left(\frac{p_2}{p_1}\right)^{\frac{\kappa-1}{\kappa}} ; \frac{T_3}{T_4} = \left(\frac{p_3}{p_4}\right)^{\frac{\kappa-1}{\kappa}}$$

又由于过程 2—3、4—1 均为定压过程，则

$$p_2 = p_3 ; p_1 = p_4$$

故
$$\frac{T_2}{T_1} = \frac{T_3}{T_4}$$

根据比例的性质，可得

②
$$\frac{T_2}{T_1} = \frac{T_3}{T_4} = \frac{T_2 - T_3}{T_1 - T_4}$$

将式②代入式①，整理后可得

$$\varepsilon_1 = \frac{T_1}{T_2 - T_1} = \frac{T_4}{T_3 - T_4} \tag{8-1}$$

或
$$\varepsilon_1 = \frac{1}{\left(\dfrac{p_2}{p_1}\right)^{\frac{\kappa-1}{\kappa}} - 1} \tag{8-2}$$

由式（8-1）可知，空气压缩式制冷循环的制冷系数只与压缩过程或膨胀过程的初、终

状态温度有关。其形式与逆卡诺循环的制冷系数类似，但实质是不同的。若在相同的温度范围内进行逆卡诺循环，则热源温度应为制冷剂在冷却器出口的温度 T_3；冷源温度应为制冷剂在换热器出口的温度 T_1。该逆卡诺循环如图 8-2 中 T-s 图上的循环 $13'31'1$ 所示，其制冷系数为

$$\varepsilon_{1,C} = \frac{T_1}{T_3 - T_1} \tag{8-3}$$

将上式与式（8-1）对照，由于 $T_2 > T_3$，故 $\varepsilon_1 < \varepsilon_{1,C}$，即空气压缩式制冷循环的制冷系数要比同温度范围内的逆卡诺循环的制冷系数小。该结论也可从图 8-2 中的 T-s 图上看出来，空气压缩式制冷循环所消耗的净功（以面积 12341 表示）大于同温度范围内的逆卡诺循环所消耗的净功（以面积 $13'31'1$ 表示）；而其制冷量（以面积 14561 表示）小于同温度范围内的逆卡诺循环的制冷量（以面积 $11'561$ 表示）。显然，$\varepsilon_1 < \varepsilon_{1,C}$。

由于空气压缩式制冷循环不易实现定温吸热和放热，所以其制冷系数较低。同时由于空气的比热容较小，在冷室中的温升（$T_1 - T_4$）也不太大，所以空气的单位制冷能力小。为达到一定的制冷量，就必须加大空气的流量，从而使设备的费用增加。显然，这是不经济的。但是采用空气作为制冷剂是其最大优点。这种制冷循环一般用于飞机空调以及某些工业生产中。

【例 8-1】 在空气压缩式制冷循环中，压缩机进口的空气参数 $p_1 = 0.1\text{MPa}$、$t_1 = -5\text{℃}$，经定熵压缩达 $p_2 = 0.4\text{MPa}$，膨胀机进口的空气温度为 $t_3 = 20\text{℃}$。试求该循环的循环净功、制冷量及制冷系数。

【解】 压缩机的出口温度为

$$T_2 = T_1 \left(\frac{p_2}{p_1} \right)^{\frac{\kappa-1}{\kappa}} = \left[(273 - 5) \times \left(\frac{0.4}{0.1} \right)^{\frac{1.4-1}{1.4}} \right]\text{K} = 398.2\text{K}$$

膨胀机的出口温度为

$$T_4 = T_3 \left(\frac{p_4}{p_3} \right)^{\frac{\kappa-1}{\kappa}} = T_3 \left(\frac{p_1}{p_2} \right)^{\frac{\kappa-1}{\kappa}} = \left[(275 + 20) \times \left(\frac{0.1}{0.4} \right)^{\frac{1.4-1}{1.4}} \right]\text{K} = 197.2\text{K}$$

循环净功为

$$w_0 = c_p(T_2 - T_1) - c_p(T_3 - T_4)$$
$$= \left[\frac{7}{2} \times 0.287 \times (398.2 - 268) - \frac{7}{2} \times 0.287 \times (293 - 197.2) \right]\text{kJ/kg}$$
$$= 34.6\text{kJ/kg}$$

制冷量为

$$q_2 = c_p(T_1 - T_4) = \left[\frac{7}{2} \times 0.287 \times (268 - 197.2) \right]\text{kJ/kg} = 71.1\text{kJ/kg}$$

制冷系数为

$$\varepsilon_1 = \frac{q_2}{w_0} = \frac{71.1}{34.6} = 2.06$$

或

$$\varepsilon_1 = \frac{T_1}{T_2 - T_1} = \frac{273 - 5}{398.2 - 268} = 2.06$$

第二节　蒸气压缩式制冷循环

蒸气压缩式制冷循环采用低沸点的物质作为制冷剂，利用液体汽化吸热的效应来实现制冷。由于汽化潜热数值较大，所以可以提高制冷剂的单位制冷能力。在吸热和放热过程中制冷剂发生相变是它与空气压缩式制冷循环的最大区别。

一、蒸气逆卡诺循环

逆卡诺循环是理想的制冷循环，它的制冷系数最高。若蒸气压缩式制冷循环按逆卡诺循环进行，应是最经济的。由于制冷剂在湿蒸气区可以实现定温吸热和定温放热过程，所以理论上可实现蒸气逆卡诺循环。图 8-3 中的循环 34763 即为蒸气逆卡诺循环。其中：6—3 为压缩机中的定熵压缩过程；3—4 为冷凝器中的定压定温放热过程；4—7 为膨胀机中的定熵膨胀过程；7—6 为蒸发器中的定压定温吸热过程。

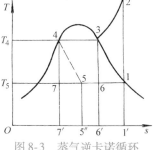

图 8-3　蒸气逆卡诺循环
与蒸气压缩式制冷循环

但蒸气逆卡诺循环在实施中存在一些问题。压缩过程 6—3 是在湿蒸气区进行的，称为湿压缩。由于液体的压缩性很小，所以在压缩过程中会引起液击现象而损坏压缩机，从而影响压缩机的安全运行；另外，膨胀机进口的制冷剂为饱和液体，其比体积比蒸气的比体积小很多，这就要求膨胀机的尺寸要比压缩机小很多，制造起来很困难，且膨胀过程 4—7 回收的功量很少。因此，蒸气逆卡诺循环并无实用价值，但它可以为实际制冷循环提供改进方向和比较标准。

二、蒸气压缩式制冷循环的工作原理

针对蒸气逆卡诺循环存在的问题，对其进行相应的改进：将蒸发器中的定压定温吸热过程延长至饱和蒸气状态 1，这样压缩机吸入饱和蒸气而实现干压缩过程 1—2，如图 8-3 所示；用节流阀取代膨胀机，即用绝热节流过程 4—5 代替定熵膨胀过程 4—7。这样做虽然损失了一小部分功量，但设备比较简单。经过上述改进后的制冷循环就是蒸气压缩式制冷循环，如图 8-3 中的循环 123451 所示。

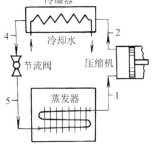

蒸气压缩式
制冷装置

图 8-4 所示为蒸气压缩式制冷循环的装置原理图。该装置主要由压缩机、冷凝器、节流阀（或称为膨胀阀）、蒸发器四大部件组成。制冷剂的饱和蒸气在压缩机中被绝热压缩，其压力、温度均升高而成为过热蒸气；过热蒸气进入冷凝器，在定压下被冷却，并凝结为饱和液体；饱和液体经过节流阀进行绝热节流，其压力、温度均降低而成为湿蒸气；低温低压的湿蒸气进入蒸发器，在定温定压下吸收热量而成为饱和蒸气，同时达到制冷的目的。饱和蒸气再进入压缩机，进行下一个循环。

图 8-4　蒸气压缩式制冷装置

把蒸气压缩式制冷的理论循环表示在 T-s 图上，如图 8-3 中循环 123451 所示。其中：1—2 为压缩机中的定熵压缩过程；2—3 为冷凝器中的定压冷却、冷凝过程；4—5 为节流阀中的绝热节流过程；5—1 为蒸发器中的定压定温吸热过程。

三、制冷剂的压焓图（$\lg p\text{-}h$ 图）

在蒸气压缩式制冷循环的热力计算中，可以利用制冷剂的图表来确定各状态点的参数值。工程上最常用的是制冷剂的压焓图，如图 8-5 所示。

压焓图以质量焓为横坐标，以压力为纵坐标。为了缩小图面，压力采用其常用对数分格，但坐标上标出的仍是压力值。压焓图上绘有饱和液体线（下界线）、饱和蒸气线（上界线）和临界点 C，这一点、两线将图面分成三个区域。饱和液体线以左为过冷液体区；饱和液体线与饱和蒸气线之间为湿蒸气区；饱和蒸气线以右为

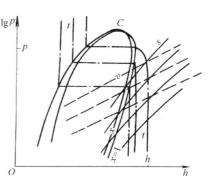

图 8-5　制冷剂的压焓图

过热蒸气区。图上还有六组定参数线，分别为：定质量焓线、定压线、定容线、定干度线、定温线、定熵线。

四、蒸气压缩式制冷的理论循环在 $\lg p\text{-}h$ 图上的表示

将蒸气压缩式制冷的理论循环表示在 $\lg p\text{-}h$ 图上，如图 8-6 所示。其中：1—2 为压缩机中的定熵压缩过程；2—3—4 为冷凝器中的定压冷却、冷凝过程；4—5 为节流阀中的绝热节流过程；5—1 为蒸发器中的定压定温吸热过程。

若制冷循环中有过冷，则 4—4′ 为饱和液体的定压过冷过程；4′—5′为绝热节流过程；5′—1 为定压定温吸热过程。

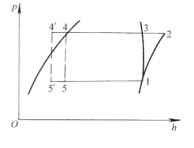

图 8-6　蒸气压缩式制冷
理论循环的压焓图

五、蒸气压缩式制冷理论循环的热力计算

在设计和选用制冷设备时，都要进行热力计算来确定和校核必要的参数，以满足制冷的要求。

下面通过例题来说明热力计算方法。

【例 8-2】 某氨压缩式制冷循环，制冷量 $Q_2 = 4 \times 10^5 \text{kJ/h}$，蒸发温度 $t_5 = -15℃$，冷凝温度 $t_4 = 30℃$，过冷温度 $t_4' = 25℃$。蒸发器出口状态为饱和蒸气。试求①制冷剂的质量流量；②冷凝器中的放热量；③循环所消耗的功率；④制冷系数。

【解】 参看图 8-6，在氨的 $\lg p\text{-}h$ 图（附图 3）上，可查得

$$h_1 = 1440\text{kJ/kg} \quad h_2 = 1680\text{kJ/kg} \quad h_4' = h_5' = 315\text{kJ/kg}$$

① 1kg 氨的制冷量为

$$q_2 = h_1 - h_5' = (1440 - 315)\text{kJ/kg} = 1125\text{kJ/kg}$$

制冷剂的质量流量为

$$q_m = \frac{Q_2}{q_2} = \frac{4 \times 10^5}{1125}\text{kg/h} = 355.6\text{kg/h} = 0.0988\text{kg/s}$$

② 1kg 氨的放热量为

$$q_1 = h_2 - h_4' = (1680 - 315)\text{kJ/kg} = 1365\text{kJ/kg}$$

冷凝器中的放热量为

$$Q_1 = q_m q_1 = (0.0988 \times 1365)\text{kW} = 134.9\text{kW}$$

③ 循环净功为

$$w_0 = h_2 - h_1 = (1680 - 1440)\text{kJ/kg} = 240\text{kJ/kg}$$

循环所消耗的功率为

$$P = q_m w_0 = (0.0988 \times 240)\,\text{kW} = 23.7\,\text{kW}$$

④ 制冷系数为

$$\varepsilon_1 = \frac{q_2}{w_0} = \frac{1125}{240} = 4.69$$

六、影响制冷系数的主要因素

蒸气压缩式制冷的理论循环与逆卡诺循环一样，制冷系数随着蒸发温度、冷凝温度的变化而变化。

1. 蒸发温度

如图 8-7 所示，循环 123451 为原有的蒸气压缩式制冷的理论循环，循环 1'2'345'1' 为冷凝温度不变、蒸发温度提高而形成的新循环。从图中可看出，蒸发温度提高，单位质量制冷量增大，循环净功减小。因此，制冷系数提高。

2. 冷凝温度

如图 8-8 所示，循环 123451 为原有的蒸气压缩式制冷的理论循环，循环 12'3'4'5'1 为蒸发温度不变、冷凝温度降低而形成的新循环。从图中可看出，冷凝温度降低，单位质量制冷量增大，循环净功减小。因此，制冷系数提高。

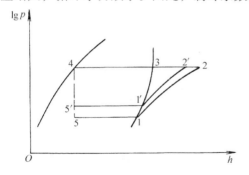

图 8-7　蒸发温度对制冷系数的影响

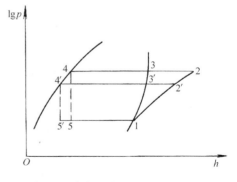

图 8-8　冷凝温度对制冷系数的影响

3. 过冷温度

如图 8-6 所示，循环 123451 为原有的蒸气压缩式制冷的理论循环，循环 12344'5'51 为饱和液体过冷而形成的新循环。从图中可看出，过冷温度降低，单位质量制冷量增大，循环净功不变。因此，制冷系数提高。

七、制冷剂的热力学性质

逆卡诺循环的制冷系数仅取决于冷、热源温度，与制冷剂的性质无关。而实际制冷循环的制冷系数，以及设备尺寸、材料等，均与制冷剂的性质有关。因此，在设计制冷装置时，必须选用合适的制冷剂。从热力学的角度看，制冷剂应具备以下特性：

1）在制冷循环的工作温度范围内，汽化潜热要大，从而使单位质量制冷量较大，可以相应减少循环中的制冷剂流量。

2）临界温度要远远高于环境温度，以使冷凝器中的放热过程大部分在湿蒸气区以定温方式进行。

3）饱和压力要适中。蒸发压力不宜过低，最好稍高于大气压力，以免空气渗入系统；

冷凝压力不宜过高，以降低金属的消耗和能量的消耗，同时减少渗漏的可能性。

4）沸点和凝固点都要低一些，这样制冷剂液体易于汽化，又不致因凝固而阻塞管路和设备。

5）液体比热容要小，即在 T-s 图上，饱和液体线要陡，这样可以减小因节流而损失的功量和制冷量。

如图 8-9 所示，节流所造成的功量损失（$h_4 - h_6$）、制冷量损失（$h_5 - h_6$）为

$$h_4 - h_6 = h_5 - h_6 = (h_1 - h_7) - (h_6 - h_7)$$

（$h_4 - h_7$）相当于面积 $4\,7\,7'\,6'\,4$；（$h_6 - h_7$）相当于面积 $6\,7\,7'\,6'\,6$。因此，（$h_4 - h_6$）相当于面积 $4\,7\,6\,4$。

这样下界线越陡，面积 4764 越小，节流所造成的功量损失和制冷量损失也就越小。

6）比体积要小，以减少设备和管道的尺寸。

此外，要求制冷剂传热性能良好，以使换热器结构紧凑；有一定的吸水性，以免析出水分而在低温下产生冰塞；具有化学稳定性，不易燃、易爆，不腐蚀设备，对人体无害，对环境没有污染，价格低廉，来源充足等。

目前，在蒸气压缩式制冷循环中，常用的制冷剂有氨和氟利昂等，它们都是良好的制冷剂，但仍不能完全满足上述要求。如氨的热力性质很好，汽化潜热大，饱和压力适中，廉价易得，但对人体有强烈的刺激，且可燃可爆，对铜合金有腐蚀作用；氟利昂的热力性质也较好，且无毒无味，不腐

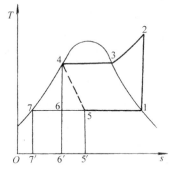

图 8-9 制冷剂的 T-s 图

蚀金属，但含氯原子的氟利昂对臭氧层有破坏作用，从而对人体和动植物都造成危害，同时还加剧温室效应。所以在制冷剂的实际使用中，只能根据用途和工作条件，保证主要方面的要求，而不足之处可采取一定措施弥补。表 8-1 列出了工程上常用的制冷剂的物理性质。

表 8-1 常用制冷剂的物理性质

名称	相对分子质量	凝固点/℃ (101.325kPa)	沸点/℃ (101.325kPa)	临界温度/℃	临界压力/MPa
水 H_2O	18.016	0.0	+100	374.15	22.124
氨 NH_3	17.03	−77.7	−33.40	132.40	11.297
二氧化碳 CO_2	44.10	−56.6	−78.90	31.00	7.355
二氧化硫 SO_2	64.06	−75.2	−10.08	157.20	7.873
氯甲烷 CH_3Cl	50.42	−97.6	−23.74	143.10	6.677
氟利昂 11 $CFCl_3$	137.39	−111.0	+23.7	198.00	4.374
氟利昂 12 CF_2Cl_2	120.92	−155.0	−29.80	111.50	4.001
氟利昂 13 CF_3Cl	104.47	−180.0	−81.50	28.78	3.860
氟利昂 22 CHF_2Cl	86.48	−160.0	−40.80	96.00	4.933
氟利昂 113 C_2F_3Cl	187.37	−36.5	+47.6	214.10	3.415
氟利昂 142 $C_2H_3F_2Cl$	100.48	−130.8	−9.21	137.10	3.923

第三节　吸收式制冷循环

吸收式制冷循环采用的工质是由沸点不同的两种物质组成的二元溶液，如氨水溶液、溴化锂水溶液。其中低沸点的物质作为制冷剂，高沸点的物质作为吸收剂。在氨水溶液中，氨为制冷剂，水为吸收剂；而在溴化锂水溶液中，水是制冷剂，溴化锂是吸收剂。

吸收式制冷装置

图 8-10 所示为氨水吸收式制冷循环的装置原理图。该装置主要由蒸发器、发生器、冷凝器、溶液泵、膨胀阀等组成。吸收器中的浓氨水溶液经溶液泵加压后进入发生器，浓氨水溶液在发生器中吸热而温度升高，氨在其中的溶解度减小，使得氨蒸气在高温高压下挥发出来；发生器剩余的稀氨水溶液通过膨胀阀绝热节流后进入吸收器进行喷淋；由于节流使稀氨水溶液的压力和温度均降低，氨在其中的溶解度增大，使得稀氨水溶液吸收从蒸发器引来的低压氨蒸气而重新成为浓氨水溶液，吸收过程中放出的热量由冷却水带走；

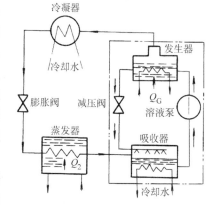

浓氨水溶液经溶液泵加压而进入发生器，完成溶液的循环。发生器中产生的高温高压的氨蒸气进入冷凝器，在定压下放热而凝结为氨液；氨液经膨胀阀绝热节流，压力、温度均降低；低温低压的氨液进入蒸发器，在定压下吸热汽化成为低压氨蒸气，同时实现制冷的目的。蒸发产生的低压氨蒸气被吸收器中的稀氨水所吸收，完成制冷剂的循环。

图 8-10 吸收式制冷装置

由上述制冷循环可看出，由吸收器、发生器、溶液泵、膨胀阀所组成的系统，即图8-10双点画线框的部分，相当于蒸气压缩式制冷循环中压缩机的作用，使氨蒸气被压缩而提高其温度和压力。若把溶液泵的耗功忽略，可认为吸收式制冷循环不是以消耗机械能作为补偿的，而是在发生器中以消耗热能作为补偿来实现制冷的。

吸收式制冷循环常用热能利用系数 ξ 来衡量循环性能的优劣。

$$\xi = \frac{Q_2}{Q_G} \tag{8-4}$$

式中　Q_2——制冷剂在蒸发器中的吸热量，即制冷量；

　　　Q_G——发生器中的加热量，即付出的代价。

吸收式制冷循环的热能利用系数 ξ 较小，但设备简单，且所需热源温度较低，可充分利用低温的余热、废热，对于综合利用能源有重要的意义。它适合于有大量余热、废热的场所。

第四节　蒸汽喷射式制冷循环

蒸汽喷射式制冷循环采用水作为制冷剂，并用喷射器代替压缩机，是以消耗蒸汽的热能作为补偿来实现制冷的。

图 8-11 所示为蒸汽喷射式制冷循环的装置原理图。该装置主要由锅炉、引射器、冷凝器、膨胀阀、蒸发器、水泵等部件组成。锅炉产生的工作蒸汽进入引射器，在喷管中绝热膨胀，其速度提高而压力降低，使得喷管出口处形成低压，将蒸发器产生的低压制冷剂蒸汽吸入；工作蒸汽与制冷剂蒸汽在混合室混合后进入扩压管中绝热压缩，其速度降低而压力提高；高压的蒸汽进入冷凝器定压放热而凝结为液体。液体分成两路。一路经水泵加压后进入锅炉，在定压下吸热汽化而成为工作蒸汽，工作蒸汽再进入喷管，完成工作蒸汽的循环；另一路作为制冷剂经膨胀阀绝热节流，其温度、压力均降低，低温低压的制冷剂液体进入蒸发

器,在定压下吸热汽化,同时达到制冷的目的。低压的制冷剂蒸汽被引射器吸入,完成制冷剂的循环。

在上述循环中,工作蒸汽是从锅炉获得热量的,故也可认为,蒸汽喷射式制冷循环是以消耗燃料的热能作为补偿的。

与吸收式制冷循环一样,蒸汽喷射式制冷循环也常用热能利用系数 ξ 来衡量循环性能的优劣。

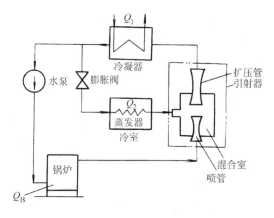

图 8-11 喷射式制冷装置

$$\xi = \frac{Q_2}{Q_B} \qquad (8-5)$$

式中 Q_2——制冷剂在蒸发器中的吸热量,即制冷量;

Q_B——工作蒸汽在锅炉中获得的热量,即付出的代价。

蒸汽喷射式制冷循环的热能利用系数 ξ 也较小,且制冷温度不可能太低,只能高于 $0℃$。但设备简单、紧凑,且水蒸气作为制冷剂廉价易得、无毒无味、不污染环境。另外,可用具有一定压力和温度的蒸汽来充当工作蒸汽,便于余热的利用。这种制冷循环尤其适用于空调工程。

第五节　热泵循环

在制冷循环中,通过消耗一定的能量作为补偿,将冷源的热量转移给了热源,从而对冷源实现了制冷,同时对热源实现了供热。由此可见,制冷循环不仅可用来制冷,也可用来供热。

用作供热的制冷循环又称为热泵循环。它与制冷循环的工作原理是相同的,只不过工作目的不同,工作温度范围也不同,如图 8-12 所示。制冷循环在环境温度与被冷却物温度之间工作,从作为冷源的被冷却物中吸热,向作为热源的环境介质放热,从而对冷源实现制冷的目的;而热泵循环在被加热物温度与环境温度之间工作,从作为冷源的环境介质中吸热,向作为热源的被加热物放热,从而对热源实现供热的目的。

热泵循环和制冷循环的工作温度范围

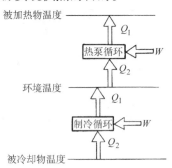

图 8-12 热泵循环和制冷循环的工作温度范围

热泵循环用制热系数 ε_2 来衡量循环性能的优劣，即

$$\varepsilon_2 = \frac{q_1}{w_0} = \frac{q_2 + w_0}{w_0} = \varepsilon_1 + 1 \tag{8-6}$$

式中　　q_1——向热源的供热量；

w_0——消耗的循环净功；

q_2——从冷源的吸热量。

上式表明，对于同一制冷循环，制热系数等于其制冷系数加 1。由此可见，热泵循环的制热系数永远大于 1。

在热泵循环中，虽然要消耗一定量的高品位能量，但所供给的热量却是所消耗的高品位能量与所吸取的低品位热能之和。这样不仅有效地利用了自然界中使用价值很低的低品位热能，还节约了高品位能量。从能量观点看，热泵供热是一种经济合理的供热方式。另外，热泵循环还可以用一套设备满足供热和制冷的要求，从而减少设备的初投资。总之，热泵是大有发展前途的。

 ## 本章小结

本章主要讲述了空气压缩式制冷循环、蒸汽压缩式制冷循环、蒸汽喷射式制冷循环和吸收式制冷循环的工作原理、蒸汽压缩式制冷循环的热力计算，简要介绍了热泵供热循环。重点内容如下：

（1）空气压缩式制冷循环由于无法实现定温吸热和定温放热过程，其制冷系统较低。应掌握该制冷循环的组成、在温熵图上的表示、制冷系数的计算及分析。

（2）蒸汽压缩式制冷循环由压缩机、冷凝器、节流阀和蒸发器四大部件组成。要掌握该制冷循环的工作过程、在温熵图上的表示、制冷系数的计算及分析，还要学会使用压焓图对其进行分析和计算。

（3）蒸汽喷射式制冷循环和吸收式制冷循环都是以消耗热能作为补偿的。它们的热能利用系数不高，但由于其能利用余热和废热，故也得到较为广泛的应用。要了解这两种制冷循环的组成、工作过程及热能利用系数的意义。

（4）对热泵供热循环的特点及意义要有所了解。

 ## 习题与思考题

8-1　对逆卡诺循环而言，冷、热源温差越大，制冷系数是越大还是越小？为什么？

8-2　实际采用的各种制冷装置循环与逆卡诺循环的主要差异是什么？

8-3　空气压缩式制冷循环中，循环的增压比 p_2/p_1 越小，制冷系数将如何变化？并在 $T\text{-}s$ 图上分析，当增压比 p_2/p_1 减小时制冷量的变化。

8-4　如图 8-9 所示，若蒸气压缩式制冷循环按 123471 进行，循环所消耗的净功不变，仍为 $h_2 - h_1$，但是制冷量却增加了，从 $h_1 - h_5$ 变为 $h_1 - h_7$。这样显然是有利的，这种设想对吗？为什么？

8-5　由于降低冷源温度可以提高动力循环的热效率，为此可用制冷装置为其提供一个低于环境温度的冷源。这种考虑是否有利？为什么？

8-6　在空气压缩式制冷循环中，能否也用节流阀来代替膨胀机？请说明原因。

8-7　试述热泵供热循环和制冷循环的相同点和不同点。

8-8　某空气压缩式制冷系统的膨胀机进口温度 $t_3 = 32℃$，经定熵膨胀后空气压力由 $p_3 = 0.4MPa$ 降至 $p_4 = 0.1MPa$，在冷室吸热后空气温度 $t_1 = 0℃$。若制冷剂质量流量 $q_m = 0.35kg/s$。试求该系统的制冷量、消耗的净功率、向热源放出的热量以及制冷系数。

8-9　某蒸气压缩式制冷装置的制冷量 $Q_2 = 3.6 \times 10^4 kJ/h$，蒸发温度为 $-20℃$，冷凝温度为 $40℃$，蒸发器出口为饱和蒸气状态。若以 R717、R12 和 R22 作为制冷剂，分别计算它们的制冷系数及压缩机进口处制冷剂的体积流量。

8-10　某氨压缩式制冷系统的蒸发温度为 $-25℃$，冷凝温度为 $35℃$，氨的质量流量为 $0.1kg/s$。若蒸发器出口为饱和蒸气，且没有过冷。试求该制冷系统的制冷量、所消耗的理论功率及制冷系数。

8-11　某压缩式制冷装置采用 R22 作为制冷剂，蒸发温度为 $-10℃$，冷凝温度为 $37℃$，过冷温度为 $30℃$，蒸发器出口处为饱和蒸气状态。已知该装置的制冷量为 $10^5 kJ/h$。试求①制冷剂的质量流量、所耗功率及制冷系数；②若冷凝器中冷却水的温升为 $8℃$，则每小时总共需要多少千克冷却水？

8-12　某氨蒸气压缩式制冷装置用于制冰。蒸发温度为 $-5℃$，冷凝温度为 $30℃$，冰的熔解热为 $340kJ/kg$，每小时需将 $1000kg$ 温度为 $0℃$ 的水制成 $0℃$ 的冰。求该装置的制冷量、制冷剂的质量流量和该装置所耗功率。

8-13　某压缩式制冷系统被用作热泵向室内供热。蒸发温度为 $-4℃$，冷凝温度为 $50℃$，每分钟需将标准状态下 $30m^3$ 的空气从 $5℃$ 加热到 $30℃$。若该系统采用 R12 作为制冷剂，试求该系统的供热负荷、制冷剂的质量流量、所消耗的功率及制热系数。

8-14　某热泵利用井水作为热源，每小时将标准状态下 $8 \times 10^4 m^3$ 的空气从 $20℃$ 加热到 $30℃$。已知蒸发温度为 $5℃$，冷凝温度为 $35℃$，标准状态下空气的比定压体积热容 $c'_p = 1.256kJ/(m^3 \cdot K)$，井水的温度降低 $7℃$。若该热泵采用 R12 作为制冷剂，试求理论上必需的井水量、制冷剂的质量流量及压缩机功率。

8-15　某小型热泵装置用于对热网水的加热。假设该装置采用 R12 作为制冷剂，并按理想制冷循环运行。蒸发温度为 $-15℃$，冷凝温度为 $55℃$，制冷剂的质量流量为 $0.1kg/s$。试求由热泵代替直接供热而节约的能量。

第二篇　传　热　学

第九章

传热学概述

一、传热学的研究对象与研究方法

热力学第二定律指出，在一个物体内或物系之间，只要存在着温度差，热量总是自发地由高温处传向低温处。这种靠温度差推动的能量传递过程称为热传递。由于温度差在自然界和生产领域中广泛存在，故热量传递就成为自然界和生产领域中一种普遍现象。传热学就是研究热量传递规律的科学。

传热学在工程技术领域里应用十分广泛。诸如，在热能动力工程、机械制造工程、制冷与空调工程、冶金等部门中广泛使用的专用热力设备及换热器等的设计、制造、运行和经济效益的提高均需运用传热学知识；电子工业中解决各类电子器件的散热；在供热通风与空调工程中对于隔热保温的设计及热工问题的处理等，都大量应用传热学的基本理论和基本研究方法。因此，传热学已是现代技术科学的主要基础学科之一。近十几年来，传热学的研究成果对节约能源、控制生产过程，对新技术、新工艺的实现等起到很大的促进作用，而现代科学技术的飞速发展，又给传热学提出了许多新的研究课题，提供了新的研究手段，推动传热学学科的迅速发展，使它已成为现代技术科学中充满活力的一门基础学科。

热量传递过程可划分为稳态和非稳态过程。物体中各点温度不随时间变化的热量传递过程，称为稳态过程；反之，则称为非稳态过程。各种热力设备在持续不变工况下运行时的热量传递过程为稳态过程；而在起动、停机和变工况时所经历的热量传递过程则为非稳态过程。一般情况下，在不加说明时都是指稳态热传递过程。

实际应用中的传热问题，主要是计算传递的热流量与物体内部各点温度确定的问题。热流量传递有增强传热和削弱传热两类。例如，水冷式冷水机组中的冷却水在冷凝器中吸收热量，为了使冷凝器换热效率高及结构紧凑，就必须增强传热；相反，为使热力管道减少热损失，则必须采取隔热保温措施，以削弱传热。物体内部温度分布及其控制是计算热流量的关键。如建筑物维护结构内部的温度分布就是常见的实例。要解决以上传热问题，必须具备热传递规律的基础理论知识和分析传热问题的基本能力，掌握计算传热问题的基本方法和一定的实验技能。这些也是学习本课程的目的和要求。

二、热量传递的基本方式

从热量传递的机理上说，有三种基本热传递方式，即热传导（导热）、热对流和热辐射。热量在传递过程中，并不是单一方式进行的，而是由两种或两种以上传热方式组合在一起进行的。

1. 热传导

热传导简称导热。它是指热量由物体的高温部分向低温部分的传递，或者由一个高温物体向与其接触的低温物体的传递。例如，将水壶放在火上加热时，由于铝壶具有良好的导热性能，很快水被烧开。导热可以在固体、液体和气体中发生，但在地球引力场作用的范围内，单纯的导热只发生在密实的固体中。

平壁导热是导热的典型问题。设有图 9-1 所示的一块平壁，壁厚为 δ，侧表面积为 A，两侧表面分别维持均匀恒定的温度 t_{w1} 和 t_{w2}。实践表明，单位时间内由表面 1 传导到表面 2 的热流量为

$$\Phi = \frac{\lambda}{\delta}(t_{w1} - t_{w2})A \tag{9-1a}$$

或热流密度

$$q = \frac{\lambda}{\delta}\Delta t \tag{9-1b}$$

式中 λ——热导率，单位是 W/(m·K)。其意义是指具有单位温度差的单位厚度物体，在它的单位面积上每单位时间内的导热量，它反映材料导热能力的大小。

在传热学中通常将热传递过程模拟成电工学欧姆定律形式，即温差等同于电位差，热流密度等同于电流，于是可将式（9-1b）描述为

$$q = \frac{\Delta t}{M_\lambda} \tag{9-2}$$

式中 M_λ——平壁导热热绝缘系数，单位为 m²·K/W，$M_\lambda = \delta/\lambda$。

从上式中可以看出，热流密度与平壁两侧表面的温度差成正比；与导热热绝缘系数成反比。

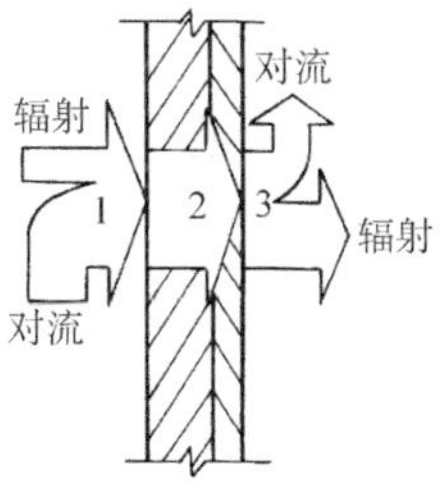

图 9-1 平壁的传热

2. 热对流

依靠流体不同部分的相对位移，把热量由一处传递到另一处的现象，称为热对流。例如，冬季，房间内散热器供热后，散热器附近的空气因受热膨胀而向上浮升，周围的冷空气就流动过来补充，从而形成空气的循环流动。流动着的空气将热量带到房间的各处，由此可见，热对流仅能发生在流体中，热量的传递与流体的流动密切相关，并且，由于流体中存在着温度差，故流体中的导热也必然同时存在。

工程上遇到的对流问题，往往不是单纯的热对流方式，而是流体流过物体表面时，依靠导热和热对流联合作用的热量传递过程，称为对流换热过程，也称放热。

对流换热的基本计算式是牛顿在 1701 年提出的，文献上称此式为牛顿冷却公式，即

$$q = h(t_w - t_f) = h\Delta t \tag{9-3}$$

式中 t_w——固体壁面温度，单位为 K；

t_f——流体温度，单位为 K；

h——表面传热系数，单位为 W/(m²·K)。意义是当流体与壁面之间的温差为 1K 时，单位时间单位面积内所能传递的热量。

表面传热系数的大小反映对流换热的强弱。h 的影响因素很多，不仅与流体的流速及流体的物理性质有关，还与换热壁面的形状、大小及位置有关。有关这方面的问题我们将在后面深入讨论。

参照式（9-2），根据欧姆定律可以写出牛顿冷却公式的另一种表达式，即

$$q = \frac{\Delta t}{M_h} \tag{9-4}$$

式中 M_h——单位壁面上的对流换热热绝缘系数,单位为 $m^2 \cdot K/W$, $M_h = 1/h$。

3. 热辐射

导热或对流都是以冷、热物体的直接接触来传递热量的,而热辐射是指物体由于自身温度的原因而向外发射可见的和不可见的射线(称为电磁波或光子)来传递热量的方式。因此,热辐射是消耗物体内能的电磁辐射,它与 X 射线、紫外线和无线电波等的本质是相同的,区别仅在于波长和发射源不同而已。物体表面每单位时间、单位面积对外辐射的热量称为辐射力,用 E 表示,它常用单位是 W/m^2,其大小与物体表面性质及温度有关。对于绝对黑体,它的辐射力 E_b 与表面热力学温度的 4 次方成比例,即斯忒藩-玻尔兹曼定律,公式为

$$E_b = C_b \left(\frac{T}{100}\right)^4 \tag{9-5}$$

式中 E_b——绝对黑体辐射力,单位为 W/m^2;

C_b——绝对黑体辐射系数, $C_b = 5.67 W/(m^2 \cdot K^4)$;

T——热力学温度,单位为 K。

对于热辐射来说,受热物体只要其温度高于绝对零度,都在不停地向外发射热量;同时,又在不断地吸收周围其他物体发出的热量。若物体间的温度不相等,则高温物体辐射给低温物体的能量,大于低温物体辐射给高温物体的能量,总的效果是热由高温物体向低温物体传递;若物体间的温度相等,则相互辐射的能量相等,也即辐射换热量等于零,但物体的辐射和吸收仍在不停地进行。黑体的辐射及吸收能力在同温度物体中是最大的。实际物体的辐射可采用将黑体辐射修正的方法得到。

一切实际物体的辐射力都低于同温度下绝对黑体的辐射力,即

$$E_b = \varepsilon C_b \left(\frac{T}{100}\right)^4 \tag{9-6}$$

式中 ε——实际物体表面的发射率,也称黑度,其值处于 0 ~ 1 之间。

两个无限大平行平壁之间的辐射换热是最为简单的辐射换热,设两表面的热力学温度分别为 T_1 和 T_2,且 $T_1 > T_2$,则两表面间单位面积、单位时间辐射换热量的计算式为

$$q = C_{1,2} \left[\left(\frac{T_1}{100}\right)^4 - \left(\frac{T_2}{100}\right)^4 \right] \tag{9-7}$$

式中 $C_{1,2}$——两表面间的相当辐射系数,它取决于辐射表面材料性质及状态,其值在 0 ~ 5.67 之间。有关辐射换热的详细计算在后续内容中介绍。

三、传热过程

以上分别讨论了热传导、热对流和热辐射三种热量传递的基本方式,扼要说明了导热、对流换热和辐射换热三种传递热量的基本过程。然而,实际的热量传递过程往往是几种基本热量传递过程的不同组合。这不仅存在于相互串联的几个换热环节中,而且在同一个换热环节里也常常如此。例如,如图 9-2 所示的传热过程分析图,其传热过程是由三个换热环节串联而

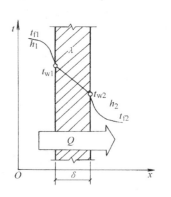

图 9-2 传热过程分析图

成的，即由对流、传导、对流组成全部传热过程。

设温度较高和温度较低的冷热流体与固体平壁之间的表面传热系数分别为 h_1 和 h_2，固体壁厚为 δ，平壁材料的热导率为 λ，两侧流体温度分别为 t_{f1}、t_{f2}，平壁两侧壁温为 t_{w1}、t_{w2}，则整个传热过程的三段可以用以下三式表达：

在平壁左侧，按热对流公式（9-3）得出单位时间内以对流方式通过单位面积的热流密度为

$$q = h_1(t_{f1} - t_{w1}) \tag{9-8}$$

在平壁，按热传导公式（9-1b）得出单位时间内以导热方式通过单位面积的热流密度为

$$q = \frac{\lambda}{\delta}(t_{w1} - t_{w2}) \tag{9-9}$$

在平壁右侧，按热对流公式（9-3）得出另一侧的热流密度为

$$q = h_2(t_{w2} - t_{f2}) \tag{9-10}$$

在稳态情况下，上述三式的热流密度相等，整理三式得

$$t_{f1} - t_{w1} = q/h_1 \tag{9-11}$$

$$t_{w1} - t_{w2} = q\left/\left(\frac{\lambda}{\delta}\right)\right. \tag{9-12}$$

$$t_{w2} - t_{f2} = q/h_2 \tag{9-13}$$

将式（9-11）、式（9-12）、式（9-13）相加，消去整理得

$$q = \frac{t_{f1} - t_{f2}}{\dfrac{1}{h_1} + \dfrac{\delta}{\lambda} + \dfrac{1}{h_2}} \tag{9-14}$$

令 $K = \dfrac{1}{\dfrac{1}{h_1} + \dfrac{\delta}{\lambda} + \dfrac{1}{h_2}}$，$K$ 为传热系数，单位为 $W/(m^2 \cdot K)$。它表示单位时间单位面积上，冷、热流体间每单位温差可传递的热量。因此，K 值表征传热过程的强弱。K 值越大，传热过程越强烈；反之，则越弱。

利用电工学中的欧姆定律可将式（9-14）改写为

$$q = \frac{\Delta t}{M_K} \tag{9-15}$$

式中　M_K——通过单位面积的传热热绝缘系数，$M_K = \dfrac{1}{h_1} + \dfrac{\delta}{\lambda} + \dfrac{1}{h_2}$。

由此可见，传热热绝缘系数等于冷热流体的换热热绝缘系数与壁的导热热绝缘系数之和。可将此表达式表述成电工学中电路模拟图（图9-3）。

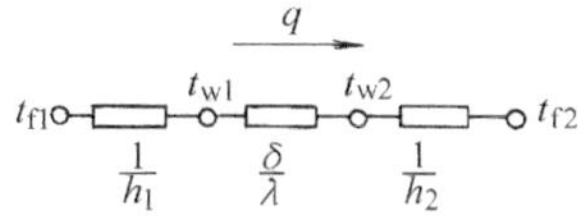

传热热绝缘系数的大小与流体的性质、流动情况、壁的材料等许多因素有关。所以，我们解决传热问题应该首先认识传热规律，分析各种情况下温度分布并计算其相应传热量。其次，分析结果找出解决措施。这就是我们学习传热学的目的。

图 9-3　传热热绝缘系数
电路模拟图

【例9-1】 有一厚度为370mm的砖墙，热导率为0.58W/(m·K)，两侧空气温度分别为5℃和30℃，表面传热系数分别为25W/(m²·K)和8W/(m²·K)，求单位面积上传热过程的各项热绝缘系数，传热热绝缘系数、传热系数及热流密度。

【解】 单位面积各项热绝缘系数为

$$M_{h1} = \frac{1}{h_1} = \frac{1}{25}\mathrm{m}^2 \cdot \mathrm{K/W} = 0.04\ \mathrm{m}^2 \cdot \mathrm{K/W}$$

$$M_\lambda = \frac{\delta}{\lambda} = \frac{0.1}{0.58}\mathrm{m}^2 \cdot \mathrm{K/W} = 0.172\mathrm{m}^2 \cdot \mathrm{K/W}$$

$$M_{h2} = \frac{1}{h_2} = \frac{1}{8}\mathrm{m}^2 \cdot \mathrm{K/W} = 0.125\ \mathrm{m}^2 \cdot \mathrm{K/W}$$

单位面积传热热绝缘系数为

$$M = M_{h1} + M_\lambda + M_{h2} = (0.04 + 0.172 + 0.125)\mathrm{m}^2 \cdot \mathrm{K/W} = 0.337\mathrm{m}^2 \cdot \mathrm{K/W}$$

传热系数为

$$K = \frac{1}{M_K} = \frac{1}{0.337}\mathrm{W/(m^2 \cdot ℃)} = 2.97\mathrm{W/(m^2 \cdot K)}$$

热流密度为

$$q = K\Delta t = [2.97 \times (30 - 5)]\mathrm{W/m^2} = 74.25\mathrm{W/m^2}$$

 ## 习题与思考题

9-1 举例说明在生活中的传导、对流、辐射换热现象？

9-2 在保温暖瓶中，热量由热水经过双层瓶胆传到瓶外的空气及环境，试分析在这个传热过程中包含哪些传热基本方式和基本过程，并判断暖瓶保温的关键在哪里？

9-3 采暖房间的玻璃窗有两种设计，一种是单层玻璃窗，另一种是双层玻璃窗，试分析这两种情况下通过玻璃窗的传热过程包含哪些基本方式？并且说明哪种设计保暖效果好？

9-4 从传热角度看，冬季用的散热器和夏季用的空调器应放在室内什么高度位置对室内环境最理想？

9-5 一台水冷式冷水机组的冷却器，其壁厚为3mm，热导率为45W/(m·K)，管外侧表面传热系数 h_1 为90W/(m²·K)，管内侧表面传热系数 h_2 为6000W/(m²·K)。假定传热壁可看作平壁，试计算各换热环节的单位面积热绝缘系数及过程的传热系数。

9-6 一层玻璃窗，玻璃的热导率 $\lambda_1 = 1.05$W/(m·K)，玻璃厚为3mm，中间夹层空气的热导率为 $\lambda_2 = 2.6$W/(m·K)，空气夹层厚度为7mm。求其导热热绝缘系数，并与单层玻璃窗比较（假设空气夹层仅起导热作用）。

9-7 流体在一根内径50mm、长3m的加热管道内流动。在稳态情况下，管道内侧单位表面积与空气之间的对流热流密度为5000W/m²，表面传热系数为75W/(m²·K)，空气的平均温度为85℃，试计算对流换热热流量和管道内侧表面的温度。

9-8 一车间墙壁，已知其内侧表面至外侧表面的导热热流密度为250W/m²，外侧表面与 -20℃的大气接触，表面传热系数为15W/(m²·K)。在稳态情况下求墙壁外侧表面的温度。

9-9 已知：墙壁厚度 $\delta = 360$mm，热导率为0.49W/(m·K)，室外温度 -10℃，室内温度18℃，墙的内表面传热系数 $h_1 = 8.7$W/(m²·℃)，外表面传热系数 $h_2 = 24.5$W/(m²·K)。求房屋外墙的散热量 q 以及它的内外表面温度。

9-10 一大平板，高3m，宽2m，厚0.02m，热导率为45W/(m·K)，两侧表面温度分别为150℃和285℃，试求该板的热绝缘系数，单位面积热绝缘系数及热流量。

9-11 已知两平行平壁，壁温分别为100℃和50℃，辐射系数 $C_{1,2}=3.96$，求每平方米的辐射换热流量。

9-12 求加热器的传热系数及传热量。已知燃气热水加热器传热面积为24m²，管内侧热水表面传热系数为5000W/(m²·K)，管外燃气表面传热系数为85W/(m²·K)，管壁厚为3mm，热导率为45W/(m·K)，已知燃气平均温度为500℃，热水温度为50℃。

9-13 有一电炉丝，温度为847℃，长为1.5m，直径为2mm，表面黑度为0.95。计算电炉丝的辐射功率。

9-14 某制冷机中冷却器的外表面面积为0.12m²，表面温度为65℃，温度为32℃的空气流过冷却器外表面，表面传热系数为45W/(m²·K)。试计算冷却器的散热量。

9-15 有一厚度为10mm，热导率为50W/(m·K) 的平壁，两侧表面的传热系数分别为 $h_1=$ 10W/(m²·K) 和$h_2=100$W/(m²·K)。试求下列情况下的总热绝缘系数并与原来热绝缘系数比较：①$h_1=h_2=100$W/(m²·K)；②$h_1=10$W/(m²·K)，$h_2=1000$W/(m²·K)。所得结果能够说明什么问题？

第十章

导热的理论基础

 学习目标

1）掌握导热过程的基本概念。

2）掌握导热过程的基本定律。

3）掌握热导率的概念及其影响因素。

导热是温度不同的物体各部分或温度不同的两物体之间直接接触而发生的能量传递现象，因此导热与物体内的温度场（温度分布）密切相关。导热的理论任务就是要找出任何时刻物体中各处的温度，为此，本章从温度场出发讨论导热过程的基本概念和基本规律等内容。

第一节　导热的基本概念

一、温度场

导热与物体内的温度场密切相关。温度场是某一时刻空间中各点温度分布的总称。一般来说，温度场是空间坐标和时间的函数，即

$$t = f(x, y, z, \tau) \tag{10-1}$$

式中　t——温度；

x，y，z——空间坐标；

τ——时间。

式（10-1）表示物体内部温度在 x，y，z 三个方向和在时间上均发生变化的三维非稳态温度场。如果温度场不随时间变化，则上式变为

$$t = f(x, y, z) \tag{10-2}$$

上式所表达的内容是温度场内各点的温度不随时间变化，这样的温度场就是稳态温度场，它只是空间坐标的函数。

如果在式（10-2）的基础上温度场内的温度变化仅与两个或一个坐标有关，则称为二维或一维稳态温度场，即

$$t = f(x, y) \text{ 或 } t = f(y, z) \text{ 或 } t = f(x, z) \tag{10-3}$$

$$t = f(x) \quad \text{或 } t = f(y) \quad \text{或 } t = f(z) \tag{10-4}$$

从上述分析中可以看出，在直角坐标中可以将温度场分为不随时间变化和随时间变化两种，即稳态温度场和非稳态温度场。

二、等温面与等温线

为了能够更好地说明温度场的概念，常引入等温面（线）的概念。等温面是同一时刻在温度场中所有温度相同的点连接构成的面。不同的等温面与同一平面相交所得到一簇曲线为等温线。同时刻两个不同等温线不会彼此相交。在任何时刻，绘出物体中所有等温面（线），即描绘出了物体内部温度场。图 10-1 即为用等温线来描述的温度场。

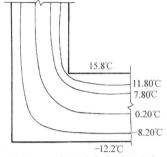

图 10-1 房屋墙角内的温度场

三、温度梯度

在温差的作用下，才有热量传递。而在等温面（线）上不可能有热量传递。所以热量传递只能发生在不同的等温线之间（或称不同等温面之间的两点）。事实证明，两个等温线之间的变化以垂直于法线方向上温度的变化率最大。这一温度最大变化率称为温度梯度，用 **grad**t 表示。即

$$\mathbf{grad}t = \mathbf{n} \lim_{\Delta n \to 0} \frac{\Delta t}{\Delta n} = \mathbf{n} \frac{\partial t}{\partial n} \tag{10-5}$$

式中 $\mathbf{n}$——法线方向上的单位向量；

$\partial t / \partial n$——沿法线方向温度的方向导数。

温度梯度在直角坐标系中可表示为

$$\mathbf{grad}t = \mathbf{i} \frac{\partial t}{\partial x} + \mathbf{j} \frac{\partial t}{\partial y} + \mathbf{k} \frac{\partial t}{\partial z} \tag{10-6}$$

式中 $\mathbf{i}$、$\mathbf{j}$ 和 $\mathbf{k}$ 分别是 x、y 和 z 轴方向的单位向量。

【例10-1】 在稳态情况下，有一厚度为 50mm 的平壁，其材料的热导率为定值，平壁两侧表面的温度分别为 400℃ 和 600℃。如图 10-2 所示的温度梯度是多少？

【解】 在稳态情况下，再根据给出的条件，如图 10-2a 所示情况下的温度梯度为

$$\frac{\partial t}{\partial x} = \frac{600 - 400}{0.05} ℃/m = 4000℃/m$$

在如图 10-2b 所示情况下的温度梯度为

$$\frac{\partial t}{\partial x} = \left(-\frac{600 - 400}{0.05}\right)℃/m = -4000℃/m$$

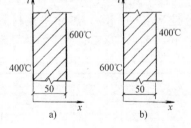

图 10-2 例 10-1 图

第二节 导热的基本定律

在上节中已经论述过，热量传递只能发生在不同的等温线之间（或称不同等温面之间的两点）。单位时间内通过单位给定截面的导热流量，称为热流密度或面积热流量，记作 q，单位是 W/m^2。

1882 年，法国数学物理学家傅里叶提出热流密度与温度梯度有关，即

$$q = -\lambda\,\mathbf{grad}\,t \qquad (10\text{-}7)$$

上式为导热基本定律的数学表达式，也称傅里叶定律。

式（10-7）表明，热流密度是一个向量，它与温度梯度位于等温面同一法线上，但指向温度降低的方向，式（10-7）中的负号是表示热流密度和温度梯度的方向相反，永远顺着温度降低的方向。如图 10-3 所示为热流密度和温度梯度的关系。

既然热流密度是一个向量，那么它在直角坐标系中的三个分量可以表示为

$$q = q_x\,\mathbf{i} + q_y\,\mathbf{j} + q_z\,\mathbf{k} \qquad (10\text{-}8)$$

根据式（10-6）、式（10-8），对于均匀的各向同性材料，将式（10-7）改写成

$$q = -\lambda\left(\frac{\partial t}{\partial x}\,\mathbf{i} + \frac{\partial t}{\partial y}\,\mathbf{j} + \frac{\partial t}{\partial z}\,\mathbf{k}\right) \qquad (10\text{-}9)$$

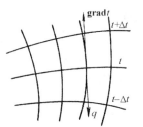

图 10-3　热流密度和温度梯度

于是，热流密度 q 沿 x、y、z 轴的分量应为

$$q_x = -\lambda\frac{\partial t}{\partial x} \qquad q_y = -\lambda\frac{\partial t}{\partial y} \qquad q_z = -\lambda\frac{\partial t}{\partial z} \qquad (10\text{-}10)$$

需要注意的是，上式只适用于均匀的各向同性材料，即认为热导率 λ 在各个不同方向是相同的。对于同种材料来说热导率是不是常数呢？接下来我们进行讨论。

第三节　热　导　率

一、热导率的定义

热导率定义式由式（10-7）可得出，即

$$\lambda = -\frac{q}{\mathbf{grad}\,t} \qquad (10\text{-}11)$$

由上式可知，热导率在数值上等于温度梯度为 1K/m 时单位时间内单位面积热流量，单位是 W/(m·K)。热导率是材料固有的热物理性质，其数值表示物质导热能力的大小。表 10-1 列出 273K 时物质的热导率。

表 10-1　273K 时物质的热导率

物质名称	$\lambda/[\text{W/(m·K)}]$	物质名称	$\lambda/[\text{W/(m·K)}]$
金属固体		硼硅酸耐热玻璃液体	1.05
银（最纯的）	418	水银	8.21
铜（纯的）	387	水	0.552
铅（纯的）	203	二氧化硫	0.211
锌（纯的）	112.7	氯代甲烷	0.178
铁（纯的）	73	二氧化碳	0.105
锡（纯的）	66	氟利昂	0.0728
铅（纯的）	34.7	气体	
非金属固体		氢	0.175
方镁石 MgO	41.6	氦	0.141
石英（平行于轴）	19.1	空气	0.0243
刚玉石，Al_2O_3	10.4	戊烷	0.0128
大理石	2.78	三氯甲烷	0.0068
冰，H_2O	2.22		
熔凝石英	1.91		

二、热导率的影响因素

影响物质热导率的因素很多，其中主要是物质的种类和温度。此外，还和物质材料的湿度、密度及压力等因素有关。

1. 温度

许多工程材料，在一定温度范围内，热导率可以认为是温度的线性函数，图 10-4 是热导率与温度的关系曲线，它们的关系可以用下式表达：

$$\lambda = \lambda_0(1 + bt) \qquad (10\text{-}12)$$

式中　λ_0——某个参考温度时的热导率；

　　　b——由实验确定的常数。

图 10-4 中实线为实测曲线 $\lambda = f(t)$，在 t_1 到 t_2 的温度范围内近似地用直线（图中点画线）$\lambda = \lambda_0(1 + bt)$ 来代替；λ_0 为 $t = 0℃$ 时直线与纵坐标的截距，而此时材料的热导率为 $\lambda(0)$。

当材料的热导率随温度呈线性变化时，只要用算术平均温度代入式（10-12），算出平均温度下的热导率，再代入有关的常物性物体的导热计算式中，就能完成这类变热导率物体的导热计算。图 10-5 ~ 图 10-7 所示为几种物体的热导率随温度变化情况。

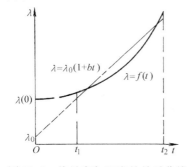

图 10-4　热导率与温度的关系曲线

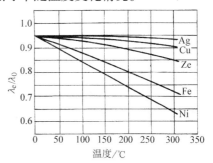

图 10-5　金属的热导率

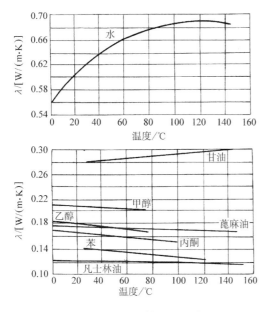

图 10-6　各种液体的热导率

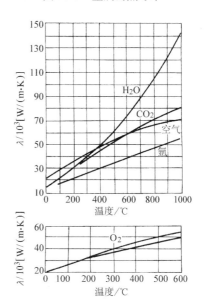

图 10-7　各种气体的热导率图

2. 密度

在供热通风与空调专业所涉及的管道用保温隔热材料，这些材料呈纤维状或多孔结构，例如岩棉、矿渣棉、玻璃棉、微孔硅酸钙、膨胀珍珠岩、泡沫塑料和发泡石棉等，它们的热导率是固体骨架和内部介质的导热、对流换热和辐射换热综合作用结果的折算热导率。这些材料的热导率较小，一般约 $0.025 \sim 3.0 W/(m \cdot K)$。习惯上把热导率小于 $0.2 W/(m \cdot K)$ 的材料定义为保温隔热材料。究其原因是这些材料骨架间的空隙和孔腔内含有热导率较小的介质（空气等），而且这些介质在保温材料中很少流动或不流动。这些材料的密度实际上应称为堆积密度或折算密度。一般来讲，密度越小，这些材料中所含热导率小的介质越多，材料的热导率越小。但密度太小，孔隙尺寸变大，这时引起空隙内的空气对流作用加强，空隙壁间的辐射也有所加强，热导率反而会增加。在一定温度下，某种材料有一最佳密度，此时热导率最小。最佳密度一般由实验确定。

3. 湿度

类似保温隔热性的多孔材料很容易吸收水分。吸水后，由于孔隙中充满了水，水热导率大于空气热导率，加之在温度梯度的推动下引起水分迁移而传递热量。例如，热导率较小的矿渣棉湿度为10.7%时其热导率增加25%，而湿度为23.5%时其热导率增加500%。再如，干砖的热导率为 $0.35 W/(m \cdot K)$，水的热导率为 $0.6 W/(m \cdot K)$，而湿砖的热导率高达 $1.0 W/(m \cdot K)$ 左右。低温下，材料中的水会结冰，因冰的热导率为空气的几十倍，故结冰将使材料热导率大大增加。所以，露天管道和设备保温时都要采取防水防冻措施，外包保护层。对于低温管道和设备，部分保冷（隔热）材料有时在露点以下工作，容易结露和结冰，因此保冷材料需与大气隔绝。如果保冷材料仍与大气接触，可适当增加保冷材料的厚度，以弥补在露点以下工作时由于结露和结冰而引起的材料保冷性能下降。所以，在寒冷地区保温隔热时要特别注意防潮。

影响材料热导率的因素还有材料的成分、结构和所处的状态。对于各向异性的材料（如木材、石墨等），其热导率还与方向有关，本书在以后的分析讨论中，都只限于各向同性材料。材料的热导率主要是通过实验测定，一般厂家在材料出厂时都提供热导率的数据。

表10-2给出部分建筑保温隔热材料的热导率和密度数值，仅供参考。

表10-2 建筑保温隔热材料的热导率和密度

材料名称	温度/℃	密度/(kg/m³)	热导率/[W/(m·K)]
膨胀珍珠岩散料	25	60~300	0.021~0.062
岩棉制品	20	80~150	0.035~0.038
膨胀蛭石	20	100~130	0.051~0.07
石棉绳		590~730	0.1~0.21
微孔硅酸钙	50	82	0.049
粉煤灰砖	27	458~589	0.12~0.22
矿渣棉	30	207	0.058
软木板	20	105~437	0.044~0.979
木质纤维板	25	245	0.048
云母		290	0.58
硬泡沫塑料	30	20.5~56.3	0.011~0.042
软泡沫塑料	30	41~162	0.043~0.056
铝箔间隔层（5层）	21		0.042
红砖（营造状态）	25	1860	0.87

（续）

材料名称	温度/℃	密度/(kg/m³)	热导率/[W/(m·K)]
红　砖	35	1560	0.49
水　泥	30	1900	0.30
混凝土板	35	1930	0.79
瓷　砖	37	2090	1.1
玻　璃	45	2500	0.65 ~ 0.71
聚苯乙烯	30	24.7 ~ 37.8	0.04 ~ 0.043

 本章小结

本章主要讲述了导热的基本概念、导热的基本定律、热导率的概念及其影响因素。重点内容如下：

（1）温度场、等温面（线）和温度梯度是涉及导热过程的基本概念，应充分理解和掌握。

（2）傅里叶定律是导热的基本定律，对于稳态导热和非稳态导热都是适用的。

（3）热导率反映物质的导热能力，是物体的热物理性质。影响热导率的因素很多，其中主要是物质的种类和温度。热导率主要通过实验测定，一般的工程计算可直接查手册选取。

 习题与思考题

10-1　傅里叶定律 $q = -\lambda \dfrac{\partial t}{\partial x}$ 中的负号是什么意思？什么叫温度梯度？

10-2　dt/dn 表示稳态导热时温度梯度的大小。试比较 dt/dn 与 $\Delta t/\Delta n$ 的区别，在什么情况下，它们可以通用？在什么情况下只能用 dt/dn？

10-3　厚度 δ 为 0.1m 的无限大平壁，其材料的热导率为 100W/(m·K)，在给定的直角坐标系中画出温度分布并分析下列两种情形稳态导热方向温度梯度分量和热流量数值的正或负：①$t_{x=0} = 400K$，$t_{x=\delta} = 600K$；②$t_{x=0} = 600K$，$t_{x=\delta} = 400K$。

10-4　有一平壁处于一维稳态导热时壁内温度分布如图 10-8 所示（无内热源），试判断该平壁材料的热导率是随温度升高而增大，还是随温度升高而减小？并说明理由。

10-5　根据对热导率主要影响因素的分析，试说明在选择和安装保温隔热材料时应注意哪些问题？

10-6　金属的热导率很大，而发泡金属为什么又能作为保温隔热材料？

10-7　有一块厚度为 $\delta = 50mm$ 的平壁，其两侧表面温度分别维持在 $t_{w1} = 300℃$，$t_{w2} = 100℃$ 时，求在下列热导率条件下通过平壁的导热热流密度。

（1）材料为铜，$\lambda = 374W/(m·K)$。

（2）材料为钢，$\lambda = 36.3W/(m·K)$。

（3）材料为大理石，$\lambda = 2.78W/(m·K)$。

（4）材料为红砖，$\lambda = 0.49W/(m·K)$。

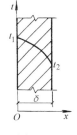

图　10-8

10-8　有一块厚度为 $\delta = 5mm$ 的平壁，测定该平壁材料的热导率 λ。在稳态导热时，平壁两侧维持 30℃温差，测得靠近平壁中心处的导热热流密度为 9500W/m²，试求该平壁材料的热导率？

10-9　有一块厚度为 $\delta = 50mm$ 的平壁，其稳态温度分布为

$$t = a + bx^2$$

式中，$a = 200℃$，$b = -2000℃/m^2$。如果平壁材料的热导率为 45W/(m·K)，试求平壁两侧表面处的热流密度。

第十一章

稳 态 导 热

 学习目标

1）掌握通过平壁的导热过程。
2）掌握通过圆筒壁的导热过程。
3）理解通过肋壁的导热过程。
4）了解接触热绝缘系数的意义及其影响因素。

工程上有许多导热现象，可归结为温度仅沿一个方向变化而与时间无关的一维稳态导热过程。例如，通过房屋墙壁和较长热力管道管壁的导热等。本章将研究通过平壁、圆筒壁一维稳态导热，此外还将讨论通过肋片导热以及简要介绍接触热绝缘系数。

第一节 通过平壁的导热

导热过程是指热流体通过固体壁的过程。本节主要介绍单层和多层平壁导热过程。

一、通过单层平壁导热

设单层平壁厚度为 δ，热导率为 λ，平壁两侧的壁温分别为 t_{w1} 和 t_{w2}，并且 $t_{w1} > t_{w2}$。如果平壁的高度与宽度远大于其厚度，则称为无限大平壁。此时，可以认为温度沿高度和宽度两个方向上的变化相对于厚度方向很小，即为一维稳态导热，如图 11-1 所示。

假设在平壁内沿壁厚方向取一薄壁 dx，根据傅里叶定律可知，在一维温度场中这层平壁的导热热流密度可用下式描述：

① $$q = -\lambda \frac{dt}{dx}$$

利用数学的方法将上式分离变量得

② $$dt = -\frac{q}{\lambda}dx$$

对上式进行积分，得出平壁一维温度场的数学描述式

③ $$t = -\frac{q}{\lambda}x + C$$

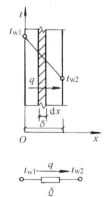

图 11-1 通过单层平壁的导热

式③中的常数 C 由已知的边界条件来定，已知壁面 $x = 0$ 处温度为 t_{w1}，代入解得常数 C 为

④
$$C = t_{w1}$$

将壁面 $x = \delta$ 处温度 t_{w2} 代入式③有

⑤
$$t_{w2} = -\frac{q}{\lambda}\delta + t_{w1}$$

整理得

⑥
$$\frac{q}{\lambda} = -\frac{t_{w2} - t_{w1}}{\delta}$$

将式④、式⑥代入式③得

$$t = \frac{t_{w2} - t_{w1}}{\delta}x + t_{w1} \tag{11-1}$$

上式即为单层平壁中温度分布表达式。从式中可知单层平壁内温度分布呈线性分布。

已知温度分布后，就能求出单层平壁的导热热流密度，即

$$q = \lambda\frac{t_{w1} - t_{w2}}{\delta} \tag{11-2a}$$

其热流量为
$$\Phi = \lambda A\frac{t_{w1} - t_{w2}}{\delta} \tag{11-2b}$$

式（11-2a）或式（11-2b）就是绪论中式（9-1a）或式（9-1b）的推导过程。单层平壁导热的热绝缘系数如图11-1所示。

无限大平壁两侧温度若在 t_{w1} 和 t_{w2} 范围内，热导率随温度发生变化，即 $\lambda = \lambda_0(1 + bt)$，则平壁内温度分布不是线性变化，而是二次曲线变化，此时的计算方法与前面叙述的有所不同，详细阐述可参考相应资料。

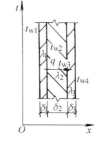

二、通过多层平壁导热

工程上经常遇到由几层不同材料组成的多层平壁，多层平壁的总热绝缘系数等于各层导热热绝缘系数之和。

设有三层不同材料组成的多层平壁，如图11-2所示。各层的厚度分别为 δ_1、δ_2、δ_3；热导率分别为 λ_1、λ_2、λ_3；两侧壁面温度均保持 t_{w1} 和 t_{w4} 且恒定。

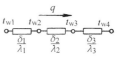

图 11-2　多层平壁导热

在稳态情况下，通过各层平壁的热流密度应该是相同的，且等于通过多层平壁的热流密度 q。层间接触良好，相邻两层分界面上的温度均匀。根据电工学欧姆定律电阻串联原理，可以计算出通过多层平壁的热流密度。

通过每层的热流密度分别为

①
$$q = \frac{\lambda}{\delta}(t_{w1} - t_{w2})$$

②
$$q = \frac{\lambda}{\delta}(t_{w2} - t_{w3})$$

③
$$q = \frac{\lambda}{\delta}(t_{w3} - t_{w4})$$

整理式①、式②、式③得

④
$$t_{w1} - t_{w2} = q\frac{\delta_1}{\lambda_1}$$

⑤ $$t_{w2} - t_{w3} = q\frac{\delta_2}{\lambda_2}$$

⑥ $$t_{w3} - t_{w4} = q\frac{\delta_3}{\lambda_3}$$

将式④、式⑤、式⑥相加，整理得

$$q = \frac{t_{w1} - t_{w4}}{\dfrac{\delta_1}{\lambda_1} + \dfrac{\delta_2}{\lambda_2} + \dfrac{\delta_3}{\lambda_3}} \tag{11-3}$$

用同样方法可以求出 n 层平壁的导热公式为

$$q = \frac{t_{w1} - t_{w(n+1)}}{\displaystyle\sum_{i=1}^{n}\frac{\delta_i}{\lambda_i}} \tag{11-4}$$

令 $\dfrac{\delta_1}{\lambda_1} + \dfrac{\delta_2}{\lambda_2} + \dfrac{\delta_3}{\lambda_3} + \cdots + \dfrac{\delta_n}{\lambda_n} = M_\lambda$，$M_\lambda$ 为多层平壁的导热热绝缘系数，可以看出它等于各层导热热绝缘系数之和。

【例11-1】 一无窗冷室，墙壁总面积为 500m^2，壁厚为 370mm，室内侧壁面温度 18℃，室外侧壁面温度 -23℃，墙壁的热导率为 $0.95\text{W}/(\text{m}\cdot\text{K})$，试计算通过墙壁的导热热流量。

【解】 根据式 (11-2a)，通过 1m^2 墙壁的导热热流密度为

$$q = \lambda\frac{t_{w1} - t_{w2}}{\delta} = \frac{0.95}{0.37} \times (18 + 23)\text{W/m}^2 = 105.3\text{W/m}^2$$

通过墙壁的导热热流量为

$$\Phi = \lambda\frac{t_{w1} - t_{w2}}{\delta}A = qA = 105.3 \times 500\text{W} = 52650\text{W}$$

【例11-2】 在上题基础上，墙壁内表面有厚度为 15mm 的白灰粉刷层，其热导率为 $0.7\text{W}/(\text{m}\cdot\text{K})$；墙壁的外表面水泥粉刷厚度为 15mm，热导率为 $0.87\text{W}/(\text{m}\cdot\text{K})$。内外壁面温度同上题一样（图 11-3）。求此时通过墙壁总的导热热流量。

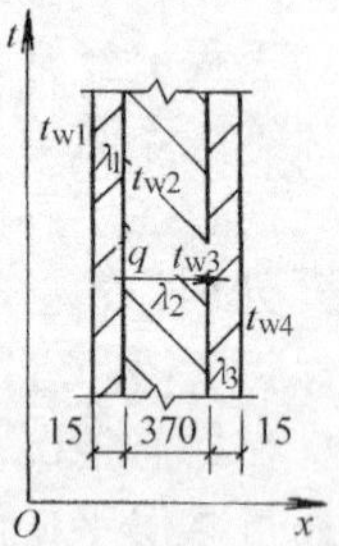

【解】 根据式 (11-3)，通过 1m^2 墙壁导热热流密度为

$$q = \frac{t_{w1} - t_{w4}}{\dfrac{\delta_1}{\lambda_1} + \dfrac{\delta_2}{\lambda_2} + \dfrac{\delta_3}{\lambda_3}} = \frac{18 + 23}{\dfrac{0.015}{0.7} + \dfrac{0.37}{0.95} + \dfrac{0.015}{0.87}}\text{W/m}^2 = 95.8\text{W/m}^2$$

通过墙壁导热热流量为

$$\Phi = qA = 95.8 \times 500\text{W} = 47900\text{W}$$

图 11-3 例 11-2 图

通过上面两题计算结果可以看出，将墙体内外进行装修，美观是一方面，更大作用是可以减少热量损失。

在实际工程中，为了更好地节约能量，一般将构件制作成不同材料的组合，如空心砖、空斗墙等，我们统称这种构件为复合壁。下面介绍复合壁的导热。

三、复合壁的导热

在复合壁中，由于组成材料的热导率不同，所以沿整个墙壁热流的分布是不均匀的。热导率大的地方通过的热流量大，而热导率小的地方通过的热流量小。严格地说，复合平壁的温度场是二维的甚至是三维的。但是，当组成复合平壁的各种不同材料的热导率相差不是很

大时，仍然可以近似地当作一维导热问题处理，使问题简化。此时，通过复合平壁的导热热流量可以按下式计算：

$$\Phi = \frac{\Delta t}{\sum M_\lambda} \tag{11-5}$$

式中，Δt 是复合平壁两侧表面的总温度差，$\sum M_\lambda$ 是复合平壁的总导热热绝缘系数。为了分析问题方便，我们以空心砖为例来说明复合热绝缘系数的求解。将空心砖在平行热流方向分成三层，如图 11-4a 所示。应用电工学电路串并联的计算方法，参看图 11-4b 所示的复合平壁模拟电路图。则该复合壁的总的导热热绝缘系数为

$$\sum M_\lambda = \cfrac{1}{\cfrac{1}{M_{\lambda A1}+M_{\lambda A2}+M_{\lambda A3}} + \cfrac{1}{M_{\lambda B}+M_{\lambda C}+M_{\lambda D}} + \cfrac{1}{M_{\lambda E1}+M_{\lambda E2}+M_{\lambda E3}}}$$

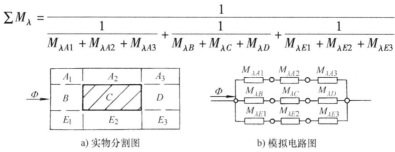

a) 实物分割图   b) 模拟电路图

图 11-4 复合平壁的导热

上述复合平壁的计算是在组成构件材料的热导率相差不大的条件下进行的。当组成构件材料的热导率相差很大时，可按上述并联、串联模拟电阻方法计算总热绝缘系数，然后加以修正，见表 11-1。

表 11-1 总热绝缘系数修正数值 φ

λ_2/λ_1	0.09 ~ 0.19	0.2 ~ 0.39	0.4 ~ 0.69	0.7 ~ 0.99
φ	0.86	0.93	0.96	0.98

对于复合平壁的其他导热计算方法，可参阅有关文献。

【例 11-3】 有一炉渣空心砖，结构尺寸如图 11-5a 所示，炉渣的热导率 $\lambda_1 = 0.79 \text{W/(m·K)}$，空心部分的当量热导率 $\lambda_2 = 0.29 \text{W/(m·K)}$，试计算空心砖的导热热绝缘系数。

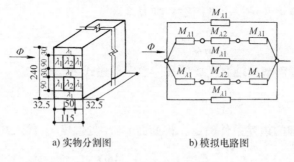

a) 实物分割图   b) 模拟电路图

图 11-5 例 11-3 图

【解】 炉渣空心砖沿高度方向可划分为五个并联导热通道，如图 11-5b 所示。其中炉渣部分的热绝缘系数为

$$M = \frac{\delta_1}{\lambda A_1} = \frac{0.115}{0.79 \times 0.03 \times 1}\text{K/W} = 4.85\text{K/W}$$

空心部分的热绝缘系数为

$$M_{\lambda 2} = 2 \times \frac{\delta_1}{\lambda_1 A_2} + \frac{\delta_2}{\lambda_2 A_2} = \left(2 \times \frac{0.0325}{0.79 \times 0.09 \times 1} + \frac{0.05}{0.29 \times 0.09 \times 1}\right)K/W$$

$$= 2.83 K/W$$

炉渣部分的导热通道有三个，具有空心部分的导热通道有两个，它们相并联时的等值总热绝缘系数为

$$\sum M_{\lambda} = \frac{1}{3 \times \dfrac{1}{M_{\lambda 1}} + 2 \times \dfrac{1}{M_{\lambda 2}}} = \frac{1}{3 \times \dfrac{1}{4.85} + 2 \times \dfrac{1}{2.83}}K/W = 0.75 K/W$$

由于组成复合壁各部分材料的热导率相差较大，$\lambda_2/\lambda_1 = 0.369$，由此可查表11-1得修正系数 $\varphi = 0.93$，则修正后的总热绝缘系数为

$$\sum M_{\lambda} = (0.93 \times 0.75) K/W = 0.7 K/W$$

第二节　通过圆筒壁的导热

在供热通风与空调工程专业中，采暖、空调等管道，都涉及单层、多层圆筒壁的导热。为此，研究圆筒壁的导热具有很重要的意义。

一、通过单层圆筒壁导热

如图 11-6 所示，有一根长度 l 远大于管径的圆管，即认为温度沿轴向的变化可以忽略。其内、外直径分别为 r_1 和 r_2，内外两侧管壁温分别为 t_{w1} 和 t_{w2}，假定壁内温度只沿着径向发生变化且 $t_{w1} > t_{w2}$，认为材料的热导率 λ 等于常数，这样就构成了一维稳态温度场。

在圆筒壁内取一环形薄壁，该环形薄壁的厚度为 dr，该处半径为 r，通过此环形薄壁的导热热流量可以用傅里叶定律来描述：

① $$\Phi = qA = -\lambda \frac{dt}{dr} A = -\lambda \frac{dt}{dr} 2\pi r l$$

用数学的方法将上式分离变量得出圆筒壁一维温度场

② $$dt = -\frac{\Phi}{2\pi r l \lambda} dr$$

对上式进行积分得出圆筒壁一维温度场的具体数学描述式

③ $$t = -\frac{\Phi}{2\pi \lambda l} \ln r + C$$

式③中的常数 C 由已知的边界条件确定，将壁面 $r = r_1$ 处温度 t_{w1} 代入式③解得常数 C 为

④ $$C = t_{w1} + \frac{\Phi}{2\pi \lambda l} \ln r_1$$

将 $r = r_2$ 处温度 t_{w2} 及式④代入式③整理得

$$\Phi = 2\pi \lambda l \frac{(t_{w1} - t_{w2})}{\ln \dfrac{r_2}{r_1}} \qquad (11\text{-}6a)$$

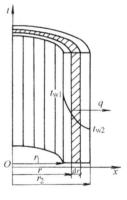

图 11-6　单层圆筒壁的导热

或
$$q = 2\pi\lambda \frac{(t_{w1} - t_{w2})}{\ln \dfrac{r_2}{r_1}} \tag{11-6b}$$

上两式即为单层圆筒壁导热热流量计算式，令 $M = \dfrac{1}{2\pi\lambda l}\ln\dfrac{r_2}{r_1}$，则 M 称为长度为 l 的单层圆筒壁的导热热绝缘系数，如图 11-6 所示。

将式（11-6a）整理代入式③并将式④也代入整理得到单层圆筒壁内温度分布，即温度场

$$t = t_{w1} - \frac{t_{w1} - t_{w2}}{\ln \dfrac{r_2}{r_1}}\ln\frac{r}{r_1} \tag{11-7}$$

从上式可以看出单层圆筒壁内温度分布为一对数曲线方程式。

需要说明的是，推导单层圆筒壁导热量及温度场时采用的是半径，采用直径各相应公式也同样适用。

二、通过多层圆筒壁导热

在实际工程中，管道保温或管道结垢后就变成多层圆筒壁导热。下面以图 11-7 为例来推导多层圆筒壁的导热计算式。

图中表示三层圆筒壁导热，各层的半径和热导率分别为 r_1、r_2、r_3、r_4 和 λ_1、λ_2、λ_3。圆筒壁的内外表面温度分别 t_{w1} 和 t_{w4} 且 $t_{w1} > t_{w4}$。假设各层之间接触良好，无附加热绝缘系数。参照多层平壁导热热流量计算式推导过程，应用电工学欧姆定律电阻串联原理，将得到三层圆筒壁的导热热流量计算式为

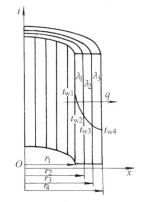

图 11-7 多层圆筒壁的导热

$$\Phi = \frac{\Delta t}{\sum M} = \frac{t_{w1} - t_{w4}}{\dfrac{1}{2\pi\lambda_1 l}\ln\dfrac{r_2}{r_1} + \dfrac{1}{2\pi\lambda_2 l}\ln\dfrac{r_3}{r_2} + \dfrac{1}{2\pi\lambda_3 l}\ln\dfrac{r_4}{r_3}} \tag{11-8a}$$

同理可以得到 n 层圆筒壁的导热热流密度计算式

$$q = \frac{\Delta t}{\sum\limits_{i=1}^{n} M_i} = \frac{t_{w1} - t_{w(n+1)}}{\sum\limits_{i=1}^{n}\dfrac{1}{2\pi\lambda_i}\ln\dfrac{r_{i+1}}{r_i}} \tag{11-8b}$$

如果需要计算多层圆筒壁中间某层的温度，可利用式（11-6）和式（11-8）来推导求得。上述三层圆筒壁中间两接触面的温度分别为

$$t_{w2} = t_{w1} - \Phi\frac{1}{2\pi\lambda_1 l}\ln\frac{r_2}{r_1} \tag{11-9a}$$

$$t_{w3} = t_{w1} - \Phi\left(\frac{1}{2\pi\lambda_1 l}\ln\frac{r_2}{r_1} + \frac{1}{2\pi\lambda_2 l}\ln\frac{r_3}{r_2}\right) \tag{11-9b}$$

圆筒壁内的温度分布是对数曲线，而多层圆筒壁的温度分布是沿径向变化的一条由对数曲线组成的不连续曲线。

在实际工程计算中，常采用简化计算方法，即当圆筒壁 $d_2/d_1 < 2$ 时，可以近似用平壁公式来计算，即

$$q = \frac{\lambda}{\delta}\pi d_{\mathrm{m}}(t_{\mathrm{w}1} - t_{\mathrm{w}2}) \tag{11-10}$$

式中 d_{m}——圆筒壁的平均直径，$d_{\mathrm{m}} = \dfrac{d_1 + d_2}{2}$，单位为 m；

δ——近似平壁壁厚，$\delta = \dfrac{d_2 - d_1}{2}$，单位为 m。

实践证明，采用近似计算的误差小于 4%，但是它方便快捷，工程上常采用这种方法计算圆筒壁的导热。

【例11-4】 有一采暖管道未保温，内径为 40mm，外径为 50mm，热导率为 55W/(m·K)，管道内表面温度为 95℃，外表面温度为 20℃，试计算每米管长热损失。

【解】 根据式（11-6b），通过圆管每米热损失为

$$q = 2\pi\lambda\frac{(t_{\mathrm{w}1} - t_{\mathrm{w}2})}{\ln\dfrac{r_2}{r_1}} = \left[2\pi \times 55 \times \frac{95 - 20}{\ln\dfrac{0.025}{0.020}}\right]\mathrm{W/m} = 116091\mathrm{W/m}$$

【例11-5】 某蒸汽管道内径为 $d_1 = 200\mathrm{mm}$，外径为 $d_2 = 250\mathrm{mm}$。管道外分别用热导率为 $\lambda_2 = 0.15\mathrm{W/(m \cdot K)}$ 和 $\lambda_3 = 0.08\mathrm{W/(m \cdot K)}$ 的两层保温材料，管道的热导率为 $\lambda_1 = 50\mathrm{W/(m \cdot K)}$。保温层厚分别为 $\delta_2 = 30\mathrm{mm}$，$\delta_3 = 50\mathrm{mm}$，管道内壁温度为 350℃，最外层保温外壁温度为 20℃。试计算每米管长热损失和各层间温度。

【解】 由题意可知，$d_3 = d_2 + 2\delta_2 = (0.250 + 2 \times 0.03)\mathrm{m} = 0.31\mathrm{m}$

$$d_4 = d_3 + 2\delta_3 = (0.310 + 2 \times 0.05)\mathrm{m} = 0.41\mathrm{m}$$

根据式（11-8b）得

$$q = \frac{t_{\mathrm{w}1} - t_{\mathrm{w}4}}{\dfrac{1}{2\pi\lambda_1}\ln\dfrac{d_2}{d_1} + \dfrac{1}{2\pi\lambda_2}\ln\dfrac{d_3}{d_2} + \dfrac{1}{2\pi\lambda_3}\ln\dfrac{d_4}{d_3}}$$

$$= \frac{350 - 20}{\dfrac{1}{2\pi \times 50}\ln\dfrac{0.25}{0.2} + \dfrac{1}{2\pi \times 0.15}\ln\dfrac{0.31}{0.25} + \dfrac{1}{2\pi \times 0.08}\ln\dfrac{0.41}{0.31}}\mathrm{W/m}$$

$$= 420.3\mathrm{W/m}$$

根据式（11-9）可求出各层间的接触面温度为

$$t_{\mathrm{w}2} = t_{\mathrm{w}1} - q\frac{1}{2\pi\lambda_1}\ln\frac{d_2}{d_1} = \left(350 - 420.3 \times \frac{1}{2\pi \times 50} \times \ln\frac{0.25}{0.2}\right)℃ = 349.7℃$$

$$t_{\mathrm{w}3} = t_{\mathrm{w}1} - q\left(\frac{1}{2\pi\lambda_1}\ln\frac{d_2}{d_1} + \frac{1}{2\pi\lambda_2}\ln\frac{d_3}{d_2}\right)$$

$$= \left[350 - 420.3 \times \left(\frac{1}{2\pi \times 50} \times \ln\frac{0.25}{0.2} + \frac{1}{2\pi \times 0.15} \times \ln\frac{0.31}{0.25}\right)\right]℃ = 253.6℃$$

读者可以试着用简化算法来计算每米管长的热损失，与上述结果对比一下，看一看误差有多大。

第三节 通过肋壁的导热

在实际工程中通过肋壁导热的设备应用较多，例如采暖用的长翼型散热器和串片式散热器，通风、空调用的空气加热器和冷却器，锅炉用的铸铁省煤器等，都是采用肋壁来增加换热面积，以达到增强传热的目的。

肋片导热不同于平壁和圆筒壁的导热。它的基本特征是：热量除沿肋片伸展方向传导的同时，还有肋片表面对环境的对流换热。因此，它属于在导热过程中，同时伴有向周围环境换热的一类典型问题。肋片导热分析的主要任务是确定肋片内的温度分布和肋片的散热量。本节主要通过分析等截面直肋的导热，说明肋片导热问题的分析方法。

一、等截面直肋的稳态导热分析

从平直基面上伸出而本身又具有不变截面的肋称为等截面直肋，等截面直肋如图 11-8a 所示。已知肋片金属材料热导率为常数。若不考虑肋片宽度方向的温度变化，肋片的温度分布是二维稳态温度场。即沿着肋片的高度和厚度方向变化，在 x 方向上，即沿肋片高度方向，热量以导热方式从肋基导入，同时在 y 方向上，即肋片厚度方向，还通过对流换热从肋片表面向周围介质散热。由于肋片金属材料热导率的数值比较大，肋片的高度 H 比肋片的厚度 δ 大很多，所以近似地认为肋片内沿厚度方向的温度变化很小，而仅沿肋片的高度方向发生明显的变化。换句话说，近似地认为肋片内的温度分布是沿 x 方向的一维稳态温度场。这样的近似是比较符合实际情形的。

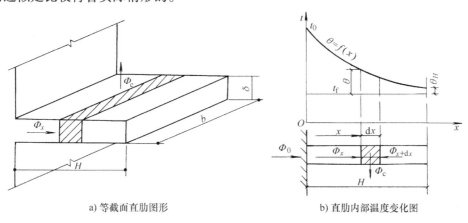

a) 等截面直肋图形　　　　　　　　　　b) 直肋内部温度变化图

图 11-8　等截面直肋导热分析

现在用 H、b、δ 分别表示肋片的高、宽、厚。用 A 和 U 分别表示肋片的横截面积和周边长度。取肋基作为坐标原点，以肋高方向为 x 坐标轴，在肋高 x 处，取一微元控制体 $A\mathrm{d}x$。如果 Φ_x 和 $\Phi_{x+\mathrm{d}x}$ 分别表示 x 向（即热流方向）导入和导出微元体的热流量，用 Φ_c 表示微元体周边表面的对流热流量，则在稳态下微元体的热平衡方程式为

① $$\Phi_x - (\Phi_{x+\mathrm{d}x} + \Phi_c) = 0$$

对于微元体周边表面的对流热流量 Φ_c 可以用式（9-3）来描述，即

② $$\Phi_c = hU\mathrm{d}x(t - t_f)$$

由傅里叶定律表示出 Φ_x 和 $\Phi_{x+\mathrm{d}x}$ 为

③
$$\Phi_x = -\lambda A \frac{\mathrm{d}t}{\mathrm{d}x}$$

④
$$\Phi_{x+\mathrm{d}x} = -\lambda A \frac{\mathrm{d}}{\mathrm{d}x}\left(t + \frac{\mathrm{d}t}{\mathrm{d}x}\mathrm{d}x\right) = -\lambda A\left(\frac{\mathrm{d}t}{\mathrm{d}x} + \frac{\mathrm{d}^2 t}{\mathrm{d}x^2}\mathrm{d}x\right)$$

将式②、式③、式④带入式①得

⑤
$$-\lambda A \frac{\mathrm{d}t}{\mathrm{d}x} + \lambda A\left(\frac{\mathrm{d}t}{\mathrm{d}x} + \frac{\mathrm{d}^2 t}{\mathrm{d}x^2}\mathrm{d}x\right) - hU\mathrm{d}x(t - t_\mathrm{f}) = 0$$

对式⑤进行整理得

⑥
$$\lambda A \frac{\mathrm{d}^2 t}{\mathrm{d}x^2} - hU(t - t_\mathrm{f}) = 0$$

如果用过余温度 $\theta = (t - t_\mathrm{f})$ 来表示肋片温度, 于是上式变成

$$\frac{\mathrm{d}^2\theta}{\mathrm{d}x^2} - \frac{hU}{\lambda A}\theta = 0 \tag{11-11a}$$

或可以简写成

$$\frac{\mathrm{d}^2\theta}{\mathrm{d}x^2} - m^2\theta = 0 \tag{11-11b}$$

式中, $m^2 = \dfrac{hU}{\lambda A}$, 或 $m = \sqrt{\dfrac{hU}{\lambda A}}$, m 的单位为 m^{-1}。

式 (11-11) 即为等截面直肋稳态导热微分方程, 求解微分方程, 其通解为

$$\theta = C_1 \mathrm{e}^{mx} + C_2 \mathrm{e}^{-mx} \tag{11-12}$$

式中 C_1、C_2——积分常数, 由边界条件解得。

如果能解得积分常数, 带入式 (11-12) 中, 即可得到等截面直肋的温度场。对于等截面直肋, 边界条件是

⑦
$$x = 0, \theta = \theta_0; x = H, \frac{\mathrm{d}\theta}{\mathrm{d}x} = 0$$

将式⑦代入式 (11-12) 解得积分常数为

$$C_1 = \theta_0 \frac{\mathrm{e}^{-mH}}{\mathrm{e}^{mH} + \mathrm{e}^{-mH}}; C_2 = \theta_0 \frac{\mathrm{e}^{mH}}{\mathrm{e}^{mH} + \mathrm{e}^{-mH}}$$

于是得到等截面直肋的温度场表达式

$$\theta = \theta_0 \frac{\mathrm{e}^{m(H-x)} + \mathrm{e}^{-m(H-x)}}{\mathrm{e}^{mH} + \mathrm{e}^{-mH}} \tag{11-13}$$

或写成
$$\theta = \theta_0 \frac{\mathrm{ch}[m(H-x)]}{\mathrm{ch}(mH)} \tag{11-14}$$

由上式可见, 等截面肋片内部温度分布是沿着肋高度方向呈双曲线余弦函数关系逐渐降低的, 如图 11-8b 所示。

在 $x = h$ 处的肋端过余温度为

$$\theta_h = \theta_0 \frac{1}{\mathrm{ch}(mH)} \tag{11-15}$$

在稳态情况下, 肋片散到周围介质的热流量, 应等于由肋基导入肋片的热流量, 则可以得到

肋片在 $x = 0$ 处的热流量表达式为

$$\Phi = -\lambda A \frac{\mathrm{d}\theta}{\mathrm{d}x}$$

将式（11-14）对 x 进行求导，再赋值 $x = 0$，得温度变化率

$$\frac{\mathrm{d}\theta}{\mathrm{d}x} = -m\theta_0 \mathrm{th}(mH)$$

式中，$\mathrm{th}(mH) = \left(\dfrac{\mathrm{e}^{mH} - \mathrm{e}^{-mH}}{\mathrm{e}^{mH} + \mathrm{e}^{-mH}} \right)$ 为双曲正切函数，其数值可从附录查得。于是可得

$$\Phi = -\lambda A \frac{\mathrm{d}\theta}{\mathrm{d}x} = \lambda A m\theta_0 \mathrm{th}(mH) = \sqrt{hU\lambda A}\,\theta_0 \mathrm{th}(mH) \tag{11-16}$$

应该指出，式（11-13）~式（11-15）是忽略肋端散热情况下推导的结果，对于实际肋片，特别是薄而高的直肋片，可以获得实用上足够精确的结果。对于必须考虑肋端散热的场合，其理论分析解可以参阅有关文献。计算肋片散热量常采用简便处理方法。这个方法就是应用等效换热面积原则，将肋片末端的散热面积展开到肋片的侧表面上，而把处理后的肋端看成是绝热的。于是，对于厚度为 δ 的等截面直肋高 H 修正为 $H_c = (h + \delta/2)$；对于直径为 d 的等截面圆柱肋，则肋高修正为 $H_c = (H + d/4)$，将修正了的肋高 H_c 代入式（11-13）和式（11-15），即可得到完全能满足工程计算要求的结果。

还须说明的是，上述分析是近似地认为肋片温度场是一维的。对于大多数实际应用的肋片，当 $Bi = \dfrac{h\delta}{\lambda} \leqslant 0.05$（$Bi$ 是毕渥数）时，这种近似分析引起的误差不超过 1%。但是，当肋片变得较短而且厚时，则必须考虑沿肋片厚度方向的温度变化，即肋片内的温度场是二维的。在这种情形下，上述计算公式已不适用。此外，对流换热系数在分析中也假定它在整个肋片表面上是不变的，如果出现严重的不均匀，应用上述计算公式也会带来较大的误差。遇到这些情形，问题的求解可以采用数值方法进行计算。最后还应指出，上述肋片表面的散热量中没有考虑到辐射换热的影响，在有些场合，这一点是应当注意的，有关论述参考相关资料。

壁面上加装肋不是任何情况下都可取得增强传热的效果。实践证实，加肋时，只有当肋片的导热热绝缘系数低于肋片表面处的对流热绝缘系数时，才能起到增强传热的预期效果。因此，应当使用热导率大的材料做肋，加装薄肋胜过厚肋。肋也总是加装在表面传热系数较小的一侧。

【例 11-6】 有一矩形直肋铸铁散热器，肋厚 $\delta = 5\mathrm{mm}$，肋高 $H = 50\mathrm{mm}$，宽度 $b = 600\mathrm{mm}$。已知肋片材料的热导率为 $\lambda = 58\mathrm{W/(m \cdot K)}$，肋片表面与周围介质之间的表面传热系数 $h = 12\mathrm{W/(m \cdot K)}$，肋基的过余温度 $\theta_0 = 80℃$。求肋片的散热量和肋端的过余温度。

【解】 （1）求肋片的散热量

根据 $m = \sqrt{\dfrac{hU}{\lambda A}}$ 计算 m。因为对于矩形直肋，$A = b\delta$；因为 $b \gg \delta$，所以 $U \approx 2b$，则

$$m = \sqrt{\frac{hU}{\lambda A}} = \sqrt{\frac{h2b}{\lambda b\delta}} = \sqrt{\frac{2h}{\lambda \delta}} = \sqrt{\frac{2 \times 12}{58 \times 0.005}}\mathrm{m}^{-1} = 9.10\ \mathrm{m}^{-1}$$

将肋高进行修正得 $H_c = H + \delta/2$，则

$$m(H + \delta/2) = 9.10 \times (0.05 + 0.0025) = 0.478$$

查附录得 th$\left[m \ (H + \delta/2) \right]$ = th0.478 = 0.4446

于是根据式（11-16）得

$$\Phi = \sqrt{hU\lambda A}\theta_0 \text{th}(mH) = \sqrt{hU\lambda A}\theta_0 \text{th}(mH)$$
$$= (\sqrt{12 \times 0.6 \times 0.005 \times 58 \times 2 \times 0.6} \times 80 \times 0.4446) \text{W}$$
$$= 89.12 \text{W}$$

（2）求肋端过余温度

$$mH = 9.10 \times 0.05 = 0.455$$

查附录得 ch(mH) = ch(0.455) = 1.105

根据式（11-15）得

$$\theta_\text{h} = \theta_0 \frac{1}{\text{ch}(mH)} = \left(80 \times \frac{1}{1.105} \right) ℃ = 72.4 ℃$$

二、肋片效率分析

由前面论述可知，肋片表面温度是沿着肋高方向逐渐降低的，则肋片的平均温度也是降低的，这样势必使肋片单位面积散热量减少，为了描述肋片散热量的有效程度，首先需要引入肋片效率的概念。肋片效率的定义是，在肋片表面平均温度下，肋片的实际散热量与假定整个肋片表面都处在肋基温度时理想散热量的比值，用 η_f 表示，即

$$\eta_\text{f} = \frac{肋片表面处于平均温度下的实际散热量}{假设整个肋片表面都处于肋基温度时理想散热量}$$

$$\eta_\text{f} = \frac{\Phi}{\Phi_0} = \frac{hUH(t_\text{m} - t_\text{f})}{hUH(t_0 - t_\text{f})} = \frac{\theta_\text{m}}{\theta_0}$$

η_f 是衡量肋片散热有效程度的指标，其数值小于1。当肋片平均温度等于 t_0 时，肋片效率等于1，这相当于肋片材料的热导率为无穷大时的理想情况。所以一切影响肋片平均温度的数值的因素都会影响肋片效率。

对于等截面直肋，肋片效率为

$$\eta_\text{f} = \frac{\lambda A\theta_0 m\text{th}(mH_\text{c})}{hUH_\text{c}\theta_0} = \frac{\text{th}(mH_\text{c})}{mH_\text{c}}$$

由于等截面直肋的截面周长 $U = 2 \ (b + \delta) \ \approx 2b$；截面面积 $A = \delta b$，所以上式中

$$mH_\text{c} = \sqrt{\frac{hU}{\lambda A}}H_\text{c} = \sqrt{\frac{h2b}{\lambda \delta b}}H_\text{c} = \sqrt{\frac{2h}{\lambda \delta}}H_\text{c} = \left(\frac{2h}{\lambda A'} \right)^{1/2} H_\text{c}^{3/2} \tag{11-17}$$

式中，$A' = \delta H_\text{c}$ 表示肋片的纵向截面积。

在实际应用中为了方便，常采用肋片效率 η_f 为纵坐标、$mh_\text{c} = \left(\frac{2\alpha}{\lambda A'} \right)^{1/2} H_\text{c}^{3/2}$ 为横坐标的曲线来表示各种肋片的理论解的结果。图 11-9 和图 11-10 分别给出了等截面（矩形）直肋、三角形直肋和矩形剖面的等厚度环形肋的效率曲线。通过图 11-9 查得各种肋片效率，这样就可以方便地计算出各种类型肋片的实际散热量（热流量），即

$$\Phi = \eta_\text{f}\Phi_0 \tag{11-18}$$

【例 11-7】 有一翅片管，管外径 $d = 25$mm，管外带有厚度 $\delta = 1.6$mm，高 $H = 12$mm 的环行铝肋片，热导率为 $\lambda = 217$W/（m·K）。管壁保持 $t_0 = 100℃$，环境温度为 $t_\text{f} = 20℃$，

表面传热系数 $h = 110\mathrm{W/(m \cdot K)}$，试计算铝肋的换热量。

【解】 依题意，本问题为等厚度环形肋一维稳态换热。

（1）肋片效率

$$H_\mathrm{c} = H + \frac{\delta}{2} = \left(12 + \frac{1.6}{2}\right)\mathrm{mm} = 12.8\mathrm{mm}$$

$$r_1 = \frac{d}{2} = \frac{25}{2}\mathrm{mm} = 12.5\mathrm{mm}$$

$$r_{2\mathrm{c}} = r_1 + H_\mathrm{c} = (12.5 + 12.8)\mathrm{mm} = 25.3\mathrm{mm}$$

$$\frac{r_{2\mathrm{c}}}{r_1} = \frac{25.3}{12.5} = 2.024$$

$$A' = H_\mathrm{c}\delta = (12.8 \times 10^{-3} \times 1.6 \times 10^{-3})\mathrm{m}^2 = 2.048 \times 10^{-5}\mathrm{m}^2$$

$$mH_\mathrm{c} = \left(\frac{2\alpha}{\lambda A}\right)^{1/2} H_\mathrm{c}^{3/2} = \left(\frac{2 \times 110}{217 \times 2.048 \times 10^{-5}}\right)^{1/2} \times 0.0128^{3/2} = 0.322$$

查图 11-9 得 $\eta_\mathrm{f} = 0.93$。

（2）肋片散热量

每个肋片理论散热量

$$\Phi_0 = h(t_0 - t_\mathrm{f})2\pi(r_{2\mathrm{c}}^2 - r_1^2)$$

$$= [110 \times (100 - 20) \times 2 \times 3.14 \times (0.0253^2 - 0.0125^2)]\mathrm{W}$$

$$= 26.7\mathrm{W}$$

每个肋片实际散热量

$$\Phi = \eta_\mathrm{f} Q_0 = (0.93 \times 26.7)\mathrm{W} = 24.8\mathrm{W}$$

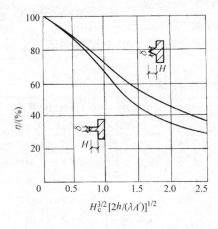

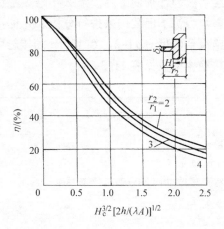

图 11-9　矩形、三角形直肋的效率曲线图

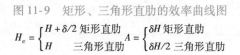

图 11-10　矩形剖面的等厚
度环形肋的效率曲线图

$$H_\mathrm{c} = H + \delta/2 \quad r_\mathrm{c} = H + \delta/2 \quad A = \delta(r_{2\mathrm{c}} - r_1)$$

第四节　接触热绝缘系数[⊖]

一、接触热绝缘系数定义

如图 11-11 所示在固体与固体的接触面上，由于表面不光滑，往往真实接触面只是可视接触面的几百分之一到几千分之一。也就是说在固体接触面上存在有间隙。间隙中或为空气或为液体，这样在接触面上产生的相当热绝缘系数称为接触热绝缘系数，用 M_c 表示，单位是 $(m^2 \cdot K)/W$。

研究接触热绝缘系数在工程上具有实际意义。例如为了增强换热，往往在表面传热系数值小的一侧加装肋片。肋片和换热基面间，由于表面不光滑，接触不严密，存有缝隙，就产生接触热绝缘系数。所以往往将肋片和换热面做成一体，或切削加工，或轧制，或浇铸而成。

如果在固体与固体的接触面上存在接触热绝缘系数，在热量进行传递的过程中，在接触面上会产生一定的温度降落 Δt_c。所以接触热绝缘系数可以表示为

$$M_c = \frac{t_{2A} - t_{2B}}{\Phi} = \frac{\Delta t_c}{\Phi} \qquad (11-19)$$

式中　Φ——导热热流量，单位为 W；

　　　Δt_c——接触面上的温差，单位为℃。

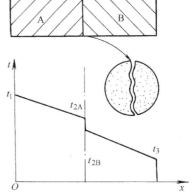

图 11-11　接触热绝缘系数

二、接触热绝缘系数的影响因素

从式（11-19）可以看出，在导热热流量不变的情况下，如果接触热绝缘系数较大，势必要影响接触面产生较大温差。当温差不变时，导热热流量则会随着接触热绝缘系数的增加而下降。那么接触热绝缘系数受哪些因素影响呢？下面我们来进行分析。几种接触表面的接触热绝缘系数见表 11-2。在 10^5 Pa 的接触面压力下空隙介质不同时铝-铝接触表面上的单位接触热绝缘系数见表 11-3。

表 11-2　几种接触表面的接触热绝缘系数

接触表面状况	表面粗糙度/μm	温度/℃	压力/MPa	接触热绝缘系数/$(m^2 \cdot K/W)$
304 不锈钢,磨光,空气	1.14	20	4.0～7.0	5.28×10^{-4}
416 不锈钢,磨光,空气	2.54	90～200	0.3～0.25	2.64×10^{-4}
416 不锈钢,磨光,中间夹 0.025mm 厚黄铜片	2.54	30～200	0.7	3.52×10^{-4}
铝,磨光,空气	2.54	150	1.2～2.5	0.88×10^{-4}
铝,磨光,空气	0.25	150	1.2～2.5	0.18×10^{-4}
铝,磨光,中间夹 0.025mm 厚黄铜片	2.54	150	1.2～20.0	1.23×10^{-4}
铜,磨光,空气	1.27	20	1.2～20.0	0.07×10^{-4}
铜,磨光,真空	0.25	30	0.7～7.0	0.88×10^{-4}

注：上表数据是在接触表面的粗糙为 10μm 时测得的。

⊖　在建筑技术中，常将热绝缘系数称为热阻，符号为 M。

表 11-3 在 10^5Pa 的接触面压力下空隙介质不同时铝-铝
接触表面上的单位接触热绝缘系数

空隙介质（流体）	单位接触热绝缘系数/($m^2 \cdot K/W$)
空气	2.75×10^{-4}
氨	1.05×10^{-4}
氢	0.720×10^{-4}
硅油	0.525×10^{-4}
甘油	0.265×10^{-4}

影响接触热绝缘系数的主要因素如下：

1）接触表面的粗糙程度是产生接触热绝缘系数的主要因素。接触表面粗糙度越大，则两接合面上的接触热绝缘系数越大。

2）接触热绝缘系数还与接合面上的挤压压力有关。对于一定粗糙度的表面，增加接触面上的挤压压力，可使弹塑性材料表面的点接触变形，接触面积增大，接触热绝缘系数减小。

3）接触热绝缘系数受材料硬度影响。在同样的挤压压力下，两接合面的接触情形又因材料的硬度而异，例如在相同条件下，一个硬的表面与一个软的表面相接触，其接触热绝缘系数要比两个硬的表面接触时小。

4）接触热绝缘系数还会因空隙中介质性质的不同而有所不同。由于固体间接触面上的导热，除了通过接触点或部分接触面传导之外，还有通过接触面间空隙中介质的导热。例如，在接触面上涂一层很薄的名为热姆的油，用以填充空隙，代替空隙中的气体，有可能减小接触热绝缘系数约 75%。

5）接触面空隙侧的温差增大时，空隙里的辐射换热增强，相当于减小了接触热绝缘系数。

综上所述，接触热绝缘系数的情况是很复杂的，至今还不能从理论上阐明它的规律，也未能得到可靠的计算公式。在工程设计中，当缺乏具体资料时，可参考表 11-2 和表 11-3，估计其单位接触热绝缘系数。

 ## 本章小结

本章主要讲述了通过平壁、圆筒壁和肋壁的稳态导热过程，简要介绍了接触热绝缘系数。重点内容如下：

（1）对于通过平壁、圆筒壁的导热计算式，应充分理解和掌握。

（2）对于通过肋壁的导热过程，主要掌握其分析方法。

（3）研究接触热绝缘系数在工程上具有实际意义，应对其有一定了解。

 ## 习题与思考题

11-1 肋片效率的影响因素有哪些？

11-2 接触热绝缘系数的影响因素有哪些？

11-3 为什么多层平壁中温度分布曲线不是一条连续的直线而是一条折线？

11-4 如果圆筒壁外表面比内表面温度高，此时壁内温度分布曲线的情形如何？

11-5 从热传递系数角度分析，为什么在表面换热系数小的一侧加肋效果好？为什么用热导率大的材料做肋片？

11-6 已知砖的壁厚为370mm，表面积为15m²，两侧壁面温度分别为 −20℃和18℃，热导率为1.2W/(m·K)。试求通过砖壁的热流密度。

11-7 某锅炉的炉衬由两层组成。内层用耐火黏土砖砌成，$\delta_1 = 370$mm，$\lambda_1 = 1.4$W/(m·K)，外层用红砖砌成，$\delta_2 = 240$mm，$\lambda_2 = 0.58$W/(m·K)。已知砖衬内外表面温度分别为 $t_{w1} = 500$℃ 和 $t_{w3} = 50$℃，试求通过砖衬的热损失及红砖的最高温度。

11-8 外径为 $d_1 = 100$mm 的蒸汽管覆以两层热绝缘层，每一层热绝缘的厚度均为25mm，热导率分别为 $\lambda_1 = 0.07$W/(m·K)，$\lambda_2 = 0.087$W/(m·K)，管外表面温度 $t_{w1} = 200$℃，外层热绝缘层外表面的温度 $t_{w3} = 40$℃，试求每米长蒸汽管的热损失及两层热绝缘接触面的温度。

11-9 厚度为200mm 的耐火砖，热导率 $\lambda_1 = 1.3$W/(m·K)。为使每平方米炉墙的热损失不超过1830W/m²，在墙外覆盖一层热导率 $\lambda_2 = 0.35$W/(m·K) 的材料。已知炉墙两侧的温度分别为 1300℃ 和 30℃，试确定覆盖材料层应有的厚度。

11-10 某热力管道采用两种不同材料的组合绝缘层，两层的厚度相等，第二层的算术平均直径两倍于第一层的算术平均直径，而第二层材料的热导率则为第一层材料热导率的一半。如果把两层材料相互调换，其他情况都保持不变，问每米长热力管道的热损失改变了多少？增加了还是减少了？

11-11 有一铝制等截面直肋，肋高为25mm，肋厚为3mm，铝材的热导率为 140W/(m·K)，周围空气与肋表面的对流换热系数为75W/(m·K)。已知肋基温度为80℃和空气温度为30℃，假定肋端的散热可以忽略不计，试计算每个肋片的散热量。

11-12 试计算比较两种材料的等截面直肋的肋片效率，已知肋片的厚度为3mm，肋高为16mm。①铝肋：热导率为 140W/(m·K)，表面传热系数为80W/(m·K)；②钢肋：热导率为 40W/(m·K)，表面传热系数为125W/(m²·K)。

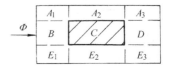

11-13 已知三层平壁的壁面温度 t_{w1}、t_{w2}、t_{w3}、t_{w4} 分别为 600℃、480℃、200℃、60℃，在稳态情况下，问各层导热热绝缘系数在总热绝缘系数中所占的比例各为多少？

11-14 有一空心混凝土墙，结构如图 11-12 所示，已知混凝土的热导率 $\lambda = 1.35$W/(m·K)，空气层的当量热导率 $\lambda = 0.74$W/(m·K)。试求该墙体单位面积的导热热绝缘系数。

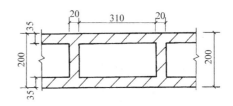

图 11-12

11-15 某房间的墙体是由厚度为 240mm 的红砖和一层厚度为20mm 的水泥砂浆组成。现将墙体内表面附加一层泡沫板，使导入室内的热量比原来减少80%，已知砖的热导率为0.7W/(m·K)，水泥砂浆的热导率为0.58W/(m·K)，泡沫板的热导率为0.06W/(m·K)。试求附加泡沫板的厚度。

第十二章

非稳态导热

 学习目标

1) 掌握非稳态导热的基本概念。
2) 掌握导热微分方程。
3) 掌握常热流作用下的非稳态导热过程的计算。
4) 掌握周期性热作用下温度波的热点。

在自然界和工程上，有很多非稳态导热过程。我们把温度场随时间发生变化的导热称为非稳态导热。例如，房屋的屋顶、空调房间的外墙的导热过程，就是在室外空气温度和太阳辐射的周期变化下进行的非稳态导热。

按照过程进行的特点，非稳态导热可以分为周期性导热和瞬态导热。在周期性非稳态导热过程中，物体的温度按照一定的周期发生变化。在瞬态非稳态导热过程中，物体的温度随时间不断升高或降低，在经历相当长的时间之后，最终与周围介质温度达到一致。本章主要介绍非稳态导热的基本概念并概述解决非稳态导热的方法。

第一节　非稳态导热的基本概念

物体的温度随时间变化的导热过程称为非稳态导热。在非稳态导热过程中，物体的温度随时间不断地发生变化，所以非稳态导热过程总是伴随着物体的加热或冷却。下面以采暖房间外墙为例来分析采暖房间开始供热后一段时间内墙内温度场的变化。

假定，采暖设备开始供热前，墙内温度场是稳态的，温度分布如图 12-1 所示。室内空气温度为 t'_{f1}，墙内表面温度为 t'_{w1}，墙外温度为 t'_{w2}，室外空气温度为 t_{f2}，即温度变化为 $t'_{f1} \rightarrow t'_{w1} \rightarrow t'_{w2} \rightarrow t_{f2}$。

当采暖系统开始供热时，室内温度开始升高。由于室内空气的对流作用，室内温度逐渐升高，并很快由 t'_{w1} 升高到 t''_{w1}，其后保持 t''_{w1} 稳定不变。随着空气温度的升高，传给墙壁内表面的热量逐渐增加，壁温也随之发生变化。容易理解，开始时 t'_{w1} 升高的幅度较大，依次是墙内 a、b、c 断面的 t'_a、t'_b、t'_c、t'_{w2} 的升高幅度较小，而在短时间内 t_{w2} 几乎不发生变化。随着时间的推移 t'_a、t'_b、t'_c 和 t'_{w2} 也逐渐地按不同的幅度升高，如图 12-2 所示。在温度变化的过程中，温度 t'_a、t'_b、t'_c 的变化是相继进行的。

由于墙内温度场的变化，所以热流密度是变化的。如图 12-3 所示，开始时，由于墙内表面温度不断地升高，室内空气和墙面之间的对流换热热流密度 q_1 不断减小，而墙外表面与室外空气之间的对流换热热流密度 q_2 却因墙外表面温度随时间不断升高而逐渐增大。与此同时，通过墙内各层的热流密度 q_a、q_b、q_c 也随时间发生变化，并彼此各不相等。在经历一段相当长的时间之后，墙内温度分布趋于稳定，建立起新的稳态温度分布。

室内采暖系统开始供热前，室内、外空气温度和墙内的温度场是稳态的，所以 q_1 等于 q_2，而且等于通过墙的传热量 q'。采暖系统开始供热后，使室内空气温度 t'_{f1} 很快升高到 t''_{f1}。由于 t'_{w1} 的升高滞后于 t''_{f1}，致使温差 $t''_{f1} - t'_{w1}$ 很快增大，所以热流密度 q_1 开始急剧增高，以后随 t'_{w1} 的增高，q_1 又逐渐减小。墙内的温度变化在时间上有一个滞后过程。在 t'_{w1} 开始变化时，$t'_{w2} \rightarrow t_{f2}$ 还没有变化，所以此时 q_2 与 q' 保持相等。当时间达到 τ_0 时，t'_{w2} 开始上升，q_2 也随之增大，直到建立起新的稳态温度分布后，q_1 和 q_2 又重新相等，而且等于通过墙的传热量 q''。根据能量守恒定律，在非稳态导热过程中，形成的 q_1 和 q_2 的差值就是墙壁本身由于温度升高而积蓄的热量，即图 12-3 中阴影部分的面积。所以，非稳态导热过程必然伴随着物体的加热或冷却过程。

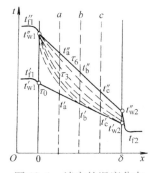

图 12-1　墙内的温度分布

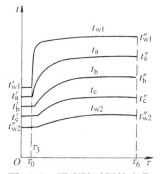

图 12-2　温度随时间的变化

综上所述，物体的加热或冷却中温度分布的变化可以划分为三个阶段。第一阶段是过程的开始时段，其特点是温度变化从边界开始，并且一层一层地逐渐深入到物体内部。此时物体内各点温度变化速率都不相等。温度分布受初始温度分布影响，这一阶段称为不规则情况阶段。随着时间的推移，初始温度分布影响逐渐消失，所有各点温度变化的速率具有一定规律。这就是过程的第二阶段，称为正常情况阶段。理论上要经历无限长的时间才能建立起新的稳态阶段，即第三阶段。这一阶段物体的温度分布保持一定，不随时间变化。

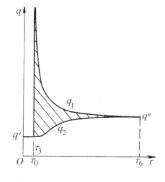

图 12-3　墙内热流的变化

除了上述谈到的涉及物体持续加热或冷却的非稳态导热问题外，在实际工程中还经常遇到一种周期性加热或冷却的非稳态导热问题。例如，室外空气温度一天以 24h 为周期变化，在这种情况下建筑物外墙的温度受室外空气温度周期变化的影响，也会以同样的周期变化。图 12-4 表示空气温度随时间周期性波动的情况。图 12-5 表示任一时刻 τ 时，墙内的温度分布情况。由图 12-4 和图 12-5 可以看出，在周期性非稳态导热过程中，物体内各点的温度按一定振幅随时间周期地波动，在同一时刻中物体内的温度分布也在周期地波动。

在实际热工计算中，上述两种非稳态导热问题经常遇到，热工计算的主要目的就是要找出物体的温度分布和热流密度随时间和空间的变化规律。

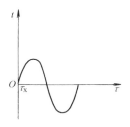

图 12-4　空气温度随时间周期性波动

图 12-5　墙内温度的波动

第二节　导热微分方程

一、导热微分方程

借助热力学第一定律，即能量守恒和转化定律，把物体内各点的温度关联起来，建立起温度场的通用微分方程，即导热微分方程。

假定所研究的物体是各向同性的连续介质，且热导率 λ、密度 ρ 和比热容 c 已知，并假定物体内具有内热源强度 q_V。从进行导热过程的物体中取出一个微元体 $dV = dxdydz$，微元体的三个边分别平行于 x 轴，y 轴和 z 轴，如图 12-6 所示。根据能量守恒定律，对微元体进行热平衡分析，在 $d\tau$ 时间内导入和导出微元体的净热量，加上内热源的发热量，应等于微元体内能的增加，即

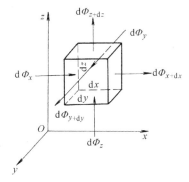

图 12-6　微元体的导热分析

$$[导入与导出微元体净热量] + [微元体内热源发热量] = [微元体内能的增加]$$

$$(12-1)$$

$$[1] \qquad\qquad\qquad [2] \qquad\qquad\qquad [3]$$

导入与导出微元体净热量可以由 x、y 和 z 三个方向导入和导出微元体的净热量相加得到。在 $d\tau$ 时间内，沿 x 轴方向，经 x 方向导入的热量为 $d\Phi_x = q_x dydzd\tau$，经 $x + dx$ 表面导出的热量为 $d\Phi_{x+dx} = q_{x+dx} dydzd\tau$，而

$$q_{x+dx} = q_x + \frac{\partial q_x}{\partial x}dx$$

于是，在 $d\tau$ 时间内，沿 x 轴方向，导入和导出微元体的净热量为

$$d\Phi_x - d\Phi_{x+dx} = -\frac{\partial q_x}{\partial x}dVd\tau$$

同理，在此时间内，沿 y 轴方向和沿 z 轴方向，导入与导出微元体的净热量分别为

$$d\Phi_y - d\Phi_{y+dy} = -\frac{\partial q_y}{\partial y}dVd\tau$$

$$\mathrm{d}\Phi_z - \mathrm{d}\Phi_{z+\mathrm{d}z} = -\frac{\partial q_z}{\partial z}\mathrm{d}V\mathrm{d}\tau$$

将 x、y 和 z 三个方向导入和导出微元体的净热量相加得到

$$[1] = -\left(\frac{\partial q_x}{\partial x} + \frac{\partial q_y}{\partial y} + \frac{\partial q_z}{\partial z}\right)\mathrm{d}V\mathrm{d}\tau$$

根据傅里叶定律知

$$q_x = -\lambda\frac{\partial t}{\partial x}, \quad q_y = -\lambda\frac{\partial t}{\partial y}, \quad q_z = -\lambda\frac{\partial t}{\partial z}$$

代入上式得到

$$[1] = \left[\frac{\partial}{\partial x}\left(\lambda\frac{\partial t}{\partial x}\right) + \frac{\partial}{\partial y}\left(\lambda\frac{\partial t}{\partial y}\right) + \frac{\partial}{\partial z}\left(\lambda\frac{\partial t}{\partial z}\right)\right]\mathrm{d}V\mathrm{d}\tau \tag{12-2}$$

在 $\mathrm{d}\tau$ 时间内，微元体中内热源的发热量为

$$[2] = q_{\mathrm{v}}\mathrm{d}V\mathrm{d}\tau \tag{12-3}$$

在 $\mathrm{d}\tau$ 时间内，微元体内能的增量为

$$[3] = \rho c\frac{\partial t}{\partial \tau}\mathrm{d}V\mathrm{d}\tau \tag{12-4}$$

将式 [1]、式 [2] 和式 [3] 代入等式 [1] + [2] = [3] 中，并消去 $\mathrm{d}V\mathrm{d}\tau$，得

$$\rho c\frac{\partial t}{\partial \tau} = \frac{\partial}{\partial x}\left(\lambda\frac{\partial t}{\partial x}\right) + \frac{\partial}{\partial y}\left(\lambda\frac{\partial t}{\partial y}\right) + \frac{\partial}{\partial z}\left(\lambda\frac{\partial t}{\partial z}\right) + q_{\mathrm{v}} \tag{12-5}$$

当物性参数 λ、ρ、c 均为常数时，上式可化简为

$$\frac{\partial t}{\partial \tau} = \frac{\lambda}{\rho c}\left(\frac{\partial^2 t}{\partial x^2} + \frac{\partial^2 t}{\partial y^2} + \frac{\partial^2 t}{\partial z^2}\right) + \frac{q_{\mathrm{v}}}{\rho c} \tag{12-6}$$

或写成

$$\frac{\partial t}{\partial \tau} = a\Delta^2 t + \frac{q_{\mathrm{v}}}{\rho c}$$

式中　$\Delta^2 t$——温度 t 的拉普拉斯运算符；

a——称为热扩散率，或称热扩散系数，其值为 $a = \dfrac{\lambda}{\rho c}$，单位为 m^2/s。

上式称为导热微分方程式，实质上是导热过程的能量方程。它借助能量守恒定律和傅里叶定律把物体中各点的温度联系起来，表达了物体温度随时间和空间的变化关系。

若温度场为稳态，$\dfrac{\partial t}{\partial \tau} = 0$，式（12-6）可以简化为

$$\Delta^2 t + \frac{q_{\mathrm{v}}}{\lambda} = 0 \tag{12-7}$$

若温度场为稳态，无内热源（$q_{\mathrm{v}} = 0$）时，式（12-6）可以简化为

$$\Delta^2 t = \frac{\partial^2 t}{\partial x^2} + \frac{\partial^2 t}{\partial y^2} + \frac{\partial^2 t}{\partial z^2} = 0 \tag{12-8}$$

若温度场为一维稳态，无内热源时，式（12-6）可以简化为

$$\frac{\mathrm{d}^2 t}{\mathrm{d}x^2} = 0 \tag{12-9}$$

当所分析的对象为轴对称的物体（圆柱、圆筒或圆球）时，采用圆柱坐标系（r，ϕ，

z）或球坐标系（r，θ，ϕ）更为方便。

二、导热问题的单值性条件

导热微分方程式是根据能量守恒与转换定律和傅里叶定律所建立起来的描写物体温度随时间和空间变化的关系式，它全然没有涉及具体导热过程的特点，因此它是所有导热过程的通用表达式。要从众多的导热过程中区别出我们所研究的具体导热过程，还需要对该过程特点做具体说明，这个具体说明条件就称为单值性条件。

单值性条件一般有以下四项：

（1）几何条件　说明参与导热过程物体的几何形状和大小。例如，形状是平壁或圆筒壁的厚度、直径等。

（2）物理条件　说明参与导热过程物体的物理特性。例如给出参与导热过程物体的物性参数 λ、ρ 和 c 等数值，或给出它们随温度和坐标而变化的函数关系；有内热源时，还要说明内热源发热强度的大小及其分布情况。

（3）时间条件　说明导热过程在时间上进行的特点。稳态导热过程没有单值性时间条件，因为导热过程不随时间发生变化；对于非稳态导热过程，应该说明过程开始时刻的物体内温度分布

$$t\big|_{\tau=0}=f\,(x,\ y,\ z) \tag{12-10}$$

故时间条件又称为初始条件。

（4）边界条件　说明导热过程在物体边界上进行的特点。反映导热过程与周围环境相互作用的条件称为边界条件。常见的边界条件的表达方式可以分为三类：

1）第一类边界条件是已知任何时刻物体边界面上的温度值，即

$$t\big|_{s}=t_{w} \tag{12-11}$$

式中下标 s 表示边界面，t_{w} 是边界面的给定温度值。

2）第二类边界条件是已知物体边界上任何时刻的热流密度值。因为傅里叶定律给出了热流密度与温度梯度之间的关系，所以第二类边界条件等于已知任何时刻物体边界面 s 的法向温度变化率。第二类边界条件可以表示为

$$q\big|_{s}=q_{w}$$

或

$$-\frac{\partial t}{\partial n}\bigg|_{s}=\frac{q_{w}}{\lambda} \tag{12-12}$$

式中　n——边界面 s 的法线方向。

若某一个边界面是绝热的，根据傅里叶定律，该边界面上的温度梯度值为零，即

$$-\frac{\partial t}{\partial n}\bigg|_{s}=0 \tag{12-13}$$

3）第三类边界条件给出物体边界与周围流体间的表面传热系数以及周围流体温度 t_{f}。该类边界条件的表达式为

$$-\lambda\,\frac{\partial t}{\partial n}\bigg|_{s}=h\,(t\big|_{s}-t_{f}) \tag{12-14}$$

对稳态导热过程，h 和 t_{f} 不随时间而变化；对于非稳态导热过程，h 和 t_{f} 可以是时间的函数，还需要给出它们和时间的具体函数关系。

一个具体的导热过程，其完整的数学描述应包括导热微分方程式和它的单值性条件两个部分，导热微分方程确定导热过程的通解，而单值性条件确定其唯一解。

【例12-1】 有一无限大平壁，厚度为 δ，热导率为 λ（常数），平壁内具有均匀的内热源 q_v。平壁 $x=0$ 一侧是绝热的，$x=\delta$ 一侧与温度为 t_f 的流体直接接触进行对流换热，表面传热系数 h 是已知的。试写出这一稳态导热过程的完整数学描述。

【解】 表达具有均匀内热源的无限大平壁稳态导热的微分方程式为

①
$$\frac{\mathrm{d}^2 t}{\mathrm{d}x^2} + \frac{q_v}{\lambda} = 0$$

对于稳态导热没有初始条件。边界条件在 $x=0$ 的一侧，给定的第二类边界条件，可写为

②
$$\left. \frac{\mathrm{d}t}{\mathrm{d}x} \right|_{x=0} = 0$$

在 $x=\delta$ 的一侧，给定的第三类边界条件，可写为

③
$$-\lambda \left. \frac{\mathrm{d}t}{\mathrm{d}x} \right|_{x=\delta} = h\ (t_{x=\delta} - t_f)$$

式①、式②和式③完整地表示了上述所给定的导热问题。

第三节　常热流作用下的非稳态导热

对于某些建筑物，如地下建筑，开始以常热流供热时，室内气温和墙壁温度随加热过程不断提高，这类过程属于常热流作用下的非稳态导热过程。下面讨论半无限大物体常热流加热过程。

半无限大物体是指以无限大的 y-z（$x=0$）平面为界面，在正 x 方向上伸展至无穷远的物体。如大地就可以看作是无限大物体。在实际应用中，对一个有限厚度的物体，如果一个界面上有热作用，而在所考虑的时间范围内，其影响所及的厚度比物体本身厚度小得多时，也可把该物体当作半无限大物体。

对半无限大均质物体，在常热流作用下，通过壁面的热流密度可按下式计算：

$$q = \frac{t_f - t_0}{\dfrac{1}{h} + 1.13\dfrac{\sqrt{a\tau}}{\lambda}} \tag{12-15}$$

式中　t_f——流体温度，单位为℃；

　　　τ——时间，单位为 h；

　　　h——壁面与流体的表面传热系数，单位为 $W/(m^2 \cdot K)$；

　　　a——热扩散率，单位为 m^2/h；

　　　t_0——时间 $\tau = 0$ 时的温度；

　　　λ——墙壁的热导率，单位为 $W/(m \cdot K)$。

若将 $K = \dfrac{1}{\dfrac{1}{h} + 1.13\dfrac{\sqrt{a\tau}}{\lambda}}$ 代入式（12-15），则

$$q = K(t_f - t_0) \tag{12-16}$$

式（12-16）与稳态传热公式的形式相同，只是这里的传热系数是随时间而改变的，应

按 $K = \dfrac{1}{\dfrac{1}{h} + 1.13\dfrac{\sqrt{a\tau}}{\lambda}}$ 计算。

在实际工程中，会遇到长的地下坑道或接近正立方体形状的房间，在预热期中加热负荷的计算。这类问题若按无限长中空圆柱体或球体进行分析求解将过于复杂。工程中常采用简化计算方法，一般在半无限大物体的计算公式中引进一个形状修正系数 β，即

$$K = \frac{1}{\dfrac{1}{h} + 1.13\dfrac{\sqrt{a\tau}}{\beta\lambda}} \qquad (12\text{-}17)$$

则

$$q = K(t_f - t_0) \qquad (12\text{-}18)$$

对于方形房间

$$\beta = 1 + \sqrt{\frac{a\tau}{R_e^2}} \qquad (12\text{-}19)$$

式中 R_e——当量半径，单位为 m，$R_e = \sqrt{\dfrac{A}{\pi}}$；

A——建筑物横截面积，单位为 m^2。

对于长坑道或房间

$$\beta = 1 + 0.38\sqrt{\frac{a\tau}{R_e^2}} \qquad (12\text{-}20)$$

工程计算中，常把接近正方形的房间近似地按球形处理，把很长的房间近似按无穷长圆柱体处理，因此可用式（12-17）和式（12-18）计算。

常热流作用下的非稳态导热过程的传热系数 K 是一个变量，随建筑物的形状、尺寸、导热层物理特性（c，ρ，λ，a）及加热时间而变化，这可由前面计算 K 值的公式看出。

【例12-2】 有一人工气候室，砖墙厚 370mm，内贴 100mm 软木，原来室内温度为 18℃，要求在 2h 内使室温达到 32℃，试求每小时单位面积的加热量（热流密度）。已知内表面传热系数 $h = 8\text{W}/(\text{m}^2 \cdot \text{K})$，砖墙的热导率 $\lambda = 0.8\text{W}/(\text{m} \cdot \text{K})$，热扩散率 $a = 0.00185\text{m}^2/\text{h}$；软木的热导率 $\lambda = 0.07\text{W}/(\text{m} \cdot \text{K})$，热扩散率 $a = 0.00048\text{m}^2/\text{h}$。

【解】 应用式（12-15）进行计算，则加热量为

$$q = \frac{t_f - t_o}{\dfrac{1}{h} + 1.13\dfrac{\sqrt{a\tau}}{\lambda}} = \frac{32 - 18}{\dfrac{1}{8} + \dfrac{1.13 \times \sqrt{0.00048 \times 2}}{0.07}}\text{W}/\text{m}^2 = 22.39\text{W}/\text{m}^2$$

第四节 周期性非稳态导热

在建筑环境与设备工程中，经常会遇到周期性变化的导热现象。例如，建筑物外围护结构就是处在室外空气温度和太阳辐射强度周期变化的影响下。室外气温变化周期为 24h，白天高，夜间低，一般在下午 2：00～3：00 点最高，清晨 4：00～5：00 点最低。太阳热辐射周期为日间 12h，辐射强度最大值出现的时间与朝向有关，如建筑物东外墙一般 8：00 点左右获得最大的太阳辐射热，水平屋顶获得辐射热最大值时间为 12：00 点，西外墙则在下午

4：00 点左右为最大。工程上常把室外空气与太阳辐射两者对围护结构的共同作用，用一个假想的"综合温度"来衡量。实测资料表明，综合温度的周期性波动规律可以近似视为一简单的简谐波曲线。

对均质半无限大物体在周期性热作用下的温度场可用下式表达：

$$\theta_{x\tau} = A_{\mathrm{w}} \mathrm{e}^{-\sqrt{\frac{\pi}{aT}}x} \cos\left(\frac{2\pi}{T}\tau - \sqrt{\frac{\pi}{aT}}x\right) \tag{12-21}$$

式中　$\theta_{x\tau}$——物体内任意点 x 在任意时刻 τ 的过余温度；

A_{w}——表面温度的波振幅，$A_{\mathrm{w}} = t_{\mathrm{w,max}} - t_{\mathrm{m}}$；

T——波动周期。

分析上式可以看出，周期性热作用下温度场的特点是：

1）半无限大物体内任意点 x 的温度随时间按简谐波规律变化。

2）由于构成物体材料对波动具有阻尼作用，致使温度波振幅随深度 x 的增加而减小，即在物体材料内温度波衰减。温度波衰减程度，可由衰减度 ν 来表示：

$$\nu = \frac{A_{\mathrm{w}}}{A_x} \tag{12-22}$$

式中　A_{w}——表面温度波振幅，单位为℃；

A_x——任意点 x 处温度波振幅，单位为℃。

当 $\cos\left(\dfrac{2\pi}{T}\tau - \sqrt{\dfrac{\pi}{aT}}x\right) = 1$ 时，利用式（12-21）可求得任意 x 处的最大过余温度 θ_x，也就是 x 处的振幅 A_x。

$$A_x = A_{\mathrm{w}} \mathrm{e}^{-\sqrt{\frac{\pi}{aT}}x} \tag{12-23}$$

所以

$$\nu = \frac{A_{\mathrm{w}}}{A_x} = \frac{A_{\mathrm{w}}}{A_{\mathrm{w}} \mathrm{e}^{-\sqrt{\frac{\pi}{aT}}x}} = \mathrm{e}^{\sqrt{\frac{\pi}{aT}}x} \tag{12-24}$$

从式（12-24）可以看出，影响温度波衰减的主要因素是物体的性质（热扩散率）和波动周期。热扩散率越大，温度波影响越深，衰减越慢；波动周期越长，振幅衰减越慢。

3）温度波的延迟。由式（12-21）可以看出，物体内任意位置的温度到达最大值的时间，比表面温度到达最大值的时间要滞后一段时间，即温度波落后一个相位角 $\varphi = \sqrt{\dfrac{\pi}{aT}}x$。若以 ξ 表示延迟时间，则

$$\xi = \frac{相位角}{角速度} = \frac{\sqrt{\dfrac{\pi}{aT}}x}{\dfrac{2\pi}{T}} = \frac{1}{2}\sqrt{\frac{T}{a\pi}}x \tag{12-25}$$

半无限大物体周期性加热或冷却时，热量从表面传入或传出，必然是周期性的，表面热流量 $\Phi_{\mathrm{w},\tau}$ 的变化规律如下：

$$\Phi_{\mathrm{w},\tau} = \lambda A_{\mathrm{w}} \sqrt{\frac{2\pi}{aT}} \cos\left(\frac{2\pi}{T}\tau + \frac{\pi}{4}\right) \tag{12-26}$$

由式（12-26）可以看出，表面热流量按简谐波规律变化。

【例 12-3】 干燥土壤的热扩散率 $a = 0.617 \times 10^{-6}\,\text{m}^2/\text{s}$，试计算年温度波在地下 3.2m 处，达到最高温度的时间较该温度波在地面时的延迟时间。

【解】 根据式（12-25），延迟时间为

$$\xi = \frac{\text{相位角}}{\text{角速度}} = \frac{\sqrt{\dfrac{\pi}{aT}}\,x}{\dfrac{2\pi}{T}} = \frac{1}{2}\sqrt{\frac{T}{a\pi}}\,x = \frac{1}{2}\sqrt{\frac{365 \times 24 \times 3600}{0.617 \times 10^{-6} \times 3.14}} \times 3.2\,\text{s}$$

$$= 6455291.82\text{s} = 1793.14\text{h}$$

 ## 本章小结

本章主要讲述了非稳态导热的基本概念、导热微分方程、常热流作用下的非稳态导热和周期性热作用下的非稳态导热。重点内容如下：

（1）导热微分方程是描写温度场的方程。它用数学形式表示了导热过程的共性。对一具体的导热过程，必须附加说明其个性的单值性条件。导热微分方程和单值性条件构成了具体导热过程的完整的描写。

（2）常热流作用下的非稳态导热过程的传热系数是一个变量，它随建筑物的形状、尺寸、导热层物理特性和加热时间而变化。

（3）对于半无限大物体，表面温度波为简谐波。由于物体对温度波有阻尼作用，从而使得温度波产生衰减和延迟。

 ## 习题与思考题

12-1 推导导热微分方程式的已知前提条件是什么？

12-2 阐述周期性热作用下温度波的特点。

12-3 什么是正常情况阶段？这一阶段的特点是什么？

12-4 已知物体的热物性参数是 λ、ρ 和 c，无内热源，试推导圆柱坐标系的导热微分方程式。

12-5 已知物体的热物性参数是 λ、ρ 和 c，无内热源，试推导球坐标系的导热微分方程式。

12-6 一厚度为 40mm 的平壁，热导率为 45W/(m·K)，平壁内有均匀分布的内热源。当平壁处于一维稳态导热时，壁内温度分布为 $t = a + bx^2$，式中 $a = 210℃$，$b = -2200℃$，x 单位为 m。试求：①在 $x = 0$ 和 $x = 40$mm 处平壁的热流密度；②平壁的内热源强度。

12-7 厚度为 120mm 的平壁，通过电流时的发热率为 $3.5 \times 10^4\,\text{W/m}^3$，平壁的一个表面绝热，另一表面暴露在 20℃ 的空气中，空气与壁面之间的表面传热系数为 55W/(m²·K)，平壁的热导率为 3.2W/(m·K)，若平壁处于一维稳态，试求平壁中的最高温度。

12-8 一半径为 R 的实心球，初始温度均匀并等于 t_0，突然将其放入一温度恒定并等于 t_f 的流体中冷却。已知球的热物性参数 λ、ρ 和 c，球壁表面传热系数为 h，试写出描写球体冷却过程的完整数学描述。

12-9 某地每天地表面最高温度为 6℃，最低温度为 -4℃。已知土壤的 $\lambda = 1.28$W/(m·K)，$a = 0.12 \times 10^{-5}\,\text{m}^2/\text{s}$。试问地表下 0.15m 和 0.55m 处最低温度和达到最低温度的时间滞后为多少？

12-10 一砖墙厚为 0.36m，已知 $a = 0.52 \times 10^{-6}\,\text{m}^2/\text{s}$，试求其对日波的衰减度和时间延迟。

第十三章

对流换热

 学习目标

1）掌握对流换热的基本概念和影响因素。
2）掌握相似理论及其在对流换热中的应用。
3）掌握无限空间中和有限空间中自然对流换热的计算。
4）掌握管内受迫流动换热的计算。
5）掌握管外横向流动换热的计算。

运动流体和温度不同的固体表面间进行的热量传递过程称为对流换热，它是比导热更为复杂的一种换热过程。对流换热过程既包括流体位移所产生的对流作用，同时也包括流体与壁面间的导热作用。本章主要讨论影响对流换热的因素，对流换热的热工机理和解决对流换热问题的方法，并介绍相似理论和它在对流换热中的应用。

第一节 对流换热概述

人们对于对流换热现象都有一些感性认识。冷却物体时，用风吹比放在空气中自然冷却快些；增加风速，冷却作用增强；若改用水冷方法，则会比空气冷却快得多；物体的形状、位置等不同也会影响冷却过程的速度。由此可见，影响对流换热的因素是很复杂的。

一、对流换热过程的特点

对流换热是一种复杂的热交换过程，它已不是传热的基本方式，这种过程既包括流体分子之间的导热作用，同时也包括流体位移所产生的对流作用。

对流换热现象在工程上十分常见。例如，冬季房间中的热量以对流换热方式传给外墙，外墙也是以对流换热方式将热量传给室外空气；锅炉中的省煤器、空气预热器以及工业中许许多多冷却、加热设备的换热过程，主要是对流换热。与固体中的导热相同，流体中的导热也是由温度梯度和热导率决定的。而对流时热量转移，则是依靠流体产生的位移。这就使得对流换热现象极为复杂。显然，一切支配流体导热和热对流作用的因素，诸如流动起因、流动状态、流体的种类和物性、壁面几何参数等诸因素都会影响对流换热。

二、影响对流换热的因素

1. 流体的流动起因

按照流体运动发生的原因来分，流体的运动分为两种。一种是自然对流，即由于流体各部分温度不同所引起的密度差异产生的流动；另一种是受迫运动，即受外力影响，例如受风力、风机、水泵的作用所发生的流体运动。例如，室内空气由于受散热器热表面的加热，靠近散热器的空气温度增高，密度减小，远处的空气温度则较低，密度较大，从而使靠近散热器处的空气产生浮升力。在浮升力的作用下，热空气上升，冷气流来补充，从而形成空气的对流运动。自然对流的发生及其强度完全取决于过程的受热情况、流体的种类、温度差以及进行处的空间大小和位置来决定。受迫运动的情况取决于流体的种类和物性、流体的温度、流动速度以及流道形状和大小。在一般情况下，流体发生受迫对流时，也会发生自然对流。不过，当受迫流动的流速很大时，自然对流的影响相对较弱，可忽略不计。

2. 流体的流动状态

流体的流动存在着两种不同状态。流动速度较小时，流体各部分均沿流道壁面做平行运动，互不干扰，这种流动称为层流；当流动速度较大时，流体各部分的运动呈不规则的混乱状态，并有漩涡产生，这种流动称为紊流。流体是层流还是紊流与雷诺数 Re 的大小有关。

在对流换热过程中热量转移的规律随流体的流动状态不同而不同。在层流状态下，沿壁面法线方向的热量转移主要依靠导热，其数值大小取决于流体的热导率。在紊流状态下，依靠导热转移热量的方式，只存在于层流边界层中，而紊流核心中的热量转移则依靠流体各部分的剧烈位移，由于层流边界层的热阻远大于紊流核心的热阻，前者在对流换热过程中起决定性作用。所以对流换热的强度主要取决于层流边界层的导热。因此，要增强换热，可以在某种程度上，用增加流体流速的方法来实现。在紊流状态时，对流传递作用得到加强，换热较好。

3. 流体的相变

流体在换热过程中有可能发生相变，如蒸汽放热凝结、液体吸热沸腾。若流体在换热过程中发生相变，换热情况也会发生改变。一般来说，对同一种流体，有相变的换热强度要大于无相变的换热。

4. 流体的物理性质

流体的物性因其种类、所处的温度、所受的压力而变化。影响换热过程的物性参数有：热导率 λ、比热容 c、密度 ρ、动力黏度 μ 等。热导率大，流体内和流体与壁之间的导热热绝缘系数小，换热就强。比热容和密度大的流体，单位体积能携带更多的热量，从而使对流作用传递的热量增多。对于每一种流体，当其状态确定后，这些参数都具有一定的数值。这些参数的数值随流体温度改变而按一定的函数关系变化，其中某些参数还和流体的压力有关。在换热时，由于流场内温度各不相同，物性各异，通常选择一特征温度以确定物性参数，把物性当作常量处理，这一温度称为定性温度。

5. 换热表面的几何尺寸、形状与大小

壁面的几何因素影响流体在壁面上的流态、速度分布、温度分布，在研究对流换热问题时，应注意对壁面的几何因素做具体分析。表面的大小、几何形状，粗糙度以及相对于流体流动方向的位置等因素都直接影响对流换热过程，这是因为换热表面的特征不同导致流体的运动和换热条件不同所致。在分析计算时，可以采用对换热有决定影响的特征尺寸作为依据，这个尺寸称为定型尺寸。

总之，流体和固体表面之间的换热过程是极其复杂的，影响因素很多，以上分析了主要因素。

三、表面传热系数

一般情况下计算流体和固体壁面间的对流热流密度 q 是以牛顿公式（牛顿1701年提出）

为基础的，其公式如下：

$$q = h\ (t_\mathrm{w} - t_\mathrm{f})\tag{13-1}$$

式中　q——对流热流密度，单位为 $\mathrm{W/m^2}$；

　　t_w——壁面的温度，单位为℃；

　　t_f——流体的温度，单位为℃；

　　h——表面传热系数，单位为 $\mathrm{W/(m^2 \cdot K)}$。

表面传热系数 h 的物理意义是指单位面积上当流体和固体壁之间为单位温差，在单位时间内传递的热量。表面传热系数的大小反映了对流换热的强弱。

由于 h 的影响因素很多，并且在理论上使解决对流换热问题集中于求解表面传热系数问题，因此对流换热过程的分析和计算以表面传热系数的分析和计算为主。综合上述几方面的影响，不难得出结论，表面传热系数将是众多因素的函数，即

$$h = f\ (\lambda,\ c,\ \beta,\ \rho,\ \mu,\ t_\mathrm{w},\ t_\mathrm{f},\ l,\ \phi)\tag{13-2}$$

式中　l——定型尺寸，单位为 m；

　　ϕ——几何形状因素。

研究对流换热的目的之一就是通过各种方法寻求不同条件下式（13-2）的具体函数式。

第二节　相似理论及其在对流换热中的应用

在不同情况下，表面传热系数 h 值可以相差很大，这是因为影响对流换热的因素很多。如果根据具体情况来确定表面传热系数 h 值，是一个很复杂的问题。要单纯依靠数学方法来求得表面传热系数是非常困难的，因此，必须借助于实验方法来研究换热过程。单纯的实验法优点是结论可靠，缺点是局限性很大，即实验法得出的结论不能直接简单地推广到实验以外的现象上。特别是像对流换热这样复杂的物理现象，要想通过实验获得变量间的函数关系，实验次数将会十分庞大，几乎不可能实现。为了减少多变量问题的实验次数，并且使实验结果具有普遍意义，相似理论提供了理论依据，使对流换热的实验研究成为完整的科学体系。依靠相似理论的指导，可以对各种局部关系式进行综合处理，使复杂的换热过程有可能利用某一综合方程式表达出它的内在规律性。

一、相似的概念

"相似"概念首先出现在几何学中。在几何学里，凡对应角相等、对应边成比例的图形都称为相似形。几何学中建立起来的相似概念，可以推广到任何一种物理现象。例如，可以推广到两种流体运动之间的相似（即运动相似）。当流体在管内流动时，同一截面上不同半径处的速度是不同的。在每一种具体的条件下，截面上的速度分布都有各自的特点。如果有两个流体分别在两个几何相似的管内流动，在截面上所有对应点上，流速的方向相同，大小成一定比例，那么这两个管内流动的速度分布就称为是相似的。

由于物理现象较几何现象复杂得多，因此相似条件也就不会像几何相似那么简单。因此，首先要知道所研究的现象之间的相似条件，然后才能运用相似概念。

物理现象之间的相似条件是：

1）相似的物理现象必须是同类现象，这些现象不仅要性质相同，而且能用同样形式和同样内容的数学方程式来描述。

2）物理现象相似的必要条件是几何相似，这就是说，只有在几何形状相似的体系中才

会有相似现象。

3）描述现象性质的一切物理量均相似，这意味着每个同名物理量在相对应的地点和相对应的时刻必须互成比例。

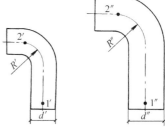

综上所述，如果两个现象是同类现象，而且描写两个现象的一切物理量在各对应点和对应瞬间成比例，则这两个现象相似。图 13-1 表示两个对流换热系统。如果它们的流道是几何相似，而且对应点（例如 1′点和 1″点）的相同物理量成比例，则此两对流换热系统为对流换热相似。

图 13-1　对流换热相似

二、相似准则

设有两个换热条件相似的同类现象，根据傅里叶定律和牛顿公式，描写这类现象的换热方程式为

$$h\Delta t = -\lambda \mathrm{d}t/\mathrm{d}n$$

如果把这个方程应用到两个相似的体系中，则得：

① $\qquad h_1\Delta t_1 = -\lambda_1 \mathrm{d}t_1/\mathrm{d}n_1$

② $\qquad h_2\Delta t_2 = -\lambda_2 \mathrm{d}t_2/\mathrm{d}n_2$

根据相似定义：描写两个同类现象性质的各物理量应对应成比例，即

③ $\qquad h_2/h_1 = C_h, \; t_2/t_1 = C_t, \; \lambda_2/\lambda_1 = C_\lambda, \; n_2/n_1 = C_n$

上式中的 C_h、C_t、C_λ、C_n 为相似倍数

把式③代入式②得：

④ $\qquad C_h h_1\Delta t_1 = -C_\lambda/C_n \lambda_1 \mathrm{d}t_1/\mathrm{d}n_1$

比较式①和式④知，相似倍数之间必须满足下列关系：

$$C_h C_n/C_\lambda = 1$$

上式就是相似倍数的限制条件，由此可得：

$$h_1 l_1/\lambda_1 = h_2 l_2/\lambda_2 = h_3 l_3/\lambda_3 = 常数$$

由上式可知，两个换热现象相似的必要条件是具有相同的 hl/λ 数。定性分析 hl/λ 就是所谓的相似准则，它是一个无因次数。对于任何物理现象，只要知道描写现象的方程式，都可以求出相似准则。这些准则反映了物理量之间的内在联系，而且具有一定的物理意义。

相似准则常以一些学者的名字来命名。传热学中常用的相似准则有：

雷诺准则，$Re = wl/\nu$，它是从动量微分方程的惯性力和黏滞力项相似倍数之比得出的，故其反映了流体运动时惯性力与黏滞力的相对大小，流动状态是惯性力与黏滞力相互矛盾和作用的结果。因此，可以用 Re 数来标志流体流动状态。在对流换热中，反映流体流动状态对换热的影响。

努谢尔特（Nusselt）准则，$Nu = hl/\lambda$，它是说明对流换热特性的准则，反映了对流换热的强弱程度，Nu 值越大，对流换热越强。

普朗特（Prandtl）准则，$Pr = \nu/a$，它包含了流体的物性，又称为物性准则，它反映了流体物性对对流换热的影响。

格拉晓夫（Crasaf）准则，$Gr = \beta g l^3 \Delta t/\nu^2$，它的数值说明了浮升力与粘滞力的相对大小，流体自由流动状态是浮升力与黏滞力相互矛盾和作用的结果，它反映了自由流动状态对对流换热的影响，Gr 值越大，流体自然对流换热越强。

各准则公式中：

a——热扩散率，单位为 m^2/s；

w——流速，单位为 m/s；

l——定型尺寸，单位为 m；

g——重力加速度，为 9.8；

β——体积膨胀系数，单位为 1/K；

Δt——流体与壁的温差，单位为℃；

ν——流体的运动黏度，单位为 m^2/s。

三、相似定理

相似理论的基本原理通常用三个定理来表达。

（1）相似第一定理　凡是彼此相似的现象，必定具有相同的相似准则。或者表述为：如果几个物理现象相似，那么描述这些现象的同名相似准则的数值必定相等。

这个定理直接回答了实验时应当测量哪些量的问题，即在实验中必须测量出与过程有关的各相似准则中所包含的一切物理量。

（2）相似第二定理　相似的物理现象各物理量之间的关系，常可表示为相似准则之间的函数关系式。

相似第二定理说明了如何整理实验数据，以便得出对整个类型现象都适用的关系式。

（3）相似第三定理　相似第一、二定理说明了相似的结果。如何判断相似呢？相似第三定理指出：凡是单值性条件相似，定型准则相等的现象必定彼此相似。所谓单值性条件就是指几何、物理、边界、时间等条件，定型准则就是指由单值性条件给出的物理量所组成的准则，即定型准则中所包含的量都是已知的。

相似第三定理确定了实验所用的模型和介质在什么条件下与我们所研究的现象相似的问题，即复杂现象相似的充分必要条件是单值性条件相似，定型准则相等。根据这一定理所规定的条件就可以把实验结果推广到所研究的现象中去。

四、相似理论在对流换热中的应用

应用相似理论研究对流换热时，根据相似第一定理，首先推出有关对流换热过程的相似准则。实验中所测定的数据就是这些准则中所包含的物理量。然后根据相似第二定理把这些准则整理成准则方程式。在稳定条件下，对流换热准则方程式有如下形式：

$$Nu = f(Re, Gr, Pr)$$

方程式的具体形式由实验确定。就对流换热而言，一般都将准则方程式整理成幂函数的形式，如：

$$Nu = CRe^n$$

$$Nu = CRe^n Pr^m$$

$$Nu = CRe^n Pr^m + a$$

式中，a、C、n、m 都是要由实验确定的常数。最后根据第三定理把实验结果推广到与它相似的现象中去，即根据已知条件由准则方程式求出 Nu 和 h，再由 h 求出对流换热量，即

$$h = Nu\lambda/l$$

$$\Phi = hA\Delta t$$

第三节　自然对流换热

由于流体内部冷、热不均，形式不均匀的密度场，产生大小不同的浮升力而引起的流体

运动称为自由运动。在自由运动情况下的换热称为自然运动换热或自然对流换热。

流体自由运动完全取决于壁面与流体之间的换热强度。换热过程越强烈，流体的自由运动就越剧烈。由于换热过程中热交换量的大小不仅取决于换热表面积，而且也取决于换热表面与流体之间的温度差，所以，流体的自由运动要由换热表面积和温差来决定。温差影响流体的密度差和浮引力，而加热表面积的大小则影响过程区域范围。自然对流换热因流体所处的空间不同情况分为几种类型，本节只讨论最常见的两类：一类是无限空间自然对流换热，如室内散热器对空气的换热等，自然对流不受干扰；另一类是有限空间自然对流换热，如双层玻璃中的空气层的换热等。

一、无限空间中的自然对流换热

当流体自由运动所处的空间很大，因而冷热流体的运动相互之间不发生干扰时，这种换热过程称为无限空间中的换热。我们首先研究在无限空间中空气沿热的竖壁做自由运动的情况。有一竖壁（图 13-2），空气沿其表面作自由运动。空气层的厚度从下向上逐渐增加，在壁的下部，空气以层流的形式向上流动，而壁的上部，空气呈紊流运动。两者之间出现一过渡状态。至于哪一种状态为主，要由换热表面与空气之间的温差大小来决定。在温差比较小时，由于换热过程比较缓慢，层流运动占优势；在温差比较大时，换热过程比较剧烈，紊流运动占优势。沿竖壁的换热情况也不相同。在竖壁的下部，由于层流底层的厚度自下而上逐渐增加，局部表面传热系数将沿壁的高度逐渐减小。在层流到紊流的过渡区中，由于边界层中紊流成分不断加强，表面传热系数逐渐增大。在紊流区中，表面传热系数保持为定值，而与竖壁高度无关。

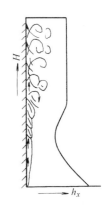

图 13-2　空气沿竖壁做自由运动

在自然对流换热的计算中，通常采用准则关联式的形式，即

$$Nu = f(Gr, Pr)$$

经实验研究得出这一准则关联式的具体形式为

$$Nu = C(GrPr)^n \tag{13-3}$$

式中　C、n——常数，其值可根据 $Gr \cdot Pr$ 的数值范围由表 13-1 选取，各式的定性温度均为边界层平均温度，$t_m = (t_w + t_f)/2$。

表 13-1　式（13-3）中的常数

表面形状与位置	定型尺寸	$GrPr$ 范围	流态	C	n
竖平板及竖圆柱	高度	$10^4 \sim 10^9$	层流	0.59	0.25
		$10^9 \sim 10^{12}$	紊流	0.12	0.333
横圆柱	外径	$10^3 \sim 10^9$	层流	0.53	0.25
		$10^9 \sim 10^{12}$	紊流	0.13	0.333
水平板热面向上	正方形取边长；长方形两边平均；狭长条取短边；圆盘取 $0.9d$	$10^5 \sim 2 \times 10^7$	层流	0.54	0.25
		$2 \times 10^7 \sim 3 \times 10^{10}$	紊流	0.14	0.333
水平板热面向下		$3 \times 10^5 \sim 3 \times 10^{10}$	层流	0.27	0.25

【例13-1】 已知某室内采暖管道外径 $d=50\mathrm{mm}$，表面温度 $t_\mathrm{w}=75℃$，室内空气温度为 $t_\mathrm{f}=25℃$，试求此管道外表面的表面传热系数。

【解】 首先确定定性温度

$$t_\mathrm{m}=\frac{1}{2}(t_\mathrm{w}+t_\mathrm{f})=\frac{1}{2}(75+25)℃=50℃$$

定型尺寸 $d=0.05\mathrm{m}$

按定性温度 $t_\mathrm{m}=50℃$，由附录查得干空气的物理参数：

$$\lambda=0.0283\mathrm{W/(m\cdot K)},\ \nu=17.935\times10^{-6}\mathrm{m^2/s},\ Pr=0.701$$

$$\beta=\frac{1}{T}=\frac{1}{273+50}=\frac{1}{323}$$

$$Gr=\frac{\beta g\Delta t d^3}{\nu^2}=\frac{1}{323}\times\frac{9.81\times(75-25)\times0.05^3}{(17.935\times10^{-6})^2}=5.90\times10^5$$

$$GrPr=5.90\times10^5\times0.701=4.14\times10^5$$

由表13-1查得
$$C=0.53,\ n=0.25$$

将以上数据代入准则方程式 $Nu=C(GrPr)^n$ 得

$$Nu=0.53\times(4.14\times10^5)^{0.25}=13.44$$

由 $Nu=\dfrac{hl}{\lambda}$ 得

$$h=\frac{Nu\lambda}{l}=\frac{13.44\times0.0283}{0.05}\mathrm{W/(m^2\cdot K)}=7.61\mathrm{W/(m^2\cdot K)}$$

二、有限空间中的换热

如果流体做自然对流所在的空间较小，冷热流体下沉或上浮运动受到空间因素的影响，此时的自然对流称为有限空间自然对流。在有限空间里，冷、热表面距离较近，因此流体的冷却和受热现象也就靠得很近，甚至很难把它们划分开来，所以常把全部过程作为一个整体来研究。由于空间的局限性，使得冷热气流的上下运动互相干扰。此时，换热不仅仅与流体的物理性质和过程的强烈程度有关，而且还要受到换热空间的形状和大小的影响，情况较为复杂。本节将只讲述常见的扁平矩形封闭夹层自然对流换热。按它的几何位置可分为垂直、水平及倾斜三种，如图13-3所示。

垂直封闭夹层的自然对流换热问题可分为三种情况：①在夹层内冷热两股流动边界层相互结合，形成环流，如图13-3a所示，整个夹层内可能有若干个这样的环流；②夹层厚度 δ 与高度 H 之比较大，冷热两壁的自然对流边界层不会互相干扰，不出现环流；③两壁的温差与夹层厚度都很小，可认为夹层内没有流动发生，通过夹层的热流量可以按纯导热过程计算。

对于水平夹层可有两种情况：①热面在上，冷热面之间无流动发生，如无外界扰动，则应按导热问题分析；②热面在下，对气体 $Gr<1700$，可以按纯导热过程计算。$Gr>1700$ 夹层内的流动将出现图13-3b的情形，形成有秩序的蜂窝状分布的环流，当 $Gr>5000$ 后，蜂窝状流动消失，出现紊乱流动。

至于倾斜夹层，它与水平夹层相类似，当 $GrPr>1700/\cos\theta$，将发生蜂窝状流动。

有限空间自然对流换热的计算，多采用准则关联式形式，见表13-2，定性温度为 $t_\mathrm{m}=$

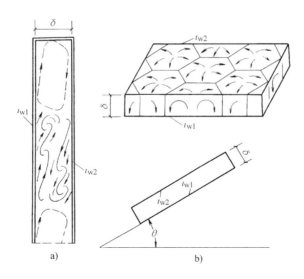

图 13-3　有限空间自然对流换热

$(t_{w1}+t_{w2})/2$，定型尺寸为夹层厚度 δ。

表 13-2　有限空间自然对流换热准则关联式

夹层位置	Nu 准则关联式	适用范围
垂直夹层（气体）	$Nu=0.197\ (GrPr)^{1/4}\left(\dfrac{\delta}{h}\right)^{1/9}$	$6000<GrPr<2\times10^5$
	$Nu=0.073\ (GrPr)^{1/3}\left(\dfrac{\delta}{h}\right)^{1/9}$	$2\times10^5<GrPr<1.1\times10^7$
水平夹层（热面在下）（气体）	$Nu=0.059\ (GrPr)^{0.4}$	$1700<GrPr<7000$
	$Nu=0.212\ (GrPr)^{1/4}$	$7000<GrPr<3.2\times10^5$
	$Nu=0.061\ (GrPr)^{1/3}$	$GrPr>3.2\times10^5$
倾斜夹层（热面在下，与水平夹角为 θ）（气体）	$Nu=1+1.446\left(1-\dfrac{1708}{GrPr\cos\theta}\right)$	$1708<GrPr\cos\theta<5900$
	$Nu=0.229\ (GrPr\cos\theta)^{0.252}$	$5900<GrPr\cos\theta<9.23\times10^4$
	$Nu=0.157\ (GrPr\cos\theta)^{0.285}$	$9.23\times10^4<GrPr\cos\theta<10^6$

第四节　管内受迫流动换热

流体在管内受迫流动时的换热在工程上应用极为广泛。例如，锅炉过热器或省煤器，燃气热水器的换热，热水管道的换热，冷凝器换热等均属于这种换热过程。

一、流体在管内流动的特征

1. 层流和紊流

前面已经讲过，流体在管内流动时可分为层流和紊流两种状态。流体运动速度较小时，呈现出层流状态；运动速度较大时，呈现出紊流状态。两者分界的速度称为临界速度。流体在管内流动时，从层流状态到紊流状态的转变完全取决于雷诺准则的数值。各种不同的流体在不同直径的管内流动时，只要雷诺准则数值相同，运动情况就相同。层流与紊流分界的雷诺准则数值称为临界雷诺准则或临界雷诺数。实验表明，流体在管内流动时的临界雷诺数为2320。$Re < 2320$ 时，为层流；$Re > 2320$ 时，出现了由层流状态到紊流状态的转变过程，当$Re > 10^4$ 时，达到了旺盛的紊流状态。雷诺数 Re 介于 2320 与 10^4 之间时，为层流向紊流转变的过渡阶段，称为过渡状态。

2. 进口段和充分发展段

流体从进入管口开始，需经历一段距离，管内断面流速分布和流动状态才能达到定型，这一段距离称为进口段。之后，流态定型，流动达到充分发展，称为流动充分发展段。在流动充分发展段，流体的径向 r 速度分量 v_r 为零，且轴向 x 速度 v_x 不随管长改变，即

$$\frac{\partial v_x}{\partial x} = 0 \; ; v_r = 0$$

在有热交换的情况下，同时还存在热充分发展段。由于换热，管断面的流体平均温度 t_f将不断发生变化，壁温 t_w 也可能发生变化，但实验发现，在热充分发展段，一个综合的无量纲温度 $\dfrac{t_w - t}{t_w - t_f}$ 随管长保持不变，即

$$\frac{\partial}{\partial x}\left(\frac{t_w - t}{t_w - t_f}\right) = 0$$

在管道入口处，边界层较薄，所以温度梯度也较大；离入口处较远，边界层较厚，温度梯度也较小，对应于这种变化，在管道入口处的局部换热系统最大，以后沿管道长度逐渐变小，最后趋于某一极限值，然后保持不变。图13-4表明了管内局部表面传热系数 h_x 与平均表面传热系数 h 随管长 x 的变化情况。由图中可以看出，在进口处，边界层最薄，h_x 具有最高值，随后逐渐降低。在层流情况下，h_x 趋于不变值的距离较长。

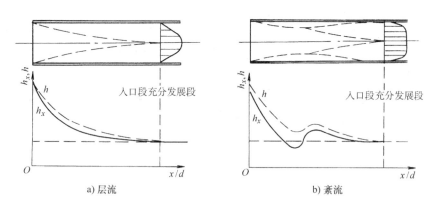

图13-4　管内流动局部表面传热系数 h_x 及平均表面传热系数 h 的变化

3. 温度场对速度分布的影响

当流体在管内流动过程中被热的管壁加热或被冷的管壁冷却时，流动为非等温过程。这时，流体的温度不仅沿管道长度发生变化，而且沿截面也要改变。因而流体的物性也随之而

变。对于液体来说，主要是黏性随温度而变化；对于气体，除黏性外，密度和热导率也随温度不同而改变。图 13-5 所示为流体在管内做层流流动时被加热和被冷却时的速度分布曲线。曲线 1 为等温流动时的速度分布曲线。当液体被冷却时，管壁处的温度低于管中心，这时壁面附近的液体黏度高于管中心的液体黏度，与曲线 1 相比，管壁附近的流速减小，管中心处的速度增大，速度分布见曲线 2。当液体被加热时，管壁处的温度高于中心，此时壁面附近的液体黏度降低，流速增大；而管中心液体的黏度增大，流速减小。曲线 3 表示了液体被加热时的速度分布情况。对于气体，由于其黏度随温度的升高而增大，所以换热对其速度分布的影响与液体的情况相反。

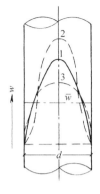

图 13-5　速度
分布曲线

二、流体在层流时的换热

流体在管内做层流运动时，由于各部分之间换热靠导热方式，因此换热过程比较缓慢。在这种情况下，自然对流的产生会造成流体的扰动，因而显著增强了换热，这就使得在层流时，自然对流的作用不能忽略。考虑到上述影响，流体 $a = \dfrac{\lambda}{\rho c}$ 在层流时换热的准则方程式具有下列形式：

$$Nu = CRe^n Pr^m Gr^p \tag{13-4}$$

计算时可采用下列实验公式：

$$Nu = 0.15Re^{0.33} Pr^{0.43} Gr^{0.1} \left(\frac{Pr_\mathrm{f}}{Pr_\mathrm{W}}\right)^{0.25} \tag{13-5}$$

利用上式可求出 $l/d < 50$（l 为管长，d 为管径），且 $GrPr \geqslant 8 \times 10^5$ 时管道全程长度的平均表面传热系数。这个公式适用于液态金属以外的任何流体，并且也考虑了热流方向和自然对流的影响。

当 $l/d < 50$ 时，管道的表面传热系数可按上式求出 h 值后再乘以修正系数 ε_l。ε_l 值可由表 13-3 查得。

表 13-3　层流时的 ε_l 值

l/d	1	2	5	10	15	20	30	40	50
ε_l	1.90	1.70	1.44	1.28	1.18	1.13	1.05	1.02	1

当 $GrPr \leqslant 8 \times 10^5$ 时，层流换热还可用下式计算：

$$Nu = 1.86Re^{1/3} Pr^{1/3} (d/l)^{1/3} (\mu_\mathrm{f}/\mu_\mathrm{w})^{0.14} \tag{13-6}$$

式中　d——管子直径，单位为 m；

　　　l——管子长度，单位为 m。

上式不能用于很长的管子，当管长太长时，d/l 将趋近于零。

由于层流时放热系数的数值小，所以绝大多数的换热设备都不是按层流设计，只有在少数应用黏性很大的流体的设备中才能见到层流运动。

三、流体在过渡状态时的换热

在管内流动的流体，当其雷诺数 Re 在 2320 ~ 10000 之间时，是从层流到紊流的过渡状态。在这种状态下，流体的流动既不是层流，也不完全符合紊流的特征。由于流动中出现了旋涡，过渡状态的表面传热系数，将随雷诺数 Re 的增大而增加。在温差大时，还有自然对流带来的复杂影响。在整个过渡状态中换热规律是多变的。在选用计算公式时必须注意适用条件。下面介绍一种常用的计算式。

当 $Pr_f = 0.6 \sim 1.5$，$T_f/T_w = 0.5 \sim 1.5$，$Re_1 = 2320 \sim 10000$ 时，对于气体：

$$Nu = 0.0214(Re_1^{0.8} - 100)Pr^{0.4}[1 + (d/L)^{2/3}](T_f/T_w)^{0.45} \tag{13-7}$$

式中，L 为管长。

当 $Pr = 1.5 \sim 500$，$Pr_f/Pr_w = 0.05 \sim 20$，$Re = 2320 \sim 10000$ 时，对于液体：

$$Nu = 0.012(Re^{0.87} - 280)Pr^{0.4}[1 + (d/L)^{2/3}](Pr_f/Pr_w)^{0.11} \tag{13-8}$$

上两式是根据实验数据整理而得，对于 90% 的实验点偏差不超过 ±20%。

四、流体在紊流时的换热

紊流换热在工业设备中是最常见的，与层流相比，紊流时的热量和动量传递都大大增强，但问题也更为复杂。在紊流状态下，流体各部分之间的热量传递，主要是依靠流体本身各部分之间的扰动混合。当 $Re > 10000$，流体达到旺盛的紊流状态时，这种扰动混合过程非常剧烈，使得紊流核心截面上的流体温度几乎一致。只有在层流边界层中才出现温度的显著变化。这种温度分布不会引起自然对流，所以流体的运动完全取决于受迫运动。

在不考虑自由运动时，受迫运动的准则方程式应具有下列形式：

$$Nu = f(RePr)$$

考虑到定性温度的选择和消除热流方向的影响，上式应变为

$$Nu = [f(Re_fPr_f)](Pr_f/Pr_w)^{0.25}$$

根据实验数据，按照上式综合的结果，可得到下列准则方程式：

$$Nu = 0.021Re_f^{0.8}Pr_f^{0.43}(Pr_f/Pr_w)^{0.25} \tag{13-9}$$

上式以流体的平均温度 t_1 作为定性温度，以管子的直径 d 或流道的当量直径 d_e 作为定型尺寸。上式适用于 $Re = 1 \times 10^4 \sim 5 \times 10^5$，$Re = 0.6 \sim 2500$ 的一切液体和弹性流体，也适合于任何截面形状（如图形、矩形、三角形）的流道。

【例 13-2】 计算水在管内流动时与管壁间的表面传热系数 h。已知管内径 $d = 32\text{mm}$，长度 $l = 4\text{m}$，水的平均温度 $t_m = 60℃$，水在管内的流速 $w = 1.5\text{m/s}$。

【解】 首先取定性温度为流体的平均温度 $t_m = 60℃$，由附录查得水在 60℃ 时的物性参数为：

$$\lambda = 0.659\text{W/m} \cdot \text{K}, \quad \nu = 0.478 \times 10^{-6}\text{m}^2/\text{s}, \quad Pr = 2.98$$

然后确定管内流动的 Re：

$$Re = \frac{wd}{\nu} = \frac{1.5 \times 0.032}{0.478 \times 10^{-6}} = 1.004 \times 10^5 > 10^4$$

因为 $Re > 10^4$，管内流动为旺盛紊流，故可采用公式计算 Nu 数。因为未给出热流方向，可以忽略 $(Pr_f/Pr_w)^{0.25}$ 项，于是

$$Nu = 0.021Re_f^{0.8}Pr_f^{0.43}$$

$$= 0.021 \times (1.004 \times 10^5)^{0.8} \times 2.98^{0.43}$$

$$= 336.91$$

表面传热系数 h 为

$$h = \frac{Nu\lambda}{d} = \frac{336.91 \times 0.659}{0.032} \mathrm{W/(m^2 \cdot K)}$$

$$= 6938.24 \mathrm{W/(m^2 \cdot K)}$$

第五节 流体在圆管外横向流过时的换热

工程中常遇到流体横向流过管束时的换热过程,例如空气通过空气加热器被加热的过程;烟气横向冲刷锅炉对管束的换热过程;蒸汽横向从管外流过壳管式换热器的管束等,本节先分析外掠单管,然后讨论外掠管束的情况。

一、外掠单管

外掠单管流动边界层特征,如图13-6所示。流体绕流圆管壁时,流体压强沿程将发生变化,大约在管的前半部递降,即 $dp/dx < 0$,而后又逐渐回升,即 $dp/dx > 0$。与压强的变化相应,主流速度先逐渐增加,而后又逐渐降低。在 $dp/dx > 0$ 的区域内,流体需靠本身的动能以克服压强的增长而向前流动,但靠近壁面的流体由于黏滞力的影响速度比较低,动能也较小,其结果是从壁面的某一位置开始停止

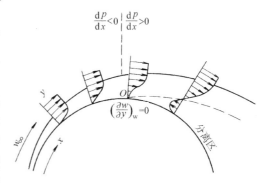

图13-6 外掠圆管流动边界层

向前流动,并随即向相反的方向流动,这时的壁面的速度梯度为0,如图中的 O_1 点,该点称为绕流脱体点。脱体点的位置取决于 Re,由于紊流边界层中流体的动能大于层流,故紊流的脱体点位置滞后于层流。

壁面边界层的流动状况,决定了换热特征。图13-7为常热流条件下圆管壁面局部表面传热系数 Nu_φ 的分布,这些曲线都表明局部表面传热系数从管正面停滞点 $\varphi = 0°$ 开始,由于层流边界层厚度的增加而下降。图中 Re 最低的两个工况,其脱体点前一直保持层流,在脱体点附近出现 Nu_φ 的最低值。随后因脱体区的混乱运动,Nu_φ 又趋回升。图中 Re 较高的其他工况的曲线表明,壁面边界层发生脱体时已是紊流,Nu_φ 出现了两次低的数值,第一次相当于层流到紊流的转变区,另一次则发生在紊流边界层与壁脱离的地方。

根据流体外掠单圆管换热实验研究结果,整理成准则关联式为

$$Nu_f = C_1 Re^n \tag{13-10}$$

式中,定型尺寸为管的外径;Re 中的流速为通道最窄处的流速,定性温度为流体平均温度。

对于空气和烟气,C_1 和 n 列在表13-4中。

对于液体,可以采用下式

$$Nu_f = 1.115 C_1 Pr^{1/3} Re^n \tag{13-11}$$

表13-4 空气外掠单圆管的 C_1 及 n 值

Re	1~4	4~40	40~4000	4000~40000	40000~250000
C_1	0.891	0.821	0.615	0.174	0.0239
n	0.330	0.395	0.466	0.618	0.805

二、外掠光滑管束

在实际工程中常遇到的往往不是流体横向流过单管，而是流过许多管子组成的管束。

显然，这种情况下的换热过程要比单管时的换热过程复杂得多。除了流体的流态和冲刷角度外，管子的排列方式，管间的距离，管排数等的不同，都会影响换热过程和换热效果。

工程中常用的管束排列方式，一般可以分为顺排和叉排两种，如图13-8所示。

流体流过顺排和叉排管束时，其流动状况大不一样。顺排时，除了第一排外，管子的前后都处在涡流区中，受不到流体的直接冲刷；叉排时，各排管子受到的冲刷比较接近，如图13-9所示。由图中可以看出，叉排时流体在管间弯曲、交替扩张和收缩的通道中流动要比顺排时在管间直通道中流动时的扰动剧烈得多。因此换热过程叉排也比顺排强烈。

管束换热的准则方程式为

$$Nu = CRe^n Pr^m \left(\frac{Pr_f}{Pr_w}\right)^{0.25} \left(\frac{s_1}{s_2}\right)^p \varepsilon_z \qquad (13\text{-}12)$$

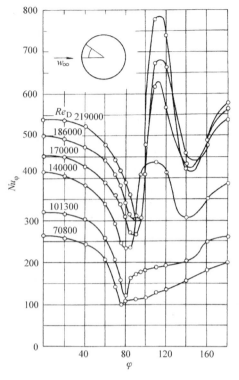

图 13-7　外掠圆管局部表面传热系数的变化

式中　$\dfrac{s_1}{s_2}$——相对管间距；

ε_z——排数影响的校正系数，见表13-5。

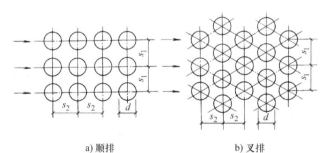

a) 顺排　　　　　　　　b) 叉排

图 13-8　顺排和叉排管束

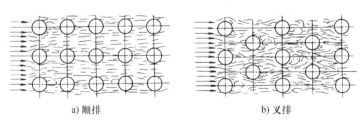

a) 顺排　　　　　　　　b) 叉排

图 13-9　流体在管束间流动

表13-5 排数修正系数 ε_z

排数	1	2	3	4	5	6	8	12	16	20
顺排	0.69	0.80	0.86	0.90	0.93	0.95	0.96	0.98	0.99	1.0
叉排	0.62	0.76	0.84	0.88	0.92	0.95	0.96	0.98	0.99	1.0

由实验给出上式的具体形式列于表13-6中,适用于管排数 $N \geqslant 20$;对于 $N < 20$ 时,应采用管排数校正系数进行修正。各式定性温度用流体在管束中的平均温度,定型尺寸为管外径。

表13-6 管束平均表面传热系数准则关联式

排列方式	适用范围 $0.7 < Pr < 500$		准则关联式	对空气或烟气的简化式 $(Pr = 0.7)$
顺排	$Re = 10^3 \sim 2 \times 10^5$, $\dfrac{s_1}{s_2} < 0.7$		$Nu_f = 0.27 Re_f^{0.63} Pr_f^{0.36} \left(\dfrac{Pr_f}{Pr_w}\right)^{0.25}$	$Nu_f = 0.24 Re_f^{0.65}$
	$Re = 2 \times 10^5 \sim 2 \times 10^6$		$Nu_f = 0.021 Re_f^{0.84} Pr_f^{0.36} \left(\dfrac{Pr_f}{Pr_w}\right)^{0.25}$	$Nu_f = 0.018 Re_f^{0.84}$
叉排	$Re = 10^3 \sim 2 \times 10^5$	$\dfrac{s_1}{s_2} \leqslant 2$	$Nu_f = 0.35 Re_f^{0.6} Pr_f^{0.36} \left(\dfrac{Pr_f}{Pr_w}\right)^{0.25} \left(\dfrac{s_1}{s_2}\right)^{0.2}$	$Nu_f = 0.31 Re_f^{0.6} \left(\dfrac{s_1}{s_2}\right)^{0.2}$
		$\dfrac{s_1}{s_2} > 2$	$Nu_f = 0.40 Re_f^{0.6} Pr_f^{0.36} \left(\dfrac{Pr_f}{Pr_w}\right)^{0.25}$	$Nu_f = 0.35 Re_f^{0.6}$
	$Re = 2 \times 10^5 \sim 2 \times 10^6$		$Nu_f = 0.022 Re_f^{0.84} Pr_f^{0.36} \left(\dfrac{Pr_f}{Pr_w}\right)^{0.25}$	$Nu_f = 0.019 Re_f^{0.84}$

【例13-3】 将内部装有电加热器的圆管(直径12.7mm,长度94mm),置于低速的风速中经空气横掠。空气来流速度 $w = 12\text{m/s}$,温度为 $t_f = 26.2\text{℃}$,试求表面传热系数。

【解】 根据定性温度 $t_f = 26.2\text{℃}$ 查附表得空气的热导率 $\lambda = 2.64 \times 10^{-2}\,\text{W/(m·K)}$、$\nu = 15.643 \times 10^{-6}\,\text{m}^2/\text{s}$, 则

$$Re_f = \frac{wd}{\nu} = \frac{12 \times 0.0127}{15.643 \times 10^{-6}} = 9742.38$$

根据表13-4得 $C_1 = 0.174$; $n = 0.618$, 于是 $Nu_f = 0.174 Re^{0.618} = 0.174 \times 9742.38^{0.618} = 50.76$

$$h = \frac{Nu_f \lambda}{d} = \frac{50.76 \times 0.0264}{0.0127}\,\text{W/(m}^2 \cdot \text{K)}$$

$$= 105.52\,\text{W/(m}^2 \cdot \text{K)}$$

【例13-4】 某空气加热器由8排(每排16根)管束组成,每根长1.2m,外直径20mm。管子排列方式为叉排,管间距 $s_1 = 60\text{mm}$, $s_2 = 40\text{mm}$,空气平均温度为20℃,流经管束最窄处的速度为1.6m/s。试求流经换热器的空气所获得的热量(管壁温度 $t_w = 100\text{℃}$)。

【解】 由附录查得空气平均温度为20℃时的物性参数为

$$\lambda = 0.0259 \, \text{W}/(\text{m} \cdot \text{K})$$

$$\nu = 15.06 \times 10^{-6} \, \text{m}^2/\text{s}$$

管间距之比 $s_1/s_2 = 60/40 = 1.5 < 2$

$$Re = \frac{wd}{\nu} = \frac{1.6 \times 0.02}{15.06 \times 10^{-6}} = 2124.8$$

根据 $s_1/s_2 < 2$，$Re = 10^3 \sim 2 \times 10^5$，选用表13-6中的公式，再乘以排数修正系数 ε_z，即

$$Nu = 0.31 Re^{0.6}(s_1/s_2)^{0.2} \varepsilon_z$$

$$= 0.31 \times 2124.8^{0.6} \times (1.5)^{0.2} \times 0.96 = 32.01$$

$$h = \frac{Nu_f \lambda}{d} = \frac{32.01 \times 0.0259}{0.02} \, \text{W}/(\text{m}^2 \cdot \text{K}) = 41.45 \, \text{W}/(\text{m}^2 \cdot \text{K})$$

流经换热器的空气所获得的热流量为

$$\Phi = h\Delta tA = h\Delta tn\pi dl$$

$$= [41.45 \times (100-20) \times 8 \times 16 \times 3.14 \times 0.02 \times 1.2] \, \text{kW}$$

$$= 31.99 \, \text{kW}$$

本章小结

本章主要讲述了对流换热的基本概念及其影响因素、相似理论在对流换热中的应用、自然对流换热、管内受迫流动换热和管外横向流动换热。重点内容如下：

（1）对流换热是指流体和固体壁面间直接接触的换热。它包括流体位移所进行的换热和流体分子间的导热两个方面。影响对流换热的因素主要有流体运动发生的原因、流体运动的状态、流体的性质及换热表面的形状和位置尺寸。

（2）在对流换热问题上，通过相似分析的方法，把影响现象的众多物理因素综合归纳成若干相似准则，如 Re、Pr、Gr 和 Nu 等准则，再通过实验建立出的准则方程来解决各种不同类型的对流换热过程。

（3）在对流换热的计算中，通常采用准则关联式的形式。

习题与思考题

13-1 普通热水或蒸汽暖气片高些、矮些，表面传热系数是否一样？

13-2 何为定性温度和定型尺寸？

13-3 影响对流换热的主要因素有哪些？

13-4 试求四柱型散热器表面自然对流传热系数，已知高度 $h = 732\text{mm}$，表面温度 $t_w = 65℃$，室内空气温度 $t_f = 15℃$。

13-5 试求空气沿着3m高的平壁作自然对流的表面传热系数，已知平壁外表面温度 $t_w = 170℃$，室内空气温度 $t_f = 10℃$。

13-6 直径为 $d = 20\text{mm}$ 的管，处在 $t_f = 20℃$，$t_w = 40℃$ 和 $w = 0.5\text{m/s}$ 的水流中，试求管面的换热系数。

13-7 有一根水平的长圆管道放置在某车间，热管 $d = 300\text{mm}$，外壁温度 $t_w = 250℃$，周围空气温度 $t_f = 10℃$，试计算每米长管道上自然对流的热损失。

13-8 已知管内径 $d = 40\text{mm}$，空气在管内流动，空气平均温度 $t_f = 30℃$，平均流速为 $w = 10\text{m/s}$，试求空气与管内表面的换热系数。

13-9　某封闭夹层，上下表面间距为 16mm，夹层内空气压力为 $1.013 \times 10^5 Pa$，一表面温度为 40℃，另一表面温度为 80℃，试求热表面的自然对流换热系数。

13-10　试求空气横向掠过单管时的换热系数。已知管外径 $d = 12mm$，管外空气最大流速为 15m/s，空气温度 $t_f = 29℃$，管壁温度 $t_w = 12℃$。

13-11　空气加热器由 12 排管组成，管子外径 $d = 25mm$，最窄截面处空气流速为 5m/s，空气平均温度 $t_f = 60℃$，管间距 $S_1 = 40mm$，$S_2 = 40mm$，试求叉排平均换热系数。

13-12　在一锅炉中烟气横掠 20 排管组成的叉排管束。已知管的外径 $d = 60mm$，$s_1 = 60mm$，$s_2 = 100mm$，烟气平均温度为 $t_f = 1000℃$，管壁温度 $t_w = 100℃$，烟气通道最窄处的平均流速 $w = 6m/s$。试求管束的平均换热系数。

第十四章

辐 射 换 热

 学习目标

1）掌握热辐射的基本概念。
2）掌握热辐射的基本定律。
3）掌握任意两物体间的辐射换热计算。
4）掌握角系数的确定。
5）掌握气体辐射的特点及计算。

辐射换热是三种基本传热方式之一，工程中有许多辐射换热现象。本章介绍辐射换热的基本概念、基本定律，并在此基础上进一步分析辐射换热的计算和气体辐射等问题。

第一节　基本概念

一、辐射

辐射是波或大量微观粒子从发射体向四周传播的过程。发射辐射能是各类物质的固有特性。

电磁波理论解释说，物质是由分子、原子、电子等基本粒子组成的，当原子内部的电子受激和振动时，产生交替变化的电场和磁场，发出电磁波向空间传播，这就是辐射。电磁波以光速在介质中传播，其频率、波长与光速有如下关系

$$c = \lambda \nu \tag{14-1}$$

式中　c——介质中的光速，单位为 m/s，在真空中 $c = 3 \times 10^8$ m/s；

　　　λ——波长，单位为 μm；

　　　ν——频率，单位为 Hz。

量子理论解释说，辐射是离散的量子化能量束，即光子传播能量的过程。光子的能量与频率的关系可以用普朗克公式表示

$$e = h\nu \tag{14-2}$$

式中　e——光子的能量，单位为 J；

　　　h——普朗克常数，$h = 6.63 \times 10^{-34}$ J·s；

　　　ν——频率，单位为 Hz。

从本质上说，辐射既具有波动性又具有粒子性，并且不同波长的电磁波所具有的能量也不相同。

二、热射线

波长 $\lambda = 0.1 \sim 100\mu m$ 的电磁波称为热射线，它们投射到物体上能产生热效应。热射线包括部分紫外线、可见光和部分红外线。

其中，紫外线连同 X 射线、γ 射线，是波长 $\lambda < 0.38\mu m$ 的电磁波；可见光是波长 $\lambda = 0.38 \sim 0.76\mu m$ 的电磁波；红外线是 $\lambda = 0.76 \sim 1000\mu m$ 的电磁波。（注：有些文献以 $\lambda = 0.76 \sim 100\mu m$ 作为红外区域，$\lambda > 100\mu m$ 作为无线电波区域。）

各类电磁波的波长可以从几万分之一微米到数公里，它们的分布如图 14-1 所示。

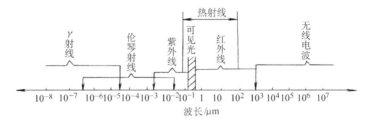

图 14-1　电磁波谱

三、热辐射

热辐射是物体因自身具有温度而向外发射能量的现象。由于原子内部电子可能被不同的方法所激发，于是相应地会产生不同波长的电磁波，继而投射到物体上产生不同的效应。如果是由于自身温度或热运动的原因而激发产生的电磁波传播，就称为热辐射。

热辐射就是热射线的传播过程。对于工程上的辐射体，热力学温度如果在 2000K 以下，其热辐射主要是红外辐射，而可见光的能量所占比例很少，通常可以略去不计。

四、辐射换热

不论物体的冷热程度和周围情况如何，只要其热力学温度 $T > 0K$，都会不断地向外界发射热射线。物体的温度越高，它辐射的能量就越强。若物体间温度不相等，则高温物体辐射给低温物体的能量将大于低温物体向高温物体辐射的能量，其结果是热量从高温物体传给了低温物体，这就是物体间的辐射换热。

导热、对流、辐射是三种基本传热方式。但辐射换热与导热和对流换热又有着本质的差别。

首先，辐射换热不依靠物质的接触就可以进行热量传递。而导热和对流换热都必须由冷、热物体直接接触或通过中间介质相接触才能进行。

其次，辐射换热伴随着能量形式的转化。例如，一个物体不时地将自身部分内能转化为电磁波能向空间发射，当电磁波波射到另一物体表面时，电磁波能将被该物体吸收，并转化为该物体自身的内能。

最后，物体间的辐射换热无时无刻不在进行。例如，考查两物体之间所发生的辐射换热。当这两物体之间有温差时，高温物体向外辐射的总能量将大于低温物体向外辐射的总能量，此时总的结果是高温物体将能量传给了低温物体。当这两物体之间无温差时，不论这两物体的冷热程度如何，它们都会不断地向周围发射热射线。然而此时其中任何一个物体所辐射出去的能量，同时又等于它自身所吸收的能量。所以归根到底，这是一种动态的平衡。

五、辐射强度

辐射强度是指物体表面朝向某给定方向，对垂直于该方向的单位面积，在单位时间、单位立体角内所发射的全波长总能量，用符号 I 表示，单位为 $W/(m^2 \cdot sr)$，如图 14-2 所示。

在这里，sr 为球面度，是立体角的单位。所谓立体角又称为球面角或空间角，是指在以 r 为半径的球面上，某割切的面积 A 所对应的球心角度。用符号 ω 表示，单位为 sr。立体角大小用下式计算

$$\omega = \frac{A}{r^2} \qquad (14-3)$$

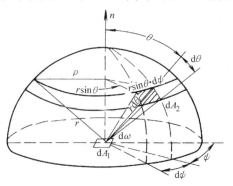

图 14-2 dA_1 上某点对 dA_2 所张的立体角

如图 14-2 所示，对于微元面积 dA_2，辐射表面 dA_1 的半球空间，其立体角是 2π，即

$$\omega = \frac{2\pi r^2}{r^2} = 2\pi \qquad (14-4)$$

六、单色辐射强度

若辐射强度仅指某波长 λ 下波长间隔 $d\lambda$ 范围内所发射的能量，即称为单色辐射强度，用符号 I_λ 表示，单位为 $W/(m^2 \cdot \mu m \cdot sr)$。

可见，辐射强度和单色辐射强度之间的关系为

$$I = \int_0^\infty I_\lambda d\lambda \qquad (14-5)$$

或

$$I_\lambda = \frac{dI}{d\lambda} \qquad (14-6)$$

七、辐射力

辐射力是指发射物体每单位表面积在单位时间内向半球空间所发射的全波长能量，用符号 E 表示，单位为 W/m^2。它的全称是半球向总辐射力。

可见，辐射力和辐射强度之间的关系为

$$E = \int_{\omega = 2\pi} I\cos\theta dw \qquad (14-7)$$

从而，辐射力和单色辐射强度之间的关系为

$$E = \int_{\omega = 2\pi} \int_0^\infty I_\lambda \cos\theta d\omega d\lambda \qquad (14-8)$$

八、单色辐射力

若辐射力仅指在某波长 λ 下波长间隔 $d\lambda$ 范围内所发射的能量，即称为单色辐射力，用符号 E_λ 表示，单位为 $W/(m^2 \cdot \mu m)$。

则辐射力和单色辐射力之间的关系为

$$E = \int_0^\infty E_\lambda d\lambda \qquad (14-9)$$

或

$$E_\lambda = \frac{dE}{d\lambda} \qquad (14-10)$$

九、定向辐射力

若辐射力仅指在某方向上单位立体角内所发射的能量，即称为定向辐射力。用符号 E_θ

表示，单位为 $W/(m^2 \cdot sr)$。

那么，定向辐射力和辐射强度之间的关系为

$$E_\theta = I_\theta \cos\theta \tag{14-11}$$

在法线方向 n 上，$\theta = 0°$，故

$$E_n = I_n \tag{14-12}$$

十、吸收、反射和透射

热射线和可见光在物理本性上是相同的，所以光的投射、反射和折射规律对热射线也同样适用。当热射线投射到物体上时，遵循可见光的规律，其中部分被物体吸收，部分被物体反射，其余的则会穿透物体，如图 14-3 所示。

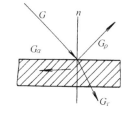

假设投射到物体上的总能量为 G，被吸收 G_α、反射 G_ρ、透射 G_τ，根据能量守恒，可有

$$G_\alpha + G_\rho + G_\tau = G \tag{14-13}$$

图 14-3　热射线的吸收、
反射和透射

上式两端同除以 G，得

$$\alpha + \rho + \tau = 1 \tag{14-14}$$

式中　$\alpha = \dfrac{G_\alpha}{G}$——吸收率，表示在投射总能量中被吸收的能量所占份额，即物体对辐射能的

吸收能力，无因次量；

$\rho = \dfrac{G_\rho}{G}$——反射率，表示在投射总能量中被反射的能量所占份额，即物体对辐射能的

反射能力，无因次量；

$\tau = \dfrac{G_\tau}{G}$——透射率，表示在投射总能量中被透射的能量所占份额，即物体对辐射能的

透过能力，无因次量。

如果投射的是某一波长下的单色能量，上述的关系也同样适用，即

$$\alpha_\lambda + \rho_\lambda + \tau_\lambda = 1 \tag{14-15}$$

式中　α_λ——单色吸收率；

ρ_λ——单色反射率；

τ_λ——单色透射率。

工程物体一般为固体或液体，这些物体的吸收率很高，投射能量在距表面极薄的一层中就会被吸收完毕，因此，工程材料可以认为无透射性，即

$$\alpha + \rho = 1 \tag{14-16}$$

这也表示，就不同的工程材料而言，善于吸收的表面就不善于反射。反之亦然。

与固体和液体不同，气体的分子间距之大，会使得投射能量在其表面几乎没有反射能力。因此，气体可以认为无反射性，即

$$\alpha + \tau = 1 \tag{14-17}$$

显然，这也表示就不同气体而言，善于吸收的就不善于透射。反之亦然。

十一、黑体、白体和透明体

如果物体能完全吸收外来的投射能量，即 $\alpha=1$，这样的物体称为绝对黑体，简称黑体。

如果物体能完全反射外来的投射能量，即 $\rho=1$，这样的物体称为绝对白体，简称白体。

如果物体能完全透射外来的投射能量，即 $\tau=1$，这样的物体称为透明体，或称透热体。

在自然界中，黑体、白体和透明体是不存在的，它们只是研究实际物体热辐射性能的理想模型。

例如，烟煤 $\alpha\approx0.96$，抛光的金属表面 $\rho\approx0.97$。

必须指出，这里的黑体、白体、透明体都是对全波长射线而言的。由于可见光只占全波长射线中的一小部分，所以在一般温度条件下，物体对外来射线的吸收和反射能力，并不能简单地按照物体颜色来判断。

我们知道，由于物体对可见光的吸收率不尽相同，所以世界会呈现出纷繁的色彩。例如，白布和黑布，虽然它们有着不同的颜色，但是对于红外线它们却有着相同的吸收率。又如，雪对可见光吸收率很小，但实验证明，它对全波长射线的吸收率 $\alpha\approx0.98$，其数值非常接近于黑体。再如，普通玻璃可以透过可见光，但它对于 $\lambda>3\mu m$ 的红外线几乎是不透明体。

实际上，物体的性质、表面状况、自身温度和发射体温度等，都是物体对外来射线的吸收和反射能力的相关影响因素。

黑体是一个理想的吸收体，在辐射换热的分析中非常重要。通常我们可以将实际物体同黑体相比较，借助已知的黑体辐射和吸收规律，以修正的方式解决实际物体的辐射和吸收问题。

尽管在自然界里不存在黑体，但是我们可以根据黑体原理进行模拟。如图14-4所示。内表面处于均温的空腔壁上的小孔，如果空腔内表面积比小孔面积足够大，那么射进小孔的热射线在空腔内壁经过多次吸收和反射后，由小孔射出的能量就微乎其微，可以认为被全部吸收。那么这个小孔作为人工黑体，就具有黑体表面的辐射和吸收特性。并且小孔比之于腔体越小，它的吸收率就越接近于1，从而小孔就越接近于黑体。

图14-4　人工黑体模型

生活中白天从远处看房屋的窗孔会觉得暗黑，工程中可以在锅炉膛壁上设定窥视孔，如此这些都再现了黑体原理。作为比较的标准，黑体这个理想模型对研究实际物体的热辐射特性具有非常重要的意义。

第二节　辐射的基本定律

热辐射的基本定律主要有普朗克定律、维恩（位移）定律、斯蒂芬—玻尔兹曼定律、兰贝特余弦定律和基尔霍夫定律。

一、普朗克定律

普朗克定律表达了黑体单色辐射力与波长、热力学温度之间的函数关系，这种函数关系可以表示为

$$E_{b\lambda} = \frac{c_1}{\lambda^5(e^{\frac{c_2}{\lambda T}} - 1)}$$ （14-18）

式中 $E_{b\lambda}$——黑体单色辐射力，单位为 $W/(m^2 \cdot \mu m)$；

λ——波长，单位为 μm；

T——绝对温度，单位为 K；

c_1——普朗克定律第一常数，$c_1 = 3.743 \times 10^8 W \cdot \mu m^4/m^2$；

c_2——普朗克定律第二常数，$c_2 = 1.439 \times 10^4 \mu m \cdot K$。

普朗克定律所揭示的关系 $E_{b\lambda} = f(\lambda, T)$ 所对应的函数曲线如图 14-5 所示。

曲线下的面积就是该特定温度下的黑体辐射力。在任意波长下的单色辐射力都随温度的升高而增大，因而随黑体温度的升高，其辐射力也在增加。

二、维恩（位移）定律

在图 14-5 的函数曲线关系里，我们可以观察到：当 $\lambda = 0$ 和 $\lambda = \infty$ 时，$E_{b\lambda} = 0$；对于任意温度 T，关系曲线都必有唯一极值 λ_{max}；并且 T 越高，相应 λ_{max} 越小，即 λ_{max} 向短波方向移动。维恩位移定律表达了这种波长极值 λ_{max} 与热力学温度 T 之间的函数关系，它可以表示为

$$\lambda_{max} T = 2897.6 \mu m \cdot K$$ （14-19）

另外，从图 14-5 中还可以看到，当黑体温度较低时，可见光波长范围内的辐射能量在总辐射能量中的所占份额非常少，然而随着黑体温度的升高，这种情况却发生了变化。

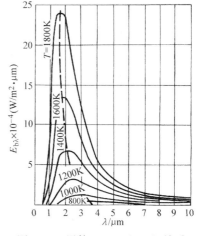

图 14-5 黑体 $E_{b\lambda} = f(\lambda, T)$ 关系

因此，在生活中我们会发现，冷物体不发光，热物体会发光，而且热物体的光亮会随着温度的升高逐渐发生变化，从暗红色、黄色、亮黄色直至变为亮白色。

【例 14-1】 某工业热源，其热力学温度 $T = 2000K$，试求其辐射中的 λ_{max}。

【解】 根据式（14-19），则

$$\lambda_{max} = \frac{2897.6}{T} = \frac{2897.6}{2000}\mu m = 1.4488\mu m$$

可见，工业热源的辐射能主要集中在红外线区。

三、斯蒂芬—玻尔兹曼定律

在辐射换热的分析计算中，确定黑体辐射力尤为重要。斯蒂芬—玻尔兹曼定律表达了黑体的辐射力和绝对温度之间的关系。其函数关系式为

$$E_b = \sigma_b T^4$$ （14-20）

式中 σ_b——黑体辐射常数，$\sigma_b = 5.67 \times 10^{-8} W/(m^2 \cdot K^4)$。

该定律表明，黑体的辐射力仅是温度的函数，黑体的辐射力和绝对温度的四次方成正

比。故斯蒂芬—玻尔兹曼定律又称为四次方定律。

为了计算上的方便，有时式（14-20）还可以表示为

$$E_b = C_b \left(\frac{T}{100}\right)^4 \qquad (14-21)$$

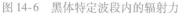

式中 C_b——黑体辐射系数，$C_b = 5.67 \text{W}/(\text{m}^2 \cdot \text{K}^4)$。

在工程中常常需要确定某温度下在某一特定波段（光带）内黑体辐射的能量，如图14-6所示。

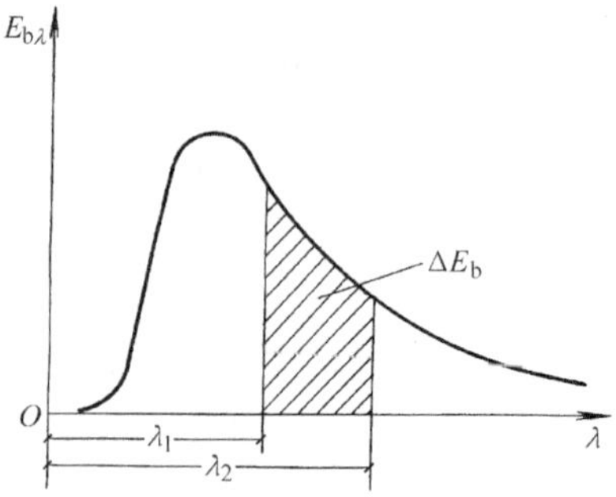

这种情况通常用下式计算

$$E_{b(\lambda_1-\lambda_2)} = \sigma_b T^4 (A_{0-\lambda_2 T} - A_{0-\lambda_1 T}) \qquad (14-22)$$

图 14-6 黑体特定波段内的辐射力

在这里，$A_{0-\lambda T}$ 称为黑体辐射函数，表示在某温度下，在波段（$0-\lambda$）内的黑体辐射能占该温度下黑体辐射力的份额，它是唯一变量（λT）的函数，见表14-1。

表 14-1 黑体辐射函数

$\lambda T /$ ($\mu m \cdot K$)	$A_{0-\lambda T}$	$\lambda T /$ ($\mu m \cdot K$)	$A_{0-\lambda T}$	$\lambda T /$ ($\mu m \cdot K$)	$A_{0-\lambda T}$	$\lambda T /$ ($\mu m \cdot K$)	$A_{0-\lambda T}$
200	0	3200	0.3181	6200	0.7542	11000	0.9320
400	0	3400	0.3618	6400	0.7693	11500	0.9390
600	0	3600	0.4036	6600	0.7833	12000	0.9452
800	0	3800	0.4434	6800	0.7962	13000	0.9552
1000	0.0003	4000	0.4809	7000	0.8082	14000	0.9630
1200	0.0021	4200	0.5161	7200	0.8193	15000	0.9690
1400	0.0078	4400	0.5488	7400	0.8296	16000	0.9739
1600	0.0197	4600	0.5793	7600	0.8392	18000	0.9809
1800	0.0394	4800	0.6076	7800	0.8481	20000	0.9857
2000	0.0667	5000	0.6338	8000	0.8563	40000	0.9981
2200	0.1009	5200	0.6580	8500	0.8747	50000	0.9991
2400	0.1403	5400	0.6804	9000	0.8901	75000	0.9998
2600	0.1831	5600	0.7011	9500	0.9032	100000	1.0000
2800	0.2279	5800	0.7202	10000	0.9143		
3000	0.2733	6000	0.7379	10500	0.9238		

【例14-2】 某白炽灯泡，其灯丝温度 $T = 3000\text{K}$，假定灯丝的辐射光谱近似于黑体辐射，试求在可见光区（$\lambda = 0.38 \sim 0.76 \mu m$）内的辐射能所占的份额。

【解】 当 $\lambda = 0.38 \sim 0.76 \mu m$ 时，

$$\lambda_1 T = (0.38 \times 3000) \ \mu m \cdot K = 1140 \mu m \cdot K$$

$$\lambda_2 T = (0.76 \times 3000) \ \mu m \cdot K = 2280 \mu m \cdot K$$

查表14-1，得 $A_{0-\lambda_1 T} = 0.140\%$，$A_{0-\lambda_2 T} = 11.686\%$

因而 $$A_{\lambda_1 T - \lambda_2 T} = A_{0-\lambda_2 T} - A_{0-\lambda_1 T} = 11.686\% - 0.140\% = 11.546\%$$

可见，白炽灯泡发出的可见光所占的份额仅为11.546%，可见其光效能是很低的。

以上确定了黑体的辐射力，而工程中需要分析辐射力的实际物体并非黑体，为了能最终确定实际物体的辐射力，在此介绍以下几个相关概念。

实际物体的单色发射率和发射率（黑度、黑率）：如图14-7所示，实际物体与黑体在特定温度下，对于某波长的单色辐射力是不相等的。

在某特定温度下，某波长实际物体的单色辐射力与同温度下该波长黑体的单色辐射力的比值称为该实际物体的单色发射率，符号为 ε_λ，无因次量。

$$E_\lambda = \varepsilon_\lambda E_{b\lambda} \tag{14-23}$$

或

$$\varepsilon_\lambda = \frac{E_\lambda}{E_{b\lambda}} \tag{14-24}$$

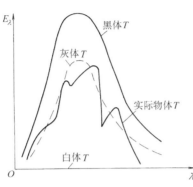 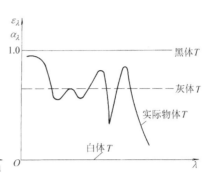

图 14-7　实际物体的辐射和吸收

由于图 14-7 曲线下的面积即表示相应的辐射力，可见实际物体的辐射力与同温度下黑体的辐射力也是不相等的。

在某温度下，实际物体的辐射力与同温度下黑体辐射力的比值称为该实际物体的发射率，符号为 ε，无因次量。

$$\varepsilon = \frac{E}{E_b} \tag{14-25}$$

或

$$E = \varepsilon E_b \tag{14-26}$$

由此可见，实际物体的辐射力服从斯蒂芬—玻尔兹曼定律（四次方定律），即

$$E = \varepsilon E_b = \varepsilon \sigma_b T^4 = \varepsilon C_b \left(\frac{T}{100}\right)^4 \tag{14-27}$$

灰体：单色发射率不随波长而变化的物体称为灰体，如图 14-7 所示。

$$\varepsilon = \varepsilon_\lambda \neq f(\lambda) \tag{14-28}$$

作为一种研究中的假想物体，在自然界中灰体并不存在。但是如图 14-7 所示，灰体的辐射力遵循斯蒂芬—玻尔兹曼定律，即

$$E = C\left(\frac{T}{100}\right)^4 = \varepsilon C_b \left(\frac{T}{100}\right)^4 \tag{14-29}$$

式中　C——灰体辐射系数。

如前所述，实际物体的发射率随着波长而变化，可见实际物体并不是灰体。但研究表明，在红外波长范围内，大多数实际物体可以近似地看作灰体。所以，在工程上，实际物体的表面可作灰表面处理，其辐射力通常也运用式（14-29）进行计算。但如此处理仅是为了方便起见，在实际物体发射率的数值确定中，通常要考虑到此种误差，并且对其加以修正。

四、兰贝特余弦定律

从理论上可以证明，黑体的辐射强度与辐射方向无关。也就是说，黑体在半球空间各个方向上的辐射强度都相等，这个规律称为兰贝特定律，可以表示为

$$I_{\theta_1} = I_{\theta_2} = \cdots = I_n \tag{14-30}$$

根据定向辐射力和定向辐射强度的关系，有

$$E_\theta = I_\theta \cos\theta = I_n \cos\theta = E_n \cos\theta \tag{14-31}$$

这说明，定向辐射力的数值和其与法线间的成角 θ 有关，其值正比于该夹角的余弦，且

以法线方向的定向辐射力最大，所以兰贝特定律又称为兰贝特余弦定律。

实际物体不同于黑体，其表面朝向半球空间各个方向的辐射强度是不相等的。我们将朝向半球空间各个方向辐射强度相等的表面称为漫辐射表面。那么，黑体表面是漫辐射表面，而实际物体表面不是漫辐射表面。

因此，实际物体表面不遵循兰贝特余弦定律。而漫辐射表面符合兰贝特余弦定律，且可以证明其辐射力是任意方向辐射力的 π 倍。

$$E = \pi I \tag{14-32}$$

实际物体表面的辐射强度在各个方向上存在差异，即存在方向辐射特性。我们将实际物体的定向辐射力与同温度下黑体定向辐射力的比值，称为定向发射率，符号为 ε_θ，无因次量。

$$\varepsilon_\theta = \frac{E_\theta}{E_{b\theta}} = \frac{I_\theta}{I_{b\theta}} = f(\theta) \tag{14-33}$$

如图14-8所示，用极坐标可以表示某些不同材料的定向发射率随 θ 的变化关系。经过实验测定表明，半球平均发射率与法线发射率的差异并不大，两者的关系可以如下表示：

对于非金属表面 $\qquad\qquad \dfrac{\varepsilon}{\varepsilon_n} = 0.95 \sim 1.0$

对于磨光金属表面 $\qquad\qquad \dfrac{\varepsilon}{\varepsilon_n} = 1.0 \sim 1.2$

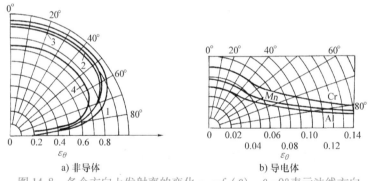

图 14-8　各个方向上发射率的变化 $\varepsilon_\theta = f(\theta)$　$\theta = 0°$ 表示法线方向

介于以上关系，在工程上，大多数工程材料往往可以不计其方向辐射特性，近似地认为服从兰贝特余弦定律，即将实际物体表面做漫辐射表面处理。

五、基尔霍夫定律

基尔霍夫定律表达了实际物体的辐射能力和吸收能力之间的关系，用下式表示

$$\frac{E}{\alpha} = E_b \tag{14-34}$$

定律可以描述为，在某温度下，实际物体的辐射力与吸收率之间的比值恒等于同温度下黑体的辐射力。

需要指出的是，该定律是在温度平衡条件下导出的，只有在温度平衡条件下才能成立。

由基尔霍夫定律可见，在相同温度条件下，辐射力大的物体，其吸收率也大，即善于辐射的物体也善于吸收。甚至，在某种波长下，如果物体不能吸收，也就不会发射。另外，因为尤以黑体的辐射力为最大，所以恒有实际物体的吸收率 $\alpha < 1$。

根据发射率的定义，基尔霍夫定律还有以下形式

$$\varepsilon = \alpha \tag{14-35}$$

该式表示，在温度平衡条件下，物体的发射率等于物体的吸收率。

对于在给定方向上某一波长的能量，基尔霍夫定律仍然成立，即

$$\varepsilon_{\lambda,\theta} = \alpha_{\lambda,\theta} \tag{14-36}$$

对于漫辐射表面，由于辐射性质与方向无关，定律可以表达为

$$\varepsilon_\lambda = \alpha_\lambda \tag{14-37}$$

该式表示，在温度平衡条件下，物体的单色发射率等于它的单色吸收率。

对于灰表面，辐射性质与波长无关，定律可以表达为

$$\varepsilon_\theta = \alpha_\theta \tag{14-38}$$

该式表示，在温度平衡条件下，灰体的定向发射率等于它的定向吸收率。

由此可见，对于漫—灰表面，定律可以表达为

$$\varepsilon = \alpha \tag{14-39}$$

在工程中，通常将实际物体近似地按照漫—灰表面来处理，应用式（14-39）进行计算。特别指出，实际物体的吸收率可以采用如下方法确定：

如果假设受射物体的表面温度为 T_1，发射物体的表面温度为 T_2，那么对于非金属受射体表面，其吸收率等于以 T_2 查得的发射率数值；对于金属受射体表面，其吸收率等于以 $T_m = T_1 T_2$ 查得的发射率数值。

第三节　物体表面间的辐射换热

在工程中，经常需要计算两物体间的辐射换热，然而物体间的位置关系又常常不一而同，但是相对地，这些物体间的位置关系总是那样几种较典型的几何位置关系。下面我们就这些情况一一加以讨论。

一、有效辐射

灰体表面的自身辐射和反射辐射之和称为有效辐射，用符号 J 表示，单位为 W/m^2，如图 14-9 所示。

$$J = E + \rho G \tag{14-40}$$

式中　J——有效辐射，单位为 W/m^2；

　　　E——灰体表面的辐射力；

　　　ρ——灰体表面的反射率；

　　　G——外界对灰体表面的投射辐射。

根据 $\alpha + \rho = 1$，$\varepsilon = \alpha$，有

$$J = E + (1-\alpha)G = E + (1-\varepsilon)G \tag{14-41}$$

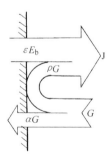

图 14-9　有效辐射示意图

与黑表面不同，灰表面对于投射来的能量只能吸收其中的一部分，另外一部分能量将被反射回去。这样，如果有多个灰表面，在灰表面彼此间就会存在多次反射和吸收的现象。在灰表面的辐射计算中，如果将方向背离灰表面的各种辐射能量整体化，即将自身辐射和反射辐射之和以有效辐射代替，就会使得此类计算得到简化。

如前文所述，对一般条件下的工程物体表面进行漫—灰处理，如此，灰面的有效辐射可以适用于工程实际物体。

二、两平行平壁间的辐射换热

假设两块平壁平行放置，它们的表面尺寸较比相互间距离大得多。

以 E_1，T_1，ε_1 和 E_2，T_2，ε_2 分别代表平壁1和平壁2的辐射力、热力学温度和发射率。

在此，两平行平壁间的辐射换热问题，就可以从这两个表面的有效辐射出发推导出它们之间的辐射热流密度。

平壁1的有效辐射

①
$$J_1 = E_1 + (1 - \varepsilon_1)J_2$$

平壁2的有效辐射

②
$$J_2 = E_2 + (1 - \varepsilon_2)J_1$$

①②二式联立求解

③
$$J_1 = \frac{E_1 + E_2 - \varepsilon_1 E_2}{\varepsilon_1 + \varepsilon_2 - \varepsilon_1 \varepsilon_2}$$

④
$$J_2 = \frac{E_1 + E_2 - \varepsilon_2 E_1}{\varepsilon_1 + \varepsilon_2 - \varepsilon_1 \varepsilon_2}$$

两平面有效辐射的差值即为两平面间的辐射热流密度，即

$$q_{12} = J_1 - J_2 = \frac{\varepsilon_2 E_1 - \varepsilon_1 E_2}{\varepsilon_1 + \varepsilon_2 - \varepsilon_1 \varepsilon_2} \tag{14-42}$$

由斯蒂芬—玻尔兹曼定律

$$E = \varepsilon C_{\mathrm{b}} \left(\frac{T}{100} \right)^4$$

则

$$q_{12} = \frac{C_{\mathrm{b}}}{\dfrac{1}{\varepsilon_1} + \dfrac{1}{\varepsilon_2} - 1} \left[\left(\frac{T_1}{100} \right)^4 - \left(\frac{T_2}{100} \right)^4 \right] \tag{14-43}$$

设

$$C_{12} = \frac{C_{\mathrm{b}}}{\dfrac{1}{\varepsilon_1} + \dfrac{1}{\varepsilon_2} - 1} \tag{14-44}$$

C_{12} 称为平行平壁的相当辐射系数，则

$$q_{12} = C_{12} \left[\left(\frac{T_1}{100} \right)^4 - \left(\frac{T_2}{100} \right)^4 \right] \tag{14-45}$$

设

$$\varepsilon_{12} = \frac{1}{\dfrac{1}{\varepsilon_1} + \dfrac{1}{\varepsilon_2} - 1} \tag{14-46}$$

ε_{12} 称为相当黑度，则

$$q_{1,2} = \varepsilon_{1,2} C_{\mathrm{b}} \left[\left(\frac{T_1}{100} \right)^4 - \left(\frac{T_2}{100} \right)^4 \right] \tag{14-47}$$

其数值可以由实验曲线查得，如图14-10所示。

对于加热炉外壳与炉壁间、空气夹层的两侧壁表面间、保温瓶的双层瓶胆两内壁表面间的辐射换热，都可以应用以上方法进行计算。

三、密闭空间内的物体与周围壁面间的辐射换热

假设物体1被物体2所包围，如图14-11所示。

以 A_1、E_1、T_1、ε_1 和 A_2、E_2、T_2、ε_2 分别代表物体1和物体2的表面积、辐射力、热力学温度和发射率。

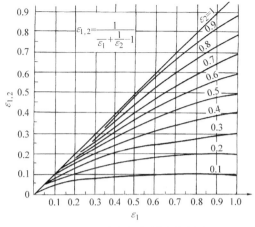

图 14-10 确定相当黑度的图表

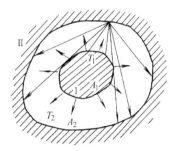

图 14-11 密闭空间内的物体与
周围壁面之间的辐射换热

$\varphi_{2,1}$代表由 A_2 投射到 A_1 上的能量在 A_2 的有效辐射中所占有的百分数。

在此,两物体间的辐射换热问题,依然可以从这两个表面的有效辐射出发,推导出它们之间的辐射热流量。

物体 1 的有效辐射

① $$J_1 = E_1 + (1 - \varepsilon_1)\varphi_{2,1}J_2$$

物体 2 的有效辐射

② $$J_2 = E_2 + (1 - \varepsilon_2)[J_1 + (1 - \varphi_{2,1})J_2]$$

发生于两物体间的有效辐射差值即为两物体间的辐射热流量,即

③ $$\Phi_{1,2} = J_1 - \varphi_{2,1}J_2$$

将式①②代入式③有

$$\Phi_{1,2} = \frac{C_b}{\dfrac{1}{\varepsilon_1} + \varphi_{2,1}\left(\dfrac{1}{\varepsilon_2} - 1\right)}\left[A_1\left(\frac{T_1}{100}\right)^4 - \varphi_{2,1}A_2\left(\frac{T_2}{100}\right)^4\right] \qquad (14\text{-}48)$$

如果 $T_1 = T_2$,那么 $\Phi_{1,2} = 0$,由上式可得

$$A_1\left(\frac{T_1}{100}\right)^4 - \varphi_{2,1}A_2\left(\frac{T_2}{100}\right)^4 = 0$$

$$\varphi_{2,1} = \frac{A_1}{A_2} \qquad (14\text{-}49)$$

式中 $\varphi_{2,1}$——A_2 表面对 A_1 表面的平均角系数,它集中反映了在密闭空间中的物体与周围壁面在发生辐射换热时相互间的几何关系。

将 $\varphi_{2,1} = \dfrac{A_1}{A_2}$ 代入式(14-48)化简,得

$$\Phi_{1,2} = \frac{C_b}{\dfrac{1}{\varepsilon_1} + \dfrac{A_1}{A_2}\left(\dfrac{1}{\varepsilon_2} - 1\right)}\left[\left(\frac{T_1}{100}\right)^4 - \left(\frac{T_2}{100}\right)^4\right]A_1 \qquad (14\text{-}50)$$

设

$$C_{1,2} = \frac{C_b}{\dfrac{1}{\varepsilon_1} + \dfrac{A_1}{A_2}\left(\dfrac{1}{\varepsilon_2} - 1\right)} \qquad (14\text{-}51)$$

则

$$\Phi_{1,2} = C_{1,2}\left[\left(\frac{T_1}{100}\right)^4 - \left(\frac{T_2}{100}\right)^4\right]A_1 \tag{14-52}$$

对于热源（如加热炉）外壁表面与车间内壁间、管沟中的管道表面与沟壁间的辐射换热，都可以应用以上方法进行计算，如图14-12所示。

需要指出，被包围物体必须表面无凹形，否则其表面辐射的能量会有一部分落在自身表面上，这与以上假设不符。否则，A_1 表面面积应加以修正。

当 $A_1 \ll A_2$ 时，式（14-50）可简化为

$$\Phi_{1,2} = A_1\varepsilon_1 C_b\left[\left(\frac{T_1}{100}\right)^4 - \left(\frac{T_2}{100}\right)^4\right] = A_1 C_1\left[\left(\frac{T_1}{100}\right)^4 - \left(\frac{T_2}{100}\right)^4\right] \tag{14-53}$$

式中 C_1——被包围物体的相当辐射系数。

对于室内辐射的架空管道、室内采暖辐射板、煤气红外线辐射器等与室内间的辐射换热，外墙壁面与室外周围环境间的辐射换热，都可以应用上式进行计算，如图14-13所示。

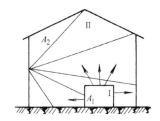

图14-12 加热炉外表面与车间内壁之间的辐射换热

图14-13 采暖辐射板与室内周围墙壁之间的辐射换热

需要指出，通常周围环境的壁温在各处不能达到完全一致，为简化计算，一般可以空气温度作为周围环境的壁温。

当 $A_1 \approx A_2$ 时，式（14-50）就演化为两平行平壁间的辐射换热式（14-47）。

【例14-3】 已知某车间辐射采暖系统中块状辐射板的尺寸为 $1 \times 0.5 m^2$，辐射板面的平均温度为100℃，黑度为0.95，车间周围壁面温度为10℃，如果不考虑辐射板背面及侧面的作用，试求辐射板面与四周壁面的辐射热流量。

【解】 由于辐射板面积 A_1 比周围壁面 A_2 小得多，应用式（14-53）得

$$C_1 = \varepsilon_1 C_b = (0.95 \times 5.67)\ W/(m^2 \cdot K^4) = 5.39 W/(m^2 \cdot K^4)$$

$$T_1 = (273 + 100)\ K = 373K$$

$$T_2 = (273 + 10)\ K = 283K$$

$$A_1 = (1 \times 0.5)\ m^2 = 0.5 m^2$$

辐射板与四周壁面的辐射热流量为

$$Q_{1,2} = C_1 A_1\left[\left(\frac{T_1}{100}\right)^4 - \left(\frac{T_2}{100}\right)^4\right] = \left\{5.39 \times 0.5\left[\left(\frac{373}{100}\right)^4 - \left(\frac{283}{100}\right)^4\right]\right\}W = 348.8W$$

四、任意位置两物体间的辐射换热

任意位置两物体间的距离通常很大，此时相互间投射的能量都只是各自发射能量的一部分。考虑到大多数工程材料的吸收率都很大，反射辐射的能量数值就很小，可以忽略不计，如图14-14所示。

相关物理量的设定同前，则

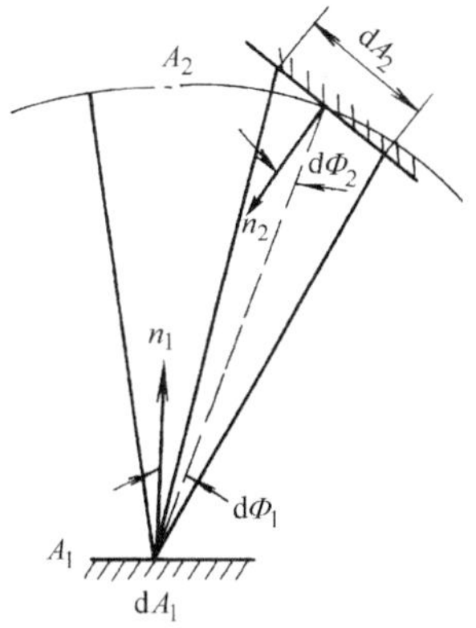

物体 1 的有效辐射

$$J_1 = E_1 A_1$$

物体 2 的有效辐射

$$J_2 = E_2 A_2$$

如果，以 $\varphi_{1,2}$ 代表由 A_1 投射到 A_2 上的能量在 A_1 的有效辐射中所占有的百分数，以 $\varphi_{2,1}$ 代表由 A_2 投射到 A_1 上的能量在 A_2 的有效辐射中所占有的百分数，那么

物体 1 向物体 2 的投射能量

$$G_1 = \varphi_{1,2} J_1 = \varphi_{2,1} E_1 A_1$$

物体 2 向物体 1 的投射能量

$$G_2 = \varphi_{2,1} J_2 = \varphi_{2,1} E_2 A_2$$

物体 1 吸收物体 2 的投射能量

$$\alpha_1 G_2 = \alpha_1 \varphi_{2,1} E_2 A_2 = \varepsilon_1 \varphi_{2,1} E_2 A_2$$

物体 2 吸收物体 1 的投射能量

$$\alpha_2 G_1 = \alpha_2 \varphi_{1,2} E_1 A_1 = \varepsilon_2 \varphi_{1,2} E_1 A_1$$

两物体相互吸收投射能量的差值即为两物体间的辐射换热量

$$\Phi_{1,2} = \varepsilon_2 \varphi_{1,2} E_1 A_1 - \varepsilon_1 \varphi_{2,1} E_2 A_2 \tag{14-54}$$

经推导并简化得

$$\Phi_{1,2} = \varepsilon_1 \varepsilon_2 C_b \left[\left(\frac{T_1}{100} \right)^4 \varphi_{1,2} A_1 - \left(\frac{T_2}{100} \right)^4 \varphi_{2,1} A_2 \right] \tag{14-55}$$

如果 $T_1 = T_2$，那么 $\Phi_{1,2} = 0$，由上式可得

$$\varphi_{1,2} A_1 = \varphi_{2,1} A_2 \tag{14-56}$$

将上式代入式（14-55），得

$$\Phi_{1,2} = \varepsilon_1 \varepsilon_2 C_b \left[\left(\frac{T_1}{100} \right)^4 - \left(\frac{T_2}{100} \right)^4 \right] \varphi_{1,2} A_1 \tag{14-57}$$

或

$$\Phi_{1,2} = \varepsilon_1 \varepsilon_2 C_b \left[\left(\frac{T_1}{100} \right)^4 - \left(\frac{T_2}{100} \right)^4 \right] \varphi_{2,1} A_2 \tag{14-58}$$

设 $C_{1,2} = \varepsilon_1 \varepsilon_2 C_b$，称为任意位置两物体间的相当辐射系数，则

$$\Phi_{1,2} = C_{1,2} \left[\left(\frac{T_1}{100} \right)^4 - \left(\frac{T_2}{100} \right)^4 \right] \varphi_{1,2} A_1 \tag{14-59}$$

或

$$\Phi_{1,2} = C_{1,2} \left[\left(\frac{T_1}{100} \right)^4 - \left(\frac{T_2}{100} \right)^4 \right] \varphi_{2,1} A_2 \tag{14-60}$$

图 14-14 任意位置的两物体之间的辐射换热

【例 14-4】 某车间采用带型辐射板采暖，尺寸为 2.5m×0.5m 的辐射板水平吊装在桁架下，标高为 4.0m，板表面温度为 100℃，黑度为 0.95。已知水平工作面温度为 12℃，黑度为 0.9，标高为 0.8m，其大小与辐射板相同，由两者相互位置确定的平均角系数为 $\varphi_{1,2} = \varphi_{2,1} = 0.04$，试求工作台上所得到的辐射热。

【解】 依题意，本题属于任意位置两物体间的辐射换热问题。

$$C_{1,2} \approx \varepsilon_1 \varepsilon_2 C_b = (0.95 \times 0.9 \times 5.67) \ \text{W}/(\text{m}^2 \cdot \text{K}^4) = 4.85 \text{W}/(\text{m}^2 \cdot \text{K}^4)$$

$$A_1 = A_2 = (2.5 \times 0.5) \ \text{m}^2 = 1.25 \text{m}^2$$

$$T_1 = (273 + 100) \ \text{K} = 373\text{K}$$

$$T_2 = (273 + 12) \ \text{K} = 285\text{K}$$

根据式（14-60），工作台获得的辐射热为

$$\Phi_{1,2} = C_{1,2}\left[\left(\frac{T_1}{100}\right)^4 - \left(\frac{T_2}{100}\right)^4\right]\varphi_{2,1}A_2$$

$$= \left\{4.85 \times \left[\left(\frac{373}{100}\right)^4 - \left(\frac{285}{100}\right)^4\right] \times 0.04 \times 1.25\right\}\text{W} = 30.45\text{W}$$

五、辐射隔热

在工程中有许多时候要对辐射换热的强度加以抑制，减少表面间辐射换热的常用有效方法是采用高反射率的表面涂层，或者在表面间加设遮热板。现在以遮热板为例来说明遮热原理。

设有两块无限大平行平板，在这两块平行平板间加一块遮热板，如图14-15所示。

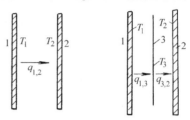

图 14-15 遮热板原理

以 T_1，ε_1 和 T_2，ε_2 分别代表平板1和平板2的热力学温度和发射率，且 $T_1 > T_2$，以 ε_3 代表遮热板的发射率。如果遮热板很薄，其热导率又很大，那么遮热板两侧的表面温度可以认为是相等的，以 T_3 表示。在未加遮热板时，两平行平板间的辐射热流密度以 $q_{1,2}$ 表示，添加遮热板后以 $q_{1,2}'$ 表示。

未加遮热板时，两平行平板间的辐射热流密度

① $$q_{1,2} = \varepsilon_{1,2}C_b\left[\left(\frac{T_1}{100}\right)^4 - \left(\frac{T_2}{100}\right)^4\right]$$

添加遮热板后，平板1和遮热板间的辐射热流密度

② $$q_{1,3} = \varepsilon_{1,3}C_b\left[\left(\frac{T_1}{100}\right)^4 - \left(\frac{T_3}{100}\right)^4\right]$$

添加遮热板后，平板2和遮热板间的辐射热流密度

③ $$q_{3,2} = \varepsilon_{3,2}C_b\left[\left(\frac{T_3}{100}\right)^4 - \left(\frac{T_2}{100}\right)^4\right]$$

在稳态情况下

$$q_{1,3} = q_{3,2} = q_{1,2}'$$

为了便于比较，姑且假设各板表面的发射率均相等，即

$$\varepsilon_1 = \varepsilon_2 = \varepsilon_3 = \varepsilon$$

$$\varepsilon_{1,2} = \varepsilon_{1,3}$$

则

$$\left(\frac{T_3}{100}\right)^4 = \frac{1}{2}\left[\left(\frac{T_1}{100}\right)^4 + \left(\frac{T_2}{100}\right)^4\right] \tag{14-61}$$

将上式代入②得

$$q_{1,2}' = q_{1,3} = \frac{1}{2}\varepsilon_{1,3}C_b\left[\left(\frac{T_1}{100}\right)^4 - \left(\frac{T_3}{100}\right)^4\right] \tag{14-62}$$

即

$$q_{1,2}' = \frac{1}{2}q_{1,2} \qquad (14-63)$$

可见，在两平行平板间加入一块与板面发射率相同的遮热板后，两平行平板间的辐射热流密度将减少到原来的二分之一。

进一步推论，当加入 n 块与板面发射率相同的遮热板后，两平行平板间的辐射热流密度将减少到原来的 $1/n$。

这充分表明，添加遮热板能够很好地阻隔辐射能的传递，而且添加层数越多，阻隔辐射能即遮热的效果越好。

实际上，如果选用反射率较高的材料（如铝箔）做遮热板，ε_3 要远小于 ε_1 和 ε_2，此时的遮热效果远比上述假设状况的遮热效果显著的多。

例如，房屋外围结构上的采光处，为了能有进一步隔绝室内外温度环境的效果，人们可以选择既透过可见光又不透过长波热射线的材料，如玻璃、塑料薄膜等，对此类地方的外围结构做处理。另外，水幕或水雾形成的流动屏障也有着非常良好的遮热效果。这是因为水对长波热射线有着较高的吸收率，吸收辐射热的水体随着自身的流动能够及时地把热量带走，所以这也是实践中对遮热板应用的生动实例。

第四节　热辐射角系数的确定方法

确定角系数，在辐射换热计算中十分重要。下面就解释角系数并对它的几种确定方法加以介绍。

一、角系数

空间任意放置的两黑表面 A_1、A_2，它们的热力学温度分别为 T_1、T_2，从两黑表面上分别取微面积 dA_1、dA_2，相互间的距离为 r，各黑表面的法线与两微面积中心连线 r 之间的夹角分别为 θ_1、θ_2，如图 14-16 所示。

微面积 dA_1 投射到 A_2 表面上的能量占微面积 dA_1 向半球空间辐射的总能量的百分数称为 dA_1 对 A_2 的角系数，用符号 φ_{dA_1,A_2} 表示，是无因次量，其中 φ 的右下第一脚码是指发射体，第二脚码是指受射体。角系数可以用下式表达：

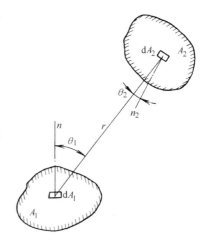

$$\varphi_{dA_1,A_2} = \int_{A_2} \frac{\cos\theta_1\cos\theta_2}{\pi r^2} dA_2 \qquad (14-64)$$

上面的 φ_{dA_1,A_2} 对 A_1 积分可得

图 14-16　任意位置两表面的辐射换热

$$\int_{A_1} \varphi_{dA_1,A_2} dA_1 = \varphi_{1,2}A_1 \qquad (14-65)$$

在上式中，$\varphi_{1,2}$ 则是 A_1 对 A_2 的平均角系数，表示 A_1 表面向半球空间辐射的能量投落到 A_2 表面上的百分数，是无因次量。

二、积分法确定角系数

如图 14-17 所示，微面积 dA_1 与直径为 D 的圆面积 A_2 相平行，微面积位于圆面积圆心的法线上，两者距离为 R，确定 φ_{dA_1,A_2}。

在圆面积 A_2 上距圆心 x 处，取一宽度为 $\mathrm{d}x$ 的环形微面积 $\mathrm{d}A_2 = 2\pi x \mathrm{d}x$。

对于任意 x，$\theta_1 = \theta_2$，$r = \sqrt{R^2 + x^2}$，有

$$\cos\theta_1 = \cos\theta_2 = \cos\theta = \frac{R}{\sqrt{R^2 + x^2}}$$

$$\varphi_{\mathrm{d}A_1, A_2} = \int_{A_2} \frac{\cos\theta_2 \cos\theta_1}{\pi r^2} \mathrm{d}A_2 = \int_{A_2} \frac{\cos^2\theta}{\pi r^2} \mathrm{d}A_2$$

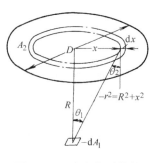

图 14-17　确定角系数的积分法示例

从角系数表达式可得

$$\varphi_{\mathrm{d}A_1, A_2} = \int_{A_2} \frac{R^2 2\pi x \mathrm{d}x}{\pi (R^2 + x^2)^2} = R^2 \int_{A_2} \frac{\mathrm{d}x^2}{(R^2 + x^2)^2}$$

$$(14\text{-}66)$$

$$= R^2 \int_0^{D/2} \frac{\mathrm{d}x^2}{(R^2 + x^2)^2} = -R^2 \left(\frac{1}{R^2 + x^2} \right)_0^{D/2} = \frac{D^2}{4R^2 + D^2}$$

为了简化计算，对于不同相对位置关系的物体间角系数，已经由理论导出计算式，并绘制成线算图，图 14-18 ~ 图 14-20 是比较常用的几张角系数线算图。

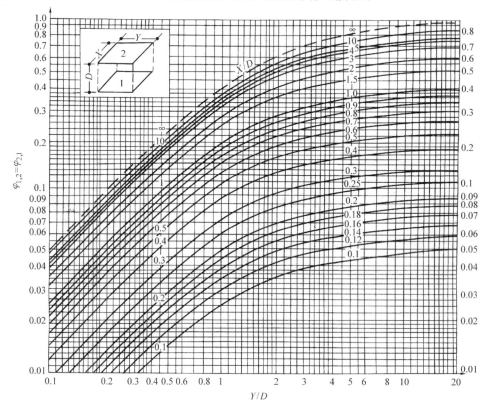

图 14-18　平行长方形表面间的角系数

三、代数法确定角系数

代数法确定角系数是一种相对较简便的方法，使用这种方法对于理解角系数这个概念的

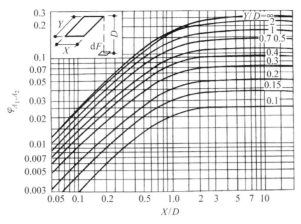

图 14-19 微元面对长方形表面间的角系数

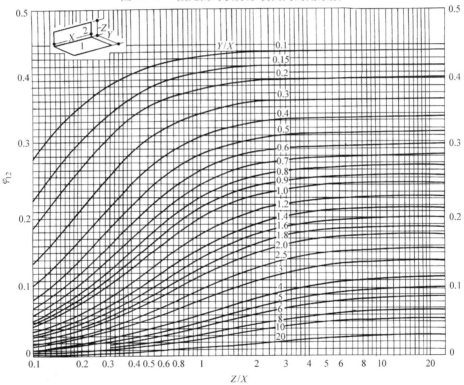

图 14-20 相互垂直两长方形表面间的角系数

含义十分有帮助。下面依次从角系数的几个特性出发对这种方法加以说明。

1）角系数具有互换性，如图 14-16 所示。这种特性可以用下面代数式表示

$$\varphi_{1,2} A_1 = \varphi_{2,1} A_2 \tag{14-67}$$

这说明任意两表面间的角系数是通过上面的这种函数关系相关联的，只要知道其中一个，那么相应地就可以得到另外一个。

2）角系数具有完整性，如图 14-21 所示。这种特性可以用下面代数式表示

$$\varphi_{i,1} + \varphi_{i,2} + \varphi_{i,3} + \cdots + \varphi_{i,n} = \sum_{j=1}^{n} \varphi_{i,j} = 1 \tag{14-68}$$

这说明任何一个表面发射的能量必都落到位于它周围的其他表面上，即服从能量守恒原理。

下面就基于上述角系数的两个特性，以发生于三个凸形表面所构成的空腔中的辐射换热为例，推导这三个表面积分别为 A_1、A_2、A_3 的凸形表面相互间的角系数，如图14-22所示。

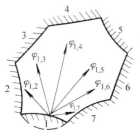

图14-21 角系数的完整性

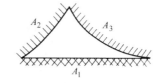

图14-22 三个凸表面组成的空腔

依据角系数的完整性，可以有

$$\left.\begin{array}{l}\varphi_{1,2}A_1 + \varphi_{1,3}A_1 = A_1 \\ \varphi_{2,1}A_2 + \varphi_{2,3}A_2 = A_2 \\ \varphi_{3,1}A_3 + \varphi_{3,2}A_3 = A_3\end{array}\right\}$$

依据角系数的互换性，可以有

$$\left.\begin{array}{l}\varphi_{1,2}A_1 = \varphi_{2,1}A_2 \\ \varphi_{1,3}A_1 = \varphi_{3,1}A_3 \\ \varphi_{2,3}A_2 = \varphi_{3,2}A_3\end{array}\right\}$$

由以上两组方程，可得

$$\varphi_{1,2}A_1 + \varphi_{1,3}A_1 + \varphi_{2,3}A_2 = \frac{1}{2}(A_1 + A_2 + A_3)$$

进一步整理，有

$$\left.\begin{array}{l}\varphi_{2,3}A_2 = \dfrac{1}{2}(A_2 + A_3 - A_1) \\[2mm] \varphi_{1,3}A_1 = \dfrac{1}{2}(A_1 + A_3 - A_2) \\[2mm] \varphi_{1,2}A_1 = \dfrac{1}{2}(A_1 + A_2 - A_3)\end{array}\right\}$$

因此，各凸形表面间的角系数分别为

$$\left.\begin{array}{l}\varphi_{1,2} = \dfrac{A_1 + A_2 - A_3}{2A_1} \\[3mm] \varphi_{1,3} = \dfrac{A_1 + A_3 - A_2}{2A_1} \\[3mm] \varphi_{2,3} = \dfrac{A_2 + A_3 - A_1}{2A_2}\end{array}\right\}$$

与上面三个凸形表面的情形相类似，对于常见的空腔表面2与内包凸形表面1之间发生的辐射换热，依据角系数的互换性来确定空腔表面2与内包凸形表面间的角系数也非常方便，如图14-11所示。

显然

$$\varphi_{1,2} = 1$$

根据角系数的互换性

$$\varphi_{1,2}A_1 = \varphi_{2,1}A_2$$

据此，得

$$\varphi_{2,1} = \frac{A_1}{A_2}$$

3）角系数还具有分解性，如图 14-23 所示，当两个表面 A_1、A_2 之间进行辐射换热时，如把表面 A_1 分解为 A_3 与 A_4（图 14-23a），可有

$$A_1\varphi_{1,2} = A_2\varphi_{3,2} + A_4\varphi_{4,2}$$

如把 A_2 表面分解为 A_5 与 A_6（图 14-23b），可有

$$A_1\varphi_{1,2} = A_1\varphi_{1,5} + A_1\varphi_{1,6}$$

利用这种分解性原理，可以扩大应用前面介绍过的线算图 14-18 ～图 14-20，如下示意（图 14-23c）。

$$\varphi_{1,3} = \varphi_{1(2,3)} - \varphi_{1,2}$$

$$A_1\varphi_{1,4} = A_{1,2}\varphi_{(1,2)4} - A_2\varphi_{2,4}$$

$$= \left[A_{1,2}\varphi_{(1,2)(3,4)} - A_{1,2}\varphi_{(1,2)3}\right] - \left[A_2\varphi_{2(3,4)} - A_2\varphi_{2,3}\right]$$

$$A_1\varphi_{1,4} = A_{1,2}\varphi_{(1,2)(3,4)} - A_1\varphi_{1,3} - A_2\varphi_{2,4} - A_2\varphi_{2,3}$$

因为

$$A_1\varphi_{1,4} = A_2\varphi_{2,3} = A_3\varphi_{3,2} = A_4\varphi_{4,1}$$

所以

$$A_1\varphi_{1,4} = \frac{1}{2}\left[A_{1,2}\varphi_{(1,2)(3,4)} - A_1\varphi_{1,3} - A_2\varphi_{2,4}\right]$$

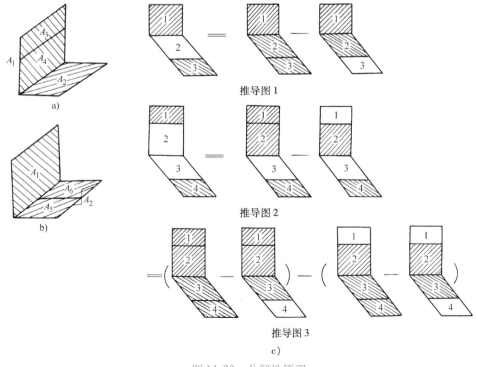

图 14-23　分解性原理

【例14-5】 利用线算图14-20，计算图14-24所示两表面1、4之间的辐射角系数。

【解】 考虑图14-24所示的情况属于上述第二种，

$$A_1\varphi_{1,4} = A_{1,2}\varphi_{(1,2)4} - A_2\varphi_{2,4}$$
$$= [A_{1,2}\varphi_{(1,2)(3,4)} - A_{1,2}\varphi_{(1,2)3}] - [A_2\varphi_{2(3,4)} - A_2\varphi_{2,3}]$$

由已知几何尺寸，查图14-20得

$$\varphi_{(1,2)(3,4)} = 0.2 \qquad \varphi_{(1,2)3} = 0.15$$
$$\varphi_{2(3,4)3} = 0.29 \qquad \varphi_{2,3} = 0.24$$

因为 $A_1 = 0.5\text{m}^2$ $A_{1,2} = 1.0\text{m}^2$ $A_2 = 0.5\text{m}^2$

所以 $\varphi_{1,4} = \dfrac{1}{0.5}[(1\times0.2 - 1\times0.15) - (0.5\times0.29 - 0.5\times0.24)] = 0.05$

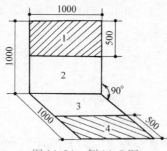

图14-24 例14-5图

【例14-6】 某辐射采暖房间如图14-25所示，由顶棚1、外墙2、内墙3（三个表面组合而成的集总表面）和地面4组成。其几何尺寸为 5m×4m×3m，预备在顶棚布置加热设备，试确定各表面间的辐射角系数。

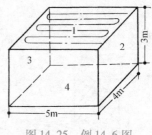

图14-25 例14-6图

【解】 分析表面1：

表面1对于自身，由于表面1是平表面，故 $\varphi_{1,1} = 0$

表面1对表面2，查图14-20，$\dfrac{Y}{X} = \dfrac{5}{4} = 1.25$ $\dfrac{Z}{X} = \dfrac{3}{4} = 0.75$

所以 $\varphi_{1,2} = 0.15$

表面1对表面4，查图14-18，$\dfrac{Y}{D} = \dfrac{5}{3} = 1.67$ $\dfrac{X}{D} = \dfrac{4}{3} = 1.33$ 所以 $\varphi_{1,4} = 0.31$

对表面1应用角系数的完整性，有

$$\varphi_{1,1} + \varphi_{1,2} + \varphi_{1,3} + \varphi_{1,4} = 1$$

则表面1对表面3， $\varphi_{1,3} = 1 - 0.15 - 0.31 = 0.54$

分析表面2：

表面2对于自身，由于表面2是平表面，故 $\varphi_{2,2} = 0$。

表面2对表面1，根据角系数的互换性 $A_1\varphi_{1,2} = A_2\varphi_{2,1}$，有

$$\varphi_{2,1} = \dfrac{A_1}{A_2}\varphi_{1,2} = \dfrac{20}{12}\times0.15 = 0.25$$

表面2对表面4，根据几何位置的对称性和尺寸的同一，显然

$$\varphi_{2,4} = \varphi_{2,1} = 0.25$$

对表面 2 应用角系数的完整性，有

$$\varphi_{2,1} + \varphi_{2,2} + \varphi_{2,3} + \varphi_{2,4} = 1$$

则表面 2 对表面 3，$\varphi_{2,3} = 1 - 0.25 - 0.25 = 0.50$

分析表面 3：

表面 3 对表面 1，根据角系数的互换性 $A_1\varphi_{1,3} = A_3\varphi_{3,1}$，有

$$\varphi_{3,1} = \frac{A_1}{A_3}\varphi_{1,3} = \frac{20}{40} \times 0.54 = 0.27$$

表面 3 对表面 4，根据几何位置的对称性和尺寸的同一，显然

$$\varphi_{3,4} = \varphi_{3,1} = 0.27$$

表面 3 对表面 2，根据角系数的互换性 $A_3\varphi_{3,2} = A_2\varphi_{2,3}$，有

$$\varphi_{3,2} = \frac{A_2}{A_3}\varphi_{2,3} = \frac{12}{42} \times 0.50 = 0.14$$

对表面 3 应用角系数的完整性，有

$$\varphi_{3,1} + \varphi_{3,2} + \varphi_{3,3} + \varphi_{3,4} = 1$$

则表面 3 对于自身，$\varphi_{3,4} = 1 - \varphi_{3,1} - \varphi_{3,2} - \varphi_{3,3} = 0.32$

分析表面 4：

表面 4 和表面 1，根据几何位置的对称性和尺寸的同一，显然

$$\varphi_{4,1} = \varphi_{1,4} \qquad \varphi_{4,2} = \varphi_{1,2} \qquad \varphi_{4,3} = \varphi_{1,3}$$

即

$$\varphi_{4,1} = 0.31 \qquad \varphi_{4,2} = 0.15 \qquad \varphi_{4,3} = 0.54$$

第五节　气　体　辐　射

一、气体辐射的特点

气体的微观结构是决定气体辐射能力的根本因素，不同微观结构的气体有着不同强度的气体辐射能力。单原子气体和某些对称型双原子气体（如 H_2、N_2、O_2 等）的辐射能力非常微弱，而多原子气体，尤其是高温烟气中的 H_2O、CO_2、SO_2 等，却有着极强的辐射能力，这在炉内换热中有着极为重要的意义。另外，气体在气体层厚度不大、温度不高时的辐射能力极低，几乎可以略去不计。

同固体辐射、液体辐射相比，气体辐射有以下两个特征：

（1）气体辐射具有选择性　固体的辐射光谱是连续的，能够辐射波长 $\lambda = 0 \sim \infty$ 范围的能量，而气体的辐射光谱是断续的，只能够辐射某些波长范围的能量，我们将这些波长范围称为光带，如图 14-26a 所示。

介于辐射和吸收的一致性，气体对于投射能量的吸收也同样具有选择性。且气体的吸收光谱呈现出与辐射光谱完全相同的带状特征，并做断续分布，如图 14-26b 所示。对于光带以外的波长能量，气体既不能辐射也不能吸收。

（2）气体辐射呈现容积性　固体的辐射发生于很薄层的固体表面，而气体的辐射是在整个气体体积中进行的。气体层界面上所呈现出的辐射力为整个体积气体的辐射在到达其界面上的集总。就吸收而言，如果有光带中的波长能量射线穿过气体层，能量射线将在沿途行

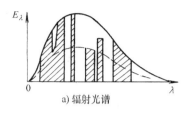
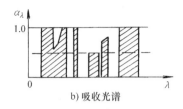

a) 辐射光谱　　　　　　　　　　　　　b) 吸收光谱

图 14-26　黑体、灰体、气体的辐射光谱和吸收光谱的比较

进的过程中，不断地被相遇的气体分子所吸收而逐渐减弱。

能量射线穿过气体的路程称为射线行程或辐射层厚度，用符号 s 表示。

可见，能量射线在射线行程或辐射层厚度内，相遇的分子数越多，能量被吸收的就越多。介于其单位体积分子数和气体温度、气体分压力间的相关性，能量被吸收的程度将与气体温度、气体分压力、射线行程相关。所以气体对某些波长能量射线的吸收，即气体的单色吸收率是气体温度、气体分压力及气体层厚度的函数，可以用如下函数关系式表示：

$$\alpha_\lambda = f(T, p, s) \tag{14-69}$$

二、气体吸收定律

当气体光带中某波长的能量射线穿过气体层时，其单色辐射强度具有按指数减弱的规律，这就是气体吸收定律。

如图 14-27 所示，有气体光带中某波长的能量射线穿过气体层，能量射线沿途逐渐减弱。

设此射线在由 $x = 0$ 处经 x 行程，其单色辐射强度由 $I_{\lambda,0}$ 减弱到 $I_{\lambda,x}$。

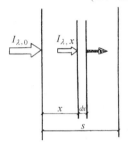

图 14-27　单色射线穿过气体层时的减弱

那么，在微元厚度 $\mathrm{d}x$ 中，其单色辐射强度减弱就可以用 $\mathrm{d}I_x$ 表示，且符合如下数学关系式

$$\mathrm{d}I_{\lambda,x} = -K_\lambda I_{\lambda,x} \mathrm{d}x \tag{14-70}$$

式中　K_λ——单色减弱系数，单位为 m^{-1}，表征单位距离内单色辐射强度所减弱的百分数。它的大小与气体温度、气体压力、能量射线的波长及气体性质有关。

式中的负号表明，随着气体层厚度的增加，单色辐射强度在减弱。

将上式（14-70）在行程 x 内积分并整理，可以得到在 s 处的单色辐射强度

$$I_{\lambda,s} = I_{\lambda,0} \mathrm{e}^{-K_\lambda s} \tag{14-71}$$

这就是气体吸收定律的数学表达式，式中 $\mathrm{e}^{-K_\lambda s} < 1$。

应当指出，以上仅是从气体的吸收过程来看气体光带中某波长能量射线投射时其单色辐射强度的变化规律，并没有计及气体本身对于该波长能量的辐射能力。这是由于当气体温度不高时，气体自身的辐射能力非常微弱。因此，以上是在不予考虑这部分能量的前提下所做出的近似处理。

三、气体的发射率

根据吸收率定义，气体的单色吸收率应该等于气体吸收的单色辐射能量与投射于该气体界面的单色辐射总能量之比，即

$$\alpha_\lambda = \frac{I_{\lambda,0} - I_{\lambda,s}}{I_{\lambda,0}} \tag{14-72}$$

根据气体吸收定律，则

$$\alpha_\lambda = 1 - e^{-K_\lambda s} \tag{14-73}$$

由基尔霍夫定律

$$\varepsilon_\lambda = \alpha_\lambda = 1 - e^{-K_\lambda s} \tag{14-74}$$

介于单色减弱系数与气体分子数有关，也就是在一定温度下与气体的分压力有关，上式可以改写作

$$\varepsilon_\lambda = \alpha_\lambda = 1 - e^{-K_\lambda ps} \tag{14-75}$$

式中　p——气体的分压力，单位为 bar（$1bar = 10^5 Pa$）；

　　　K_λ——在 1bar 气压下的单色减弱系数，单位为 $(m \cdot bar)^{-1}$，与气体温度、气体压力及气体性质有关。

推广式（14-74）至全波长能量，以 E_g 来表示气体的全波长辐射力，则气体的全波长辐射力为

① $$E_g = \int_0^\infty E_{\lambda,g} d\lambda = \int_0^\infty \varepsilon_{\lambda,g} E_{b\lambda} d\lambda = \int_0^\infty (1 - e^{-K_\lambda ps}) E_{b\lambda} d\lambda$$

如果以 ε_g 表示气体的发射率，则有

② $$E_g = \varepsilon_g E_b = \varepsilon_g \sigma_b T_g^4$$

比较式①、②，得

$$E_g = \frac{\int_0^\infty (1 - e^{-K_\lambda ps}) E_{b\lambda} d\lambda}{\sigma_b T_g^4} \tag{14-76}$$

由上式可以看出，气体的发射率与气体温度、气体分压力与平均射线行程的乘积有关，并且也受到气体总压力的影响。

在实际计算时，气体的发射率通常借助实验曲线确定，如图 14-28 和图 14-29 所示。

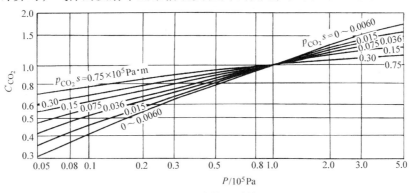

图 14-28　压力修正系数 C_{CO_2}

$$\varepsilon_{CO_2} = C_{CO_2} \varepsilon_{CO_2}^* \tag{14-77}$$

式中　ε_{CO_2}——CO_2 气体的发射率；

　　　$\varepsilon_{CO_2}^*$——在 CO_2 气体与透明气体组成的混合气体总压力为 1bar 的条件下 CO_2 气体的发射率，如图 14-30 所示；

　　　C_{CO_2}——实际气体总压条件下的修正系数，如图 14-28 所示。

$$\varepsilon_{H_2O} = C_{H_2O} \varepsilon_{H_2O}^* \tag{14-78}$$

式中　ε_{H_2O}——H_2O 气体的发射率；

　　　$\varepsilon_{H_2O}^*$——在总压力为 1bar、H_2O 气体分压力为零的条件下，H_2O 气体的发射率，如

图 14-31 所示；

C_{H_2O}——实际气体总压与分压条件下的修正系数，如图 14-29 所示。

在锅炉运行时，燃料产生大量的高温烟气充斥于炉膛中。在高温烟气与炉膛内壁之间有着强烈的辐射换热在进行，热量的传递方向是由高温烟气指向炉膛内壁。烟气中的主要辐射成分是 CO_2 气体和 H_2O 气体，若忽略掉其他气体成分的少量辐射，烟气的发射率可以用下面公式计算

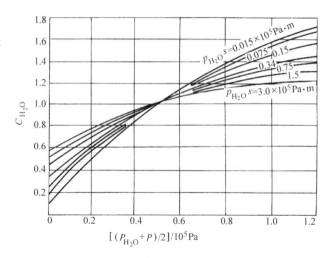

图 14-29 压力修正系数 C_{H_2O}

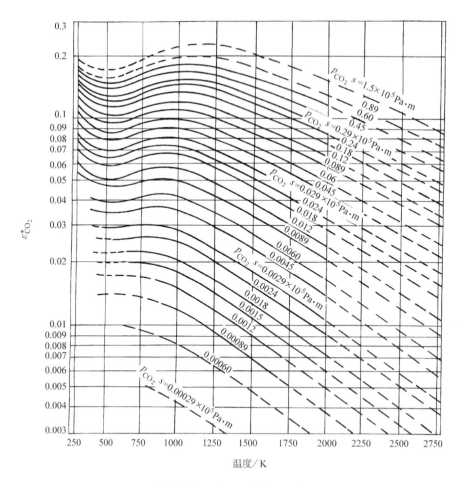

图 14-30 $\varepsilon_{CO_2}^* = f(T_g, p_{CO_2}s)$

$$\varepsilon_g = \varepsilon_{CO_2} + \varepsilon_{H_2O} - \Delta\varepsilon \qquad (14\text{-}79)$$

式中 ε_g——烟气的发射率；

ε_{CO_2}——CO_2 气体的发射率；

ε_{H_2O}——H_2O 气体的发射率；

$\Delta\varepsilon$——考虑到 H_2O 气体和 CO_2 气体的辐射吸收光带有部分重叠（表 14-2）的修正值，如图 14-32 所示。

表 14-2 H_2O 气体和 CO_2 气体的辐射和吸收光带

光 带	H₂O		CO₂	
	波长自 $\lambda_1 \sim \lambda_2$ （μm）	$\Delta\lambda$ （μm）	波长自 $\lambda_1 \sim \lambda_2$ （μm）	$\Delta\lambda$ （μm）
第一光带	2. 24 ~ 3. 27	1. 03	2. 36 ~ 3. 02	0. 66
第二光带	4. 80 ~ 8. 50	3. 70	4. 01 ~ 4. 80	0. 79
第三光带	12. 00 ~ 25. 00	13. 00	12. 50 ~ 16. 50	4. 00

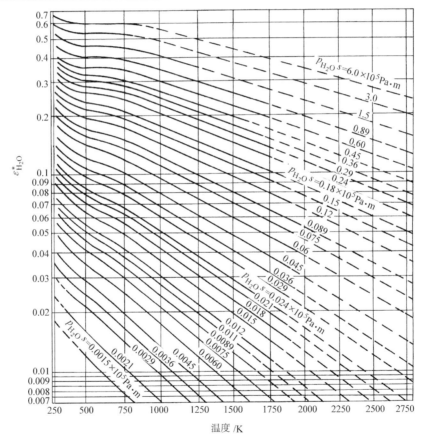

图 14-31 $\varepsilon_{H_2O}^* = f(T_g, p_{H_2O}s)$

四、气体的吸收率

由于气体辐射具有选择性，不能将气体视作灰体，而且在常见的气体与包壳间的辐射换热现象里，气体与包壳间也并非处于热平衡状态，所以在此基尔霍夫定律并不适用。如果以 α_g 表示气体的吸收率，那么此时气体的吸收率将不等于气体的发射率，即 $\alpha_g \neq \varepsilon_g$。

在实际计算时，与气体发射率相类似，气体吸收率也借由实验曲线来确定。

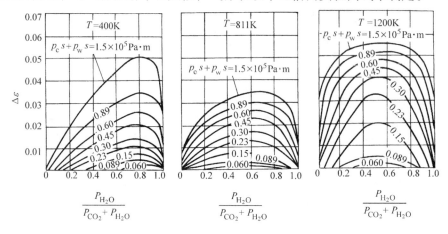

图 14-32 CO_2 和 H_2O 气体吸收光带重叠的修正量 $\Delta\varepsilon$

还是以锅炉运行时炉膛中的高温烟气为例，如果认为烟气的成分是 CO_2 气体和 H_2O 气体，烟气的吸收率 α_g 可作如下近似计算：

$$\alpha_g = \alpha_{CO_2} + \alpha_{H_2O} - \Delta\alpha \tag{14-80}$$

其中

$$\alpha_{CO_2} = C_{CO_2}\varepsilon_{CO_2}'\left(\frac{T_g}{T_w}\right)^{0.65} \tag{14-81}$$

$$\alpha_{H_2O} = C_{H_2O}\varepsilon_{H_2O}'\left(\frac{T_g}{T_w}\right)^{0.45} \tag{14-82}$$

$$\Delta\alpha = (\Delta\varepsilon)_{T_w} \tag{14-83}$$

以上三式中，C_{CO_2} 和 C_{H_2O} 的数值分别参看图 14-29 和图 14-31。ε_{CO_2}' 和 ε_{H_2O}' 的数值，按照内壁温度 T_w 作为横坐标和 $p_{CO_2}s\left(\dfrac{T_w}{T_g}\right)$，$p_{H_2O}s\left(\dfrac{T_w}{T_g}\right)$ 作为新的参数分别参看图 14-30 和图 14-31。$\Delta\alpha$ 的数值按照内壁温度 T_w 作为新的参数参看图 14-32。

五、射线平均行程

前已述及，气体的辐射和吸收具有容积性。实际上，气体的辐射和吸收在气体容积的内部是同时沿着多个方向发生的。所以，在应用气体吸收定律的时候，射线行程应该为各个方向射线行程的平均值，这个平均值称为射线平均行程。

关于射线平均行程的确定有两种方法：

1) 当气体空间形状较规则时，由查表的方法得到，见表 14-3。

表 14-3 射线平均行程

空间的形状	s	空间的形状	s
1. 直径为 D 的球体对表面的辐射	0.65D	5. 高度与直径均为 D 的圆柱，对底面中心的辐射	0.71D
2. 直径为 D 的长圆柱，对侧表面的辐射	0.95D		
3. 直径为 D 的长圆柱，对底面中心的辐射	0.90D	6. 厚度为 D 的气体层对表面或表面上微元面的辐射	1.8D
4. 高度与直径均为 D 的圆柱，对全表面的辐射	0.60D	7. 边长为 α 的立方体对表面的辐射	0.60α

2）当气体空间形状不规则时，通过下式计算求得

$$s = C \frac{4V}{A}$$ （14-84）

式中 s——射线平均行程，单位为 m；

C——修正系数，$C = 0.85 \sim 0.95$，一般取 $C = 0.90$；

V——气体所占容积，单位为 m^3；

A——气体周围壁面的表面积，单位为 m^2。

六、气体与外壳间的辐射换热

发生在锅炉内部的高温烟气和炉膛内壁间的辐射换热是最典型的气体与外壳间的辐射换热。下面简要给出这类问题的计算公式。

情况一，将炉膛内壁当作黑体。

辐射热流量可以用气体辐射能量和气体吸收能量的差值表示，即

$$\Phi = \sigma_{\mathrm{b}} A (\varepsilon_{\mathrm{g}} T_{\mathrm{g}}^4 - \alpha_{\mathrm{g}} T_{\mathrm{w}}^4)$$ （14-85）

情况二，将炉膛内壁当作灰体。

此时，由于灰表面对投射能量不能全部吸收，在两者之间会出现反复的吸收和反射。其辐射换热量用下式计算

$$\Phi = \varepsilon_{\mathrm{W}}' \sigma_{\mathrm{b}} A (\varepsilon_{\mathrm{g}} T_{\mathrm{g}}^4 - \alpha_{\mathrm{g}} T_{\mathrm{w}}^4)$$ （14-86）

式中

$$\varepsilon_{\mathrm{W}}' = \frac{\varepsilon_{\mathrm{W}} + 1}{2}$$ （14-87）

需要指出，上面所列公式的推导过程存在近似，对于 $\varepsilon_{\mathrm{W}} > 0.8$ 的表面，计算精度可以满足基本要求。

 ## 本章小结

本章主要讲述了热辐射的基本概念、热辐射的基本定律、物体表面间的辐射换热、角系数的确定和气体辐射的特点及计算。重点内容如下：

（1）热辐射是由于物体自身热运动而激发产生的电磁波传递能量的现象，它不需中间媒介物质，并伴随着能量形式的转化。物体表面的热辐射性质主要有吸收率、反射率和透射率。黑体是理想的吸收体，可以其为标准来衡量实际物体的吸收率。辐射力是指物体在单位时间内单位面积上所辐射的辐射能总量，反映了物体表面在某温度下发射辐射能的能力。

（2）热辐射的基本定律有普朗克定律、维恩定律、斯蒂芬—玻尔兹曼定律、基尔霍夫定律。

（3）辐射换热是指物体之间相互辐射和吸收过程的总效果。要掌握辐射热流量的计算。

（4）在辐射换热计算中，确定角系数十分重要。要掌握角系数的确定方法。

（5）气体辐射和吸收对波长具有选择性，它们只辐射和吸收光带波长内的能量。气体辐射和吸收是在整个气体容积内进行的，并遵守气体的吸收定律。

 ## 习题与思考题

14-1 热辐射和其他形式的电磁辐射有何区别？

14-2 为什么太阳灶的受热面要做成粗糙的黑色表面，而辐射采暖板不涂黑色？

14-3 窗玻璃对红外线几乎是不透明的，但为什么隔着玻璃晒太阳却可以使人感到暖和？

14-4 实际物体在某温度下的单色辐射力随波长的变化曲线与单色吸收率的变化曲线有何联系？如果某种物体的单色辐射力 E_λ 变化曲线如图 14-33 所示，试定性地画出它的单色吸收率 α_λ 的变化曲线。

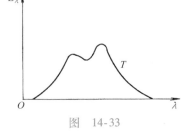

图 14-33

14-5 某种玻璃对波长范围 $0.4 \sim 2.5\mu m$ 内的射线是透明的，而对此波段外的射线则是不透明的，试计算当黑体温度为 1500K 时，对该玻璃的透过百分数。

14-6 一炉膛内火焰的平均温度为 1500K，炉墙上设有看火孔。试计算在看火孔打开时从孔（单位面积）向外发生辐射的功率是多少？该辐射能中波长为 $2\mu m$ 的单色辐射力是多少？哪一种波长的能量最多？

14-7 有一漫射的小面积 $A_1 = 1cm^2$，其法线的定向辐射力 $E_n = 3500W/(m^2 \cdot sr)$。在离开 A_1 中心为 0.5m 的圆周上有小面积 A_2、A_3、A_4，它们的面积均为 $1cm^2$，相对位置如图 14-34 所示，试计算，①A_2、A_3、A_4 表面所受到的辐射强度；②A_1 对 A_2、A_3、A_4 表面所张的立体角；③A_1 朝 A_2、A_3、A_4 表面所发射的辐射能。

14-8 已知某表面的单色吸收率 α_λ 随波长的变化如图 14-35a 所示，在该表面的投射单色辐射 G_λ 随波长的变化如图 14-35b 所示，试确定表面的吸收率 α。

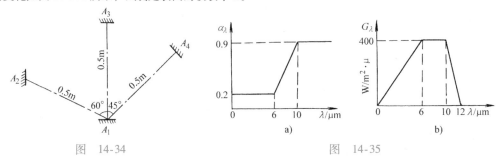

图 14-34   图 14-35

14-9 用任意位置两表面间的角系数来计算相互间的辐射换热时，对物体表面都做了哪些基本假设？

14-10 在安装有辐射采暖板的室内测量空气温度时，为了消除热辐射带来的误差，用高反射率材料分别做成筒状和不开口的球壳状遮热罩，如图 14-36 所示。试分析这两种方法的效果。它们测得的温度是否一样？为什么？如将它们的表面涂黑或者刷白，测温结果是否受到影响？

14-11 将保温瓶胆的玻璃夹层抽成真空，并在两壁面涂上发射率为 $\varepsilon_1 = \varepsilon_2 = 0.02$ 的涂层，内壁面温度为 100℃，外壁面温度为 20℃，当表面积为 $0.25m^2$ 时，试计算此保温瓶的辐射热损失。

14-12 如图 14-37 所示，表面间的角系数是否可以表示成以下二式？如有错误试予以改正。

图 14-36   图 14-37

$$\varphi_{3(1,2)} = \varphi_{3,1} + \varphi_{3,2}$$

$$\varphi_{(1,2)3} = \varphi_{1,3} + \varphi_{2,3}$$

14-13 确定如图 14-38 所示各种情况下的角系数。

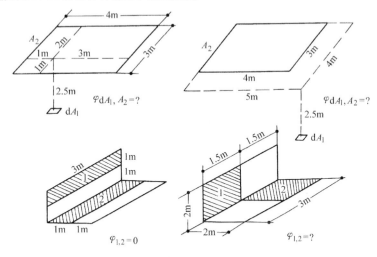

图 14-38

14-14 有一外径 368mm、表面温度 120℃的裸铁管，试求在下面两种场合下铁管的辐射热损失。

1）铁管置于表面温度为 40℃的大空间中。

2）铁管置于表面温度为 40℃、断面为 0.6m×0.7m 的混凝土流道内。

14-15 两平行黑表面尺寸为 1m×1m，相距 1m，表面温度分别为 400℃ 和 200℃，该两表面系放置在一个大房间中，房间的表面为 20℃。试计算①两黑表面间的辐射热流量；②各个表面的净辐射热流量。

14-16 两平行大平壁的发射率为 $\varepsilon_1 = \varepsilon_2 = 0.4$，它们中间放置有 $\varepsilon_3 = 0.04$ 的遮热板一块。当平壁的表面温度分别为 250℃ 和 40℃时，试计算两平行大平壁间的辐射换热量和遮热板的表面温度（不考虑导热和对流换热）。如果不用遮热板，辐射热流量将为多大？

14-17 在直径 $D = 1m$ 的烟道中，烟气的平均温度为 800℃，烟气中 CO_2 的容积百分数为 14%，H_2O 的容积百分数为 6%，总压力为 1bar（10^5 Pa），求此烟气的发射率。

第十五章　传热和换热器

 学习目标

1）掌握通过平壁、圆筒壁和肋壁的传热计算。
2）掌握增强和削弱传热的途径。
3）掌握换热器的形式和基本构造。
4）掌握换热器的设计计算。

在实际工程中会遇到许多复杂的传热过程，往往是由导热、对流和辐射三种基本传热方式复合而成的。例如：翅片管散热器的散热、管道的传热等。我们需要了解热量传递的规律，掌握不同传热方式的计算方法。本章将讨论平壁及圆筒壁的传热、肋壁传热以及传热的增强和削弱的方法，在此基础上讲述换热器构造和换热器计算的基本方法等。

第一节　通过平壁及圆筒壁的传热

一、通过平壁的传热

本节主要研究流体将热量传给壁面，通过间壁传给另一面流体的问题。这种热流体通过固体壁将热量传给冷流体的过程叫传热。

设有一单层平壁如图 15-1 所示，在稳定状态下，热流体将热量传给壁面，通过平壁的导热传到另一侧壁面，然后由另一侧壁面传给冷流体。忽略热量损失，有

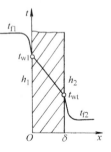

① $$\Phi = h_1 A(t_{f1} - t_{w1})$$

② $$\Phi = \frac{\lambda}{\delta} A(t_{w1} - t_{w2})$$

③ $$\Phi = h_2 A(t_{w2} - t_{f2})$$

图 15-1　通过单层平壁的传热

式中　h_1、h_2——平壁内、外表面的表面传热系数，单位为 $W/(m^2 \cdot K)$；

t_{f1}、t_{f2}——平壁两侧流体的温度，单位为℃；

t_{w1}、t_{w2}——平壁内、外表面的温度，单位为℃；

δ——平壁的厚度，单位为 m；

λ——平壁的热导率，单位为 W/(m·K)；

A——平壁的面积，单位为 m^2。

将上面公式整理得

$$\Phi = \frac{1}{\frac{1}{h_1} + \frac{\delta}{\lambda} + \frac{1}{h_2}} A(t_{f1} - t_{f2})$$

令 $K = \dfrac{1}{\dfrac{1}{h_1} + \dfrac{\delta}{\lambda} + \dfrac{1}{h_2}}$，称为传热系数，单位为 W/($m^2$·K)，所以通过单层平壁的热流量可以

表示为

$$\Phi = KA(t_{f1} - t_{f2}) \tag{15-1}$$

平壁的传热系数 K 表示两侧流体温差为 1℃时，单位时间内通过每平方米壁面传递的热流量。传热系数是反映传热过程强弱的指标。K 值的大小与流体的性质、流动情况、壁面材料、形状和尺寸等因素有关。

我们把单位面积平壁的热流量称为热流密度，于是根据公式（15-1），热流密度可以表示为

$$q = \frac{\Phi}{A} = K(t_{f1} - t_{f2}) \tag{15-2}$$

因为传热系数的倒数是热绝缘系数 M，单位为 m^2·K/W 即

$$M = \frac{1}{K} = \frac{1}{h_1} + \frac{\delta}{\lambda} + \frac{1}{h_2} \tag{15-3}$$

因此热流密度公式也可以表示为

$$q = \frac{1}{M}(t_{f1} - t_{f2}) \tag{15-4}$$

上式表明：温差一定时，传热热绝缘系数越小，通过平壁的热流密度越大；传热热绝缘系数越大，通过平壁的热流密度则越小。

从公式（15-3）可以看出总热绝缘系数等于各部分热绝缘系数之和，所以多层平壁的总热绝缘系数可以写成下面的形式：

$$M = \frac{1}{h_1} + \sum_{i=1}^{n} \frac{\delta_i}{\lambda_i} + \frac{1}{h_2} \tag{15-5}$$

由此可以得出多层平壁的热流密度公式

$$q = \frac{t_{f1} - t_{f2}}{\frac{1}{h_1} + \sum_{i=1}^{n} \frac{\delta_i}{\lambda_i} + \frac{1}{h_2}} \tag{15-6}$$

【例 15-1】 有一砖砌外墙，厚度为 490mm，热导率为 0.81W/(m·K)；墙内表面用白灰粉刷厚度为 20mm，热导率为 0.7W/(m·K)；外表面用水泥砂浆粉刷厚度为 20mm，热导率为 0.875W/(m·K)；墙内、外两侧的表面传热系数分别为 8.7W/(m^2·K)、23.3W/(m^2·K)，墙内、外表面的温度分别为 18℃、−24℃，求通过该墙壁热流密度。

【解】 该墙壁由三层材料组成，属于多层平壁，根据公式（15-5）先计算总热绝缘系数。

$$M = \frac{1}{K} = \frac{1}{h_1} + \sum_{i=1}^{n} \frac{\delta_i}{\lambda_i} + \frac{1}{h_2} = \left(\frac{1}{8.7} + \frac{0.020}{0.7} + \frac{0.020}{0.875} + \frac{0.49}{0.81} + \frac{1}{23.3} \right) (\mathrm{m^2 \cdot K})/W$$

$$= 0.811 (\mathrm{m^2 \cdot K})/W$$

则墙壁的传热系数

$$K = \frac{1}{M} = \frac{1}{0.811} W/(\mathrm{m^2 \cdot K}) = 1.23 W/(\mathrm{m^2 \cdot K})$$

根据公式（15-2）可求得通过墙壁热流密度

$$q = K(t_{f1} - t_{f2}) = 1.23 \times (18 + 24) W/\mathrm{m^2} = 51.66 W/\mathrm{m^2}$$

二、通过圆筒壁的传热

设有一圆筒壁，如图 15-2 所示，假定流体温度和壁内的温度只沿径向发生变化，在达到稳定状态时，热流体传给筒壁的热量，通过管壁传递的热量，以及由筒壁传给冷流体的热量三者都相等，于是可得

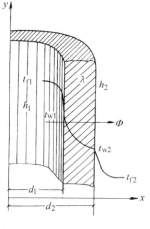

① $$\frac{\Phi}{l} = q_l = h_1 \pi d_1 (t_{f1} - t_{w1})$$

② $$q_l = \frac{2\pi\lambda(t_{w1} - t_{w2})}{\ln \dfrac{d_2}{d_1}}$$

③ $$q_l = h_2 \pi d_2 (t_{w2} - t_{f2})$$

式中　d_1、d_2——圆筒壁内、外径，单位为 m；

$\quad\quad$ t_{w1}、t_{w2}——圆筒壁内、外表面的温度，单位为℃；

$\quad\quad$ t_{f1}、t_{f2}——圆筒壁内、外流体的温度，单位为℃；

$\quad\quad$ h_1、h_2——圆筒壁内、外表面的表面传热系数，单位为 W/($\mathrm{m^2 \cdot K}$)；

$\quad\quad$ l——圆筒壁的长度，单位为 m；

$\quad\quad$ λ——圆筒壁的热导率，单位为 W/($\mathrm{m \cdot K}$)。

图 15-2　通过圆筒壁的传热

将式①、式②、式③移项并整理得

$$t_{f1} - t_{f2} = \frac{q_l}{\pi} \left(\frac{1}{h_1 d_1} + \frac{1}{2\lambda} \ln \frac{d_2}{d_1} + \frac{1}{h_2 d_2} \right) \tag{15-7}$$

由式（15-7）得每米长圆筒壁的传热量

$$q_l = \frac{t_{f1} - t_{f2}}{\dfrac{1}{h_1 \pi d_1} + \dfrac{1}{2\pi\lambda} \ln \dfrac{d_2}{d_1} + \dfrac{1}{h_2 \pi d_2}} = K_l (t_{f1} - t_{f2}) \tag{15-8}$$

上式每米长圆筒壁的传热系数和传热绝缘系数为

$$K_l = \frac{1}{\dfrac{1}{h_1 \pi d_1} + \dfrac{1}{2\pi\lambda} \ln \dfrac{d_2}{d_1} + \dfrac{1}{h_2 \pi d_2}} \tag{15-9}$$

$$M_l = \frac{1}{h_1 \pi d_1} + \frac{1}{2\pi\lambda} \ln \frac{d_2}{d_1} + \frac{1}{h_2 \pi d_2} \tag{15-10}$$

对于 n 层圆筒壁，可参照式（15-9）和式（15-10）写出每米长圆筒壁的传热系数和总传热热绝缘系数的计算式

$$K_l' = \cfrac{1}{\cfrac{1}{h_1 \pi d_i} + \sum_{i=1}^{n} \cfrac{1}{2\pi\lambda_i}\ln\cfrac{d_{i+1}}{d_i} + \cfrac{1}{h_2 \pi d_{i+1}}} \qquad (15\text{-}11)$$

$$M_l' = \frac{1}{K} = \frac{1}{h_1 \pi d_i} + \sum_{i=1}^{n} \frac{1}{2\pi\lambda_i}\ln\frac{d_{i+1}}{d_i} + \frac{1}{h_2 \pi d_{i+1}} \qquad (15\text{-}12)$$

每米长多层圆筒壁的传热量为

$$q_l' = \cfrac{t_{f1} - t_{f2}}{\cfrac{1}{h_1 \pi d_i} + \sum_{i=1}^{n} \cfrac{1}{2\pi\lambda}\ln\cfrac{d_{i+1}}{d_i} + \cfrac{1}{h_2 \pi d_{i+1}}} \qquad (15\text{-}13)$$

为了简化计算，在实际工程中，当圆筒壁不太厚，即 $d_2/d_1 < 2$ 或计算精度要求不高时，可将圆筒壁当作平壁计算，则通过每米长单层圆筒壁的传热量为

$$q = \cfrac{\pi d(t_{f1} - t_{f2})}{\cfrac{1}{h_1} + \cfrac{\delta}{\lambda} + \cfrac{1}{h_2}} = \pi d K(t_{f1} - t_{f2}) \qquad (15\text{-}14)$$

式中　δ——管壁的厚度，取 $\frac{1}{2}(d_2 - d_1)$；

　　　d——计算用直径，按下面条件取值：

　　　　　当 $h_1 > h_2$ 时，取 $d = d_2$。

　　　　　当 $h_1 \approx h_2$ 时，取 $d = \frac{1}{2}(d_2 + d_1)$。

　　　　　当 $h_1 \ll h_2$ 时，取 $d = d_1$。

三、临界热绝缘直径

工程中，为了减少热力管道的热损失，要在管道外面敷设保温层。平壁外敷设保温材料一定能起到保温的作用，因为增加了一项导热热绝缘系数，从而增大了总热绝缘系数，达到削弱传热的目的。圆筒壁外敷设保温材料不一定能起到保温的作用，虽然增加了一项热绝缘系数，但外壁的换热热绝缘系数随之减小，所以总热绝缘系数有可能减小，也有可能增大。对应于总热绝缘系数为极小值时的隔热层外径称为临界热绝缘直径，用 d_c 表示。

$$d_c = \frac{2\lambda_{ins}}{h_2}$$

式中　h_2——管道保温层外表面对环境的表面换热系数 $W/(m^2 \cdot K)$；

　　　λ_{ins}——保温材料的导热系数 $W/(m \cdot K)$。

工程中的热力管道外面敷设保温层的外径一般都大于 d_c，随着热绝缘层厚度的增加，管道的热损失减少。但对于输电线路，为使其具有较大的散热能力，绝缘层的外径等于或接近临界热绝缘直径 d_c。

【例15-2】　已知一钢管，管子内径为 100mm，外径为 110mm，管内蒸汽温度为 180℃，钢管的热导率为 54W/(m·K)，蒸汽侧的表面传热系数为 1000W/(m²·K)，周围空气温度为 22℃，空气侧的表面传热系数为 11W/(m²·K)，计算单位时间每米钢管的传热量。

【解】　由公式（15-11）得

$$K_1 = \cfrac{1}{\cfrac{1}{h_1\pi d_1} + \cfrac{1}{2\pi\lambda_1}\ln\cfrac{d_2}{d_1} + \cfrac{1}{h_2\pi d_2}}$$

$$= \cfrac{1}{\cfrac{1}{1000\times3.14\times0.1} + \cfrac{1}{2\times3.14\times54}\ln\cfrac{0.11}{0.1} + \cfrac{1}{11\times3.14\times0.11}}\text{W/(m·K)}$$

$$=3.79\text{W/(m·K)}$$

每米钢管的传热量

$$q_l = K_l(t_{f1}-t_{f2}) = [3.79\times(180-22)]\text{W/m} = 598.82\text{W/m}$$

【例15-3】 同上题，用简化计算法计算钢管的传热量。

【解】 因为 $h_1 > h_2$ 时，取 $d = d_2 = 110\text{mm}$

$$\delta = \frac{1}{2}(d_2-d_1) = \frac{1}{2}\times(110-100)\text{mm} = 5\text{mm}$$

据公式（15-14），每米长单层圆筒壁的传热量为

$$q = \cfrac{\pi d(t_{f1}-t_{f2})}{\cfrac{1}{h_1}+\cfrac{\delta}{\lambda}+\cfrac{1}{h_2}} = \cfrac{3.14\times0.11\times(180-22)}{\cfrac{1}{1000}+\cfrac{0.005}{54}+\cfrac{1}{11}}\text{W/m} = 593.18\text{W/m}$$

第二节　通过肋壁的传热

肋壁传热的工程实例很多，例如翅片管散热器、锅炉中的铸铁省煤器等。在前面的章节里我们曾经分析过肋壁的导热，增大固体壁一侧的表面积，可使总热绝缘系数减小，使传热增强。下面我们以换热设备的金属肋壁为例分析，如图15-3所示。在稳态传热的情况下（设 $t_{f1} > t_{f2}$，设肋和壁为同一材料），则通过肋壁的传热量可以表示如下：

流体1与光壁面换热

① $$\varPhi = h_1 A_1(t_{f1}-t_{w1})$$

通过壁的导热

② $$\varPhi = \frac{\lambda}{\delta}A_1(t_{w1}-t_{w2})$$

肋壁与流体的换热

③ $$\varPhi = h_2 A_2(t_{w2}-t_{f2})$$

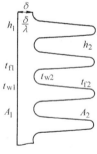

图15-3　通过肋壁的传热

式中　λ——壁面热导率，单位为 W/(m·K)；

δ——壁面厚度，单位为 m；

h_1——光壁面侧表面传热系数，单位为 W/(m²·K)；

h_2——肋壁侧表面传热系数，单位为 W/(m²·K)；

A_1——光壁面侧表面积，单位为 m²；

A_2——肋片表面积，单位为 m²；

t_{f1}——光壁面侧流体的温度，单位为 K；

t_{f2}——肋壁侧流体的温度，单位为 K；

t_{w1}——光壁壁面温度，单位为 K；

t_{w2}——肋壁面温度，单位为 K。

上面式①、式②、式③经整理得

$$t_{f1} - t_{f2} = \Phi\left(\frac{1}{h_1 A_1} + \frac{\delta}{\lambda A_1} + \frac{1}{h_2 A_2}\right)$$

通过肋壁的热流量

$$\Phi = \frac{t_{f1} - t_{f2}}{\dfrac{1}{h_1 A_1} + \dfrac{\delta}{\lambda A_1} + \dfrac{1}{h_2 A_2}} = K(t_{f1} - t_{f2}) \tag{15-15}$$

$$K = \frac{1}{\dfrac{1}{h_1 A_1} + \dfrac{\delta}{\lambda A_1} + \dfrac{1}{h_2 A_2}} \tag{15-16}$$

如果按光壁表面单位面积计算，$\beta = A_2/A_1$，称为肋化系数（$\beta > 1$）。则

$$q_1 = \frac{\Phi}{A_1} = K_1(t_{f1} - t_{f2}) \tag{15-17}$$

$$K_1 = \frac{1}{\dfrac{1}{h_1} + \dfrac{\delta}{\lambda} + \dfrac{A_1}{h_2 A_2}} = \frac{1}{\dfrac{1}{h_1} + \dfrac{\delta}{\lambda} + \dfrac{1}{h_2 \beta}} \tag{15-18}$$

如果按肋面单位面积计算，则

$$q_2 = \frac{\Phi}{A_2} = K_2(t_{f1} - t_{f2}) \tag{15-19}$$

$$K_2 = \frac{1}{\dfrac{A_2}{h_1 A_1} + \dfrac{\delta A_2}{\lambda A_1} + \dfrac{1}{h_2}} \tag{15-20}$$

由于光面面积 A_1 和肋面面积 A_2 不同，所以 K_1、K_2 也不相同，（$K_1 > K_2$）在选用公式进行传热计算时，特别注意以哪一面为基准面。

当 $A_1 = A_2$ 时，有

$$\Phi' = \frac{t_{f1} - t_{f2}}{\dfrac{1}{h_1 A_1} + \dfrac{\delta}{\lambda A_1} + \dfrac{1}{h_2 A_1}} \tag{15-21}$$

当 $A_1 = A_2$ 时，肋壁变成平壁换热问题，由公式可以看出在 h 较小的一面做成肋壁形式能增强传热效果。下面分析肋片间距的影响，当肋片间距减小时，肋片的数量增多，肋壁的表面积 A_2 增大，则 β 值增大，这对减小热绝缘系数有利；肋片间距适量减小时可以增强肋片间流体的扰动，使表面传热系数 h_2 增大。但肋片间距的减小是有限的，以免肋片间流体的温度升高，降低了传热的温差。

上面公式推导过程中，假定壁面温度为一个确定的数值，实际由于热绝缘系数的作用，肋基温度总是大于肋端温度。由于表面形状复杂，换热情况也相当复杂，因此，肋面表面传热系数确切值只能靠实验方法获得。

【例15-4】 已知一肋壁，肋化系数 A_2/A_1 为 10，肋壁厚为 10mm，壁面的热导率为 50.7W/(m·K)，肋面表面传热系数为 12W/(m²·K)，周围空气温度为 16℃，光面的表面传热系数为 226W/(m²·K)，光面侧热水温度为 95℃，计算通过每平方米壁面的热流量（以光面为准）。

【解】 由公式 (15-18)，可知传热系数

$$K_1 = \frac{1}{\dfrac{1}{h_1} + \dfrac{\delta}{\lambda} + \dfrac{A_1}{h_2 A_2}} = \frac{1}{\dfrac{1}{226} + \dfrac{0.01}{50.7} + \dfrac{1}{12 \times 10}} \text{W/(m}^2 \cdot \text{K)} = 77.2 \text{W/(m}^2 \cdot \text{K)}$$

根据公式 (15-17)，则通过每平方米壁面的传热量

$$q_1 = K_1(t_{f1} - t_{f2}) = [77.2 \times (95 - 16)] \text{W/m}^2 = 6098.8 \text{W/m}^2$$

如果采用平壁，则

$$K = \frac{1}{\dfrac{1}{h_1} + \dfrac{\delta}{\lambda} + \dfrac{1}{h_2}} = \frac{1}{\dfrac{1}{226} + \dfrac{0.01}{50.7} + \dfrac{1}{12}} \text{W/(m}^2 \cdot \text{K)} = 11.4 \text{W/(m}^2 \cdot \text{K)}$$

$$q = K(t_{f1} - t_{f2}) = [11.4 \times (95 - 16)] \text{W/m}^2 = 900.6 \text{W/m}^2$$

$\dfrac{q_1}{q} = \dfrac{6098.8}{900.6} = 6.8$ 由此可见采用肋壁的传热量是平壁的 6.8 倍。

第三节 传热的增强与削弱

一、增强传热的基本途径

由传热的基本公式 $\Phi = KF\Delta t$ 可以看出，传热与传热系数、传热面积、传热温差有关系，因此增强传热的基本途径有：提高传热系数、增大传热面积、增大传热温差。

1. 提高传热系数

传热过程总热绝缘系数是各部分热绝缘系数之和，因此要改变传热系数就必须分析每一项热绝缘系数，下面以换热设备为例分析，由于换热器金属壁薄，热绝缘系数很小，δ/λ 可以忽略，则传热系数 K 可表示为

① $$K = \frac{1}{\dfrac{1}{h_1} + \dfrac{1}{h_2}} = \frac{h_1 h_2}{h_1 + h_2}$$

由上式可以看出，K 值比 h_1 和 h_2 都小。如果要加大传热系数，应改变哪一侧的表面传热系数更有效呢？这要对 h_1 和 h_2 分别求偏导，即可得出答案。

② $$K' = \frac{\partial k}{\partial h_1} = \frac{h_2^2}{(h_1 + h_2)^2} \quad K'' = \frac{\partial \kappa}{\partial h_2} = \frac{h_1^2}{(h_1 + h_2)^2}$$

K' 和 K'' 分别表示传热系数 K 随 h_1、h_2 增长率。

设 $h_1 > h_2$ 且 $h_1 = nh_2$（$n > 1$）代入式②可以得出

$$K'' = n^2 K'$$

结论：使 h 较小的那一项增大才能有效地增大传热系数。

2. 增大传热面积

增大传热面积不能单纯理解为增加设备台数或增大设备体积，而是合理地提高单位体积的传热面积。比如采用肋片管、波纹管式换热面，从结构上加大单位体积的传热面积。

3. 增大传热温差

改变传热温差可以通过改变冷流体或热流体的温度来实现。改变流体温度的方法有：提

高热水采暖系统热水的温度；冷凝水中的冷却水用低温深井水代替自来水；提高辐射采暖的蒸汽压力。在冷热流体进出口温度相同时，逆流时的平均温度较大，所以换热器尽可能采用逆向流动方式。

二、增强传热的方法

影响对流换热的主要因素是流体的流动状态、流体的物性、换热面形状等。

1. 改变流体的流动状态

（1）增加流速可以改变流体的流动状态　因为紊流时 h 按流速的 0.8 次幂增加，如壳管式换热器中管程、壳程的分程就是为加大流速、增加流程长度和扰动，但流速增加时流动阻力也将增大，所以应选择最佳流速。

（2）加入干扰物　在管内或管外套装如金属丝、金属螺旋圈环、麻花铁、异形物等，可以增加扰动、破坏边界层使传热增强。

（3）借助外来能量　用机械或电的方法使表面或流体产生振动；也可利用声波或超声波对流体增加脉动强化传热；还可以外加静电场使传热面附近电解质流体的混合作用增强，从而加强对流换热。

2. 改变流体的物性

流体的物性对 h 值影响较大，在流体中加入少量添加剂（添加剂可以是固体或液体）。它与换热流体组成气—固、汽—液、液—固等混合流动系统。

（1）气—固型　气流中加入少量固体细粒（如石墨、黄砂、铅粉等），提高了热容量，同时固体颗粒具有比气体高得多的辐射作用，因而使表面传热系数明显增加，沸腾床（流化床）可以归入气—固这一类型。

（2）汽—液型　如在蒸汽中加入硬脂酸、油酸等物质，促使形成珠状凝结而提高表面传热系数。

（3）液—固型　如在油中加入聚苯乙烯悬浮液，也会使传热增强。

3. 改变换热表面情况

改进表面结构，如将管表面做成很薄的多孔金属层，以增强沸腾和凝结换热；也可在表面涂层，如凝结换热时，在换热表面涂上一层表面张力小的材料（聚四氟乙烯），有利于增加表面传热系数；另外增加壁面粗糙度，改变换热面形状和大小，也可使传热增强。

三、削弱传热的方法

为了削弱传热，可以采取降低流速、改变表面状况、使用热导率小的材料、加遮热板等措施，效果较好。下面主要讲两种措施。

1. 热绝缘

工程上常用的热绝缘技术是在传热表面包裹热绝缘材料（石棉、泡沫塑料、珍珠岩等），随着科学技术的不断发展，出现了一些新型的热绝缘技术。

（1）真空热绝缘　将换热设备的外壳做成夹层，夹层内壁两侧涂以反射率高的涂层，并把它抽成真空，夹层真空度越好，绝缘性能越好。一般真空抽至 0.001 ~ 0.01Pa，在 80 ~ 300K 温度下，热导率为 10^{-4}W/（m·K）。

（2）多层热绝缘　把若干片反射率高的材料（如铝箔）和热导率低的材料（如玻璃纤维）交替排列，并将系统抽成真空，组成了多层真空热绝缘。这种多层热绝缘绝热性能好，多用于深度低温装置中。

（3）粉末热绝缘　可以是抽真空或真空的粉末热绝缘，可以在热绝缘夹层填充珍珠岩、碳黑等，粉末热绝缘的效果虽没有多层热绝缘好，但结构简单。

（4）泡沫热绝缘　多孔的泡沫热绝缘具有蜂窝状结构，是在制造泡沫过程中由起泡气体形成的，如硬质聚氨酯泡沫塑料、聚苯乙烯泡沫塑料等。其绝缘性能较好，但应注意避免材料发生龟裂、受潮而丧失绝缘作用。

2. 改变表面状况

改变换热表面的辐射特性，如在太阳能平板集热器表面涂上氧化铜、镍黑，使其具有较低发射率；附加抑流元件，如在太阳能平板集热器的玻璃盖板与吸热板间加装蜂窝状结构，也可削弱这一空间中的空气对流。

第四节　换热器的形式及基本构造

换热器是用来把高温流体的热量传给低温流体的一种热交换设备，也叫加热器。按照换热原理不同分为表面式和混合式，表面式换热器通过金属壁面实现冷热流体换热，即冷热流体不直接接触的间接换热；混合式换热器通过冷热流体直接接触的换热，同时进行热交换和质交换。表面式换热器在工程上应用非常广泛。

表面式换热器也叫间壁式换热器，从构造上可分为管壳式、板式、肋片管式、板翅式、螺旋板式等，前面两种用得最为广泛。

1. 管壳式换热器

图15-4为管壳式换热器示意图。流体Ⅰ在管外流动，管外各管间常设置一些挡板，挡板的作用是提高流速，使流体充分流经全部管面，改善流体对管子的冲刷角度，以提高换热器壳侧的表面传热系数，另外挡板还可以起支承管束的作用。流体Ⅱ在管内流动。流体Ⅱ从管的一端流到另一端称为单管程。图15-4所示换热器为单壳程双管程。图15-5a所示为二壳程四管程，图15-5b为三壳程六管程。

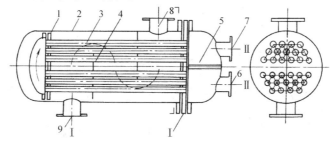

图 15-4　管壳式换热器示意图

1—管板　2—外壳　3—管子　4—挡板　5—隔板
6、7—管程进口及出口　8、9—壳程进口及出口

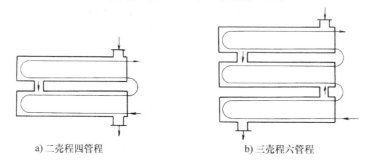

a) 二壳程四管程　　　　　　　　　b) 三壳程六管程

图 15-5　换热器的壳程与管程

根据流体在管程和壳程中的安排，管壳式换热器又可分为：顺流式，即两种流体作平行且同方向流动，如图 15-6a 所示；逆流式，即两种液体作平行且反方向流动，如图 15-6b 所示；横流式或称交叉流，是两种流体在相互垂直的方向流动，如图 15-6c 所示；不同的流动方式对传热和流动阻力都会有影响。

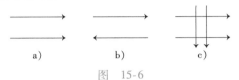

图 15-6

管壳式换热器结构坚固，能选用多种材料制造，易于制造，适应性强，处理能力大，换热表面清洗比较方便，在高温、高压场合下和大型装置中得到广泛应用。管壳式换热器除如图 15-4 所示的形式外，还有 U 形管式换热器及套管式换热器。

2. 板式换热器

板式换热器是由具有波形凸起或半球形凸起的若干传热板片叠置压紧组成。传热板片间装有密封垫片，它既用来防止介质泄漏，又控制构成板片间流体的流道。如图 15-7 所示，冷、热两流体分别由上、下角孔进入换热器并相间流过偶、奇数流道，然后分别从下、上角孔流出换热器。传热板片是板式换热器的关键元件，板片形式的不同直接影响到传热系数、流动阻力和承压能力。

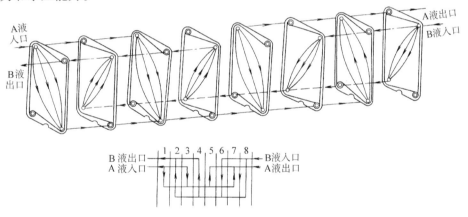

图 15-7 板式换热器工作原理图

制造板片的主要材料是不锈钢，也有用铝、黄铜、镍等。板式换热器具有传热效率高、结构紧凑、占地面积小、操作灵活、应用范围广、热损失小、安装拆卸方便、金属消耗量低、使用寿命长等特点，在相同压力降的情况下，其传热系数是列管换热器的 3~5 倍，占地面积为列管换热器的 1/3，金属消耗量只有列管换热器的 2/3，两种介质的传热平均温差可以小至 1℃，热回收效率可达 90% 以上，因此板式换热器是一种高效、节能、节约材料、节约投资的先进热交换设备。板式换热器因其具有上述特点，所以广泛应用于冶金、机械、化工、电力、石油、轻纺、造纸、食品、核工业和热电联产、集中供热等领域。

3. 肋片管式换热器

如图 15-8 所示为肋片管式空气加热器或冷却器结构示意图，在管子的外壁加肋片，使空气侧的换热面积增加，强化了传热。这类换热器结构较紧凑，对于换热面的两侧流体表面传热系数相差较大的场合非常合适。

肋片管式换热器结构上最主要的问题是肋片的形状和结构以及管子的连接方式。肋片的形状可分为圆盘式、皱纹式、金属丝式等。与管子的连接方式可分为张力缠绕式、嵌片式、热套胀接、焊接、整体轧制、铸造及机加工等。肋片管的主要缺点是肋片侧阻力大，不同的结构与连接方式对于流体流动阻力和传热性能有很大影响，当肋片与基管之间接触不紧密而存在缝隙时，将造成肋片与基管之间的接触热绝缘系数而降低肋片的作用。

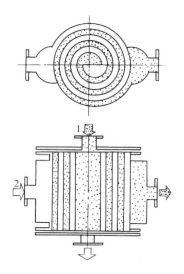

图 15-8 肋片管式空气加热器或冷却器示意图

4. 螺旋板换热器

图 15-9 所示为螺旋板换热器结构原理，它是由两张平行的金属板卷制起来，构成两个螺旋通道，再加上下盖及连接管而成。冷热两种流体分别在两螺旋通道中流动。图 15-9 所示为逆流式，流体 1 从中心进入，螺旋流动到周边流出；流体 2 则由周边进入，螺旋流动到中心流出。除此以外，还可以做成其他流动方式。这种换热器的螺旋流道有利于提高表面传热系数。螺旋流道中污垢形成速度是管壳式的十分之一。此外，这种换热器结构较紧凑，单位体积可容纳的换热面积约为管壳式的三倍。而且由于用板材代替管材，材料范围广。但缺点是不易清洗，检修困难，承压能力低。

5. 板翅式换热器

板翅式换热器结构方式很多，但都是由若干层基本换热元件组成。如图 15-10a 所示，在两块平隔板 1 中夹着一块波纹形导热翅片 3，两端用侧条 2 密封，形成一层基本换热元件，许多层这样的元件叠积焊接起来就构成板翅式换热器。图 15-10b 所示为一种叠积方式。波纹可作成多种形式，以增加流体的扰动，增强传热。板翅式换热器由于两侧都有翅片，作为气—气换热器时，传热系数有明显的改善，可达 $300W/(m^2 \cdot K)$，管式约为 $30W/(m^2 \cdot K)$。板翅式换热器结构非常紧凑，每立方米体积中可容纳换热面积达 $2500m^2$，承压能力强。缺点是容易堵塞，清洗困难，检修不易。它适用于清洁和腐蚀性低的流体换热。

图 15-9 螺旋板换热器

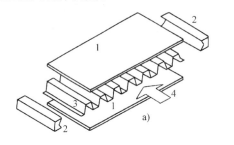
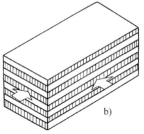

图 15-10 板翅式换热器结构原理

1—平隔板 2—侧条 3—翅片 4—流体

第五节 换热器的选用及性能评价

换热器的类别和形式很多，根据生产过程的要求和具体的条件，选用符合要求的换热器，应考虑以下因素：

1）满足生产过程所要求的换热条件。

2）强度足够且结构可靠。

3）便于安装和检修，易于清洗。

4）经济上合理。

这些要求之间是互相制约的，例如，介质具有腐蚀性，那就可能要应用较昂贵的耐腐蚀材料，从而影响到经济性。所以设计工作者应该仔细分析所有的要求和条件，在许多相互制约的因素中善于全面考虑，找出主要矛盾，从而确定在具体情况下选用最好的换热器。这就提出了性能如何评价的问题。目前虽还未能找出一个综合的性能指标来全面地评价换热器传热性能、机械性能、安全性能和经济性能等，但仍可从不同方面对换热器各种性能做出一定的评价。

从能量转换与利用角度考虑，换热器中的换热过程存在的损失包括两方面：一是冷、热流体间有温度差的传热引起的可用能损失；二是与流体流动压力降有关的动力消耗。

显然，在满足一定的传热量下，通过增强传热过程和加大传热面积来减小传热温差，则可以减少第一种损失。但是，随着传热面积的增加，必然使流动阻力增加，即压降增加，使得第二种损失加大。可见，由传热温差和压降引起的两种损失是互相关联的。如何把传热强度和流动阻力这两方面因素综合起来考虑，目前还没有得到很好的解决。

近年来，本杰（A. Bejan）提出使用熵产单元数作为评价换热器性能的指标。熵产单元数即换热器系统由于不可逆性产生的熵增与两种换热流体中热容量较大流体的热容量之比。熵增由摩擦阻力而产生的熵增和由于传热温差产生的熵增两项组成，熵增越大，说明换热过程中的不可逆程度越大。熵产单元数越小则换热器越理想；如熵产单元数较大，则说明因传热温差和压降来的损失较大。因此，使用熵产单元数，一方面可以用来指导换热器的设计，使它更接近于热力学上的理想情况；另一方面可以从能源合理利用角度来比较不同形式换热器传热性能的优劣，对处理实际问题比较简便。

随着传热技术的发展，工业上利用传热表面的强化来研制更紧凑和较便宜的换热器，同时也利用这种技术来提高系统的热力学效率，使运行费用减少。因此不少学者就如何评价强化传热技术问题进行了研究。在总结和分析前人工作的基础上，有人提出了一套较为完整的性能评价判据。他把换热器的强化分成三种目的，并分别对三种不同的目的，比较强化与未强化时的某些性能，如传热量之比，动力消耗之比，流量之比等通过这些比值的大小就可分析、比较某种目的下的不同强化技术的效果。本杰等人也提出了用强化与未强化时的熵产率作为比较的判据。总之，换热器性能评价问题的研究是一个相当复杂的问题，上述评价方法仍待进一步深入研究。

第六节 换热器的设计计算

换热器的计算分两种情况：第一种情况是换热器的设计计算，目的是确定换热器的换热面积。第二种情况是换热器的校核计算，即根据已知的换热面积来校核换热器的工作能力，一般校核流体的出口温度和换热量。

无论换热器的设计计算还是校核计算，必须考虑污垢的热绝缘系数，因为换热器在实际运行时必然产生污垢的沉积，在计算时可由实验室测定污垢热绝缘系数，也可查取污垢热绝缘系数的参考数据。

在介绍换热器的传热计算方法之前，首先研究一下平均温度差的计算方法。

一、平均温度差

换热器传热基本公式为 $\Phi = KA\Delta t$，式中 Δt 是冷、热两种流体的温度差。在前面的传热过程计算中，Δt 都是作为一个定值来处理的。但对换热器，情况就不同了，因为冷热两流体沿传热面进行热交换，其温度流动方向不断变化，因此冷、热流体间温差也是不断变化的。图 15-11a、图 15-11b 各为顺流和逆流时冷热流体温度沿传热面变化的示意图。图中温度 t 的角码意义如下："1"是指热流体，"2"是指冷流体；"′"指进口温度，"″"指出口温度。

流体温度随传热面变化示意图

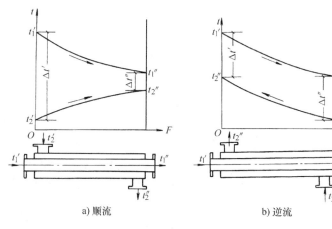

a) 顺流　　　　　　　　b) 逆流

图 15-11　流体温度随传热面变化示意图

下面以顺流套管式换热器为例计算对数平均温差。由于冷热流体温差沿换热面是变化的，从换热面 A 处取一微面积 dA，它的传热量应为

① $$d\Phi = K\Delta t dA$$

由于发生了热交换，热流体温度下降 dt_1，冷流体温度上升 dt_2，由热平衡方程则有

② $$d\Phi = -M_1 c_1 dt_1 = M_2 c_2 dt_2$$

式中　M——流体的质量流量，单位为 kg/s；

　　　c——流体的比热容，单位为 J/(kg·K)；

　　　Mc——流体的热容，$Mc = C$。

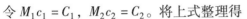

令 $M_1 c_1 = C_1$，$M_2 c_2 = C_2$。将上式整理得

③ $$dt_1 = \frac{-d\Phi}{M_1 c_1} = \frac{-d\Phi}{C_1}$$

④ $$dt_2 = \frac{d\Phi}{M_2 c_2} = \frac{d\Phi}{C_2}$$

因为 $t_1 - t_2 = \Delta t$，将该式微分得

⑤ $$dt_1 - dt_2 = d(\Delta t)$$

将式③、式④代入式⑤得

⑥ $$d(\Delta t) = \frac{-d\Phi}{C_1} - \frac{d\Phi}{C_2} = -\left(\frac{1}{C_1} + \frac{1}{C_2}\right)d\Phi$$

设 $\dfrac{1}{C_1} + \dfrac{1}{C_2} = m$，则

⑦ $$d\Phi = \frac{-d(\Delta t)}{m}$$

因为 $d\Phi = K\Delta t dA$，所以 $\dfrac{-d(\Delta t)}{m} = K\Delta t dA$，即

⑧ $$\frac{d(\Delta t)}{\Delta t} = -mKdA$$

因为 m、K 是常数，则将上式积分得

⑨ $$\int_{\Delta t'}^{\Delta t''} \frac{d(\Delta t)}{\Delta t} = -mK\int_0^A dA$$

⑩ $$\ln \frac{\Delta t'}{\Delta t''} = mKA$$

将式⑦积分得 $$\Phi = -\frac{1}{m}\int_{\Delta t'}^{\Delta t''} d(\Delta t) = \frac{1}{m}(\Delta t' - \Delta t'')$$

将式⑩整理得 $m = \dfrac{1}{KA}\ln\dfrac{\Delta t'}{\Delta t''}$ 代入上式，则得

$$\Phi = \frac{\Delta t' - \Delta t''}{\ln \dfrac{\Delta t'}{\Delta t''}}KA$$

于是对数平均温差

$$\Delta t_m = \frac{\Delta t' - \Delta t''}{\ln \dfrac{\Delta t'}{\Delta t''}} \tag{15-22}$$

式中　Δt_m——对数平均温差。

对逆流也可用同样的方法推出与式（15-22）形式相同的对数平均温差。但此时 $\Delta t'$ 为较大温差，$\Delta t''$ 为温差较小端的温差。

在对数平均温差的推导过程中，我们有两个基本的假定，即流体的热容及传热系数都是常数；热流体的放热流量等于冷流体的吸热流量（不计换热器热损失）。但在实际换热器中，由于进口段的影响及流体的比热、黏度、热导率等都随温度而变化，并且存在热损失，这些与假定条件是不符的，所以对数平均温差的值也还是近似的，但对一般工程计算已足够精确。

工程上有时为简便起见，在误差允许范围内，常用算术平均温差来进行计算。算术平均

温差为换热器进出口两端部温差的算术平均值，即

$$\Delta t_{\mathrm{m}} = \frac{1}{2}(\Delta t' + \Delta t'') \qquad (15\text{-}23)$$

当 $\Delta t'/\Delta t'' < 2$ 时，算术平均温差与对数平均温差相差不到 4%，所以工程上是允许的。

以上算术平均温差与对数平均温差的计算方法适用于一般顺流、逆流换热器，如套管式换热器、螺旋板式换热器等。

对于管壳式、板翅式等换热器，其流动方式为交叉流、混合流等，它们的平均温差推导很复杂，计算时先按逆流算出对数平均温差后，乘以温差修正系数 $\varepsilon_{\Delta t}$，即

$$\Delta t_{\mathrm{m}} = \varepsilon_{\Delta t} \frac{\Delta t' - \Delta t''}{\ln \dfrac{\Delta t'}{\Delta t''}} \qquad (15\text{-}24)$$

式中 $\varepsilon_{\Delta t}$ 是 P 和 R 的函数。它反映了复杂流换热器的传热性能接近逆流传热的程度，一般复杂流换热器 $0.8 \leqslant \varepsilon_{\Delta t} < 1$。$\varepsilon_{\Delta t}$ 小于 0.8，说明换热器传热性能太差。

$$P = \frac{t_2'' - t_2'}{t_1' - t_2'} = \frac{冷流体的加热度}{两流体的初温度差} \qquad (15\text{-}25)$$

$$R = \frac{t_1' - t_1''}{t_2'' - t_2'} = \frac{热流体的加热度}{冷流体的加热度} \qquad (15\text{-}26)$$

参数 R 代表两种流体热容量之比，P 代表换热器中流体 2 的实际温升与理论最大温升之比，R 值可以大于 1 或小于 1，P 值必须小于 1。

图 15-12 ~ 图 15-14 为三种情况下的 $\varepsilon_{\Delta t} = f(P, R)$ 图。其中，图 15-12 为一次交叉流，一侧流体本身混合，另一侧流体不混合；图 15-13 为两侧换热的流体各自都不混合，图 15-14 为单壳程及具有 2、4、6 管程的管壳式换热器。暖风机中流体流动换热情况就属于一次交叉流的一种实例。其中，热流体在各管内流动不混合，而空气在管外各管之间可以混合（设为光管）当流体本身不混合时，则在平行和垂直于流动方向上都有温度变化；而当流体不隔开时，流体的混合会使垂直于流动方向上温度平衡的趋势加强，故流体的混合或不混合也会影响平均温差的数值。

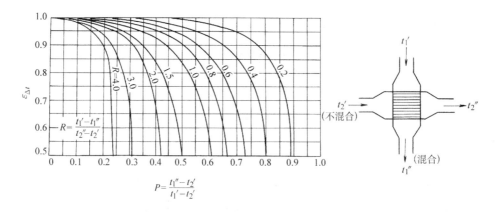

图 15-12 一侧流体混合，一侧不混合时的 $\varepsilon_{\Delta t}$

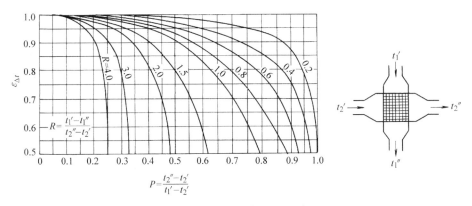

图 15-13 两侧换热的流体都不混合时的 $\varepsilon_{\Delta t}$

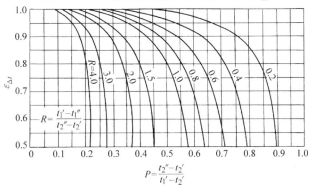

图 15-14 单壳程 2、4、6 管程的 $\varepsilon_{\Delta t}$

【例 15-5】 某锅炉的烟气通过省煤器后，烟气温度从 420℃下降到 150℃，水温从 40℃升高到 120℃，按顺流和逆流两种情况计算对数平均温差，并加以比较。

【解】 顺流时

$$t_1' = 420℃ \quad t_1'' = 150℃ \quad t_2' = 40℃ \quad t_2'' = 120℃$$

$$\Delta t' = t_1' - t_2' = 420℃ - 40℃ = 380℃ \quad \Delta t'' = t_1'' - t_2'' = 150℃ - 120℃ = 30℃$$

$$\Delta t_m = \frac{\Delta t' - \Delta t''}{\ln \dfrac{\Delta t'}{\Delta t''}} = \frac{380 - 30}{\ln \dfrac{380}{30}} = 138$$

逆流时

$$t_1' = 420℃ \quad t_1'' = 150℃ \quad t_2' = 40℃ \quad t_2'' = 120℃$$

$$\Delta t' = t_1' - t_2'' = 420℃ - 120℃ = 300℃ \quad \Delta t'' = t_1'' - t_2' = 150℃ - 40℃ = 110℃$$

$$\Delta t_m = \frac{\Delta t' - \Delta t''}{\ln \dfrac{\Delta t'}{\Delta t''}} = \frac{300 - 110}{\ln \dfrac{300}{110}} = 189$$

比较得

$$\frac{189 - 138}{138} \times 100\% = 37\%$$

说明逆流比顺流温差大 37%。

【例 15-6】 已知一换热器，热流体由 300℃被冷却到 150℃，冷流体由 50℃被加热到 100℃，按一次交叉流，热流体混合，冷流体不混合，求换热器的平均温差。

【解】 根据式（15-25）、式（15-26）得

$$P = \frac{t_2'' - t_2'}{t_1' - t_2'} = \frac{100 - 50}{300 - 50} = 0.2 \qquad R = \frac{t_1' - t_1''}{t_2'' - t_2'} = \frac{300 - 150}{100 - 50} = 3$$

查图15-12得

$$\Delta t_m = \varepsilon_{\Delta t} \frac{\Delta t' - \Delta t''}{\ln \frac{\Delta t'}{\Delta t''}} = \left[0.94 \times \frac{(300 - 100) - (150 - 50)}{\ln \frac{200}{100}} \text{℃} \right] = 135\text{℃}$$

二、换热器的设计计算

换热器的设计计算有两种方法：平均温差法（LMTD）和效能—单元数法（ε—NTU）。

1. 平均温差法

平均温差法计算步骤如下：

1）根据要求先确定换热器的形式，由给定的换热量和冷、热流体进出口温度中的三个温度值，按平衡方程求出冷流体或热流体出口温度，再求出对数平均温差 Δt_m。

2）由传热公式求出所需换热面积 A；并确定换热器的结构尺寸和参数。

在工程实际中一般选用系列产品，可以参考产品样本或查手册，查取相关参数进行计算。如果计算出的传热面积与该结构面积不相符，需重新计算，直到两者基本符合。

【例15-7】 已知某采暖系统流量是3.5kg/s，选用卧式蒸汽－水换热器，系统的热水由60℃被加热到90℃，换热器入口处蒸汽压力为0.16MPa，被加热水在换热器管内的流速为0.99m/s，管内径为17mm，管外径为19mm，水侧水垢热绝缘系数为0.00017m² · K/W，求加热器的加热面及尺寸。

【解】 （1）求平均温差

查附录水蒸气表，得0.16M的饱和蒸汽对应的饱和温度是 $t_b = 113.32$℃，则有

$$\Delta t' = 113.32\text{℃} - 60\text{℃} = 53.32\text{℃}$$
$$\Delta t'' = 113.32\text{℃} - 90\text{℃} = 23.32\text{℃}$$

对数平均温差为

$$\Delta t_m = \frac{\Delta t' - \Delta t''}{\ln \frac{\Delta t'}{\Delta t''}} = \frac{53.32 - 23.32}{\ln \frac{53.32}{23.32}}\text{℃} = 36.3\text{℃}$$

（2）求水侧表面传热系数 h_2

① 水的定性水温取水的平均温度

$$t_{pj} = t_b - \Delta t_m = (113.32 - 36.3)\text{℃} = 77.02\text{℃}$$

根据定性水温查附录得的相关参数

$$\lambda_2 = 0.672\text{W}/(\text{m} \cdot \text{K})$$
$$\nu_2 = (0.38 \times 10^{-6})\text{m}^2/\text{s}$$
$$\rho = 973.6\text{kg}/\text{m}^3$$
$$Pr = 2.32$$

② 定型尺寸

$$d_2 = 0.017\text{m}$$

③ 求雷诺数

$$Re = \frac{d_2 \omega}{\nu} = \frac{0.017 \times 0.99}{0.38 \times 10^{-6}} = 4.43 \times 10^4 > 10^4$$

水在管内的流动属于紊流流动。

④ 求对于紊流，水被加热时有 $Nu = 0.023Re^{0.8}Pr^{0.4}$
$$= 0.023 \times (4.43 \times 10^4)^{0.8} \times 2.32^{0.4}$$
$$= 168$$

所以
$$h_2 = Nu\frac{\lambda_2}{d_2} = \left(168 \times \frac{0.672}{0.017}\right)W/(m^2 \cdot K) = 6641W/(m^2 \cdot K)$$

（3）求蒸汽侧凝结表面传热系数 h_1

① 定性温度

取凝结液膜的平均温度为定性温度，式中壁温未知，用试算法来求。一般蒸汽侧表面传热系数大于水侧，所以壁温接近蒸汽侧温度，假定 $t_w = 103℃$，于是

$$t_m = \frac{t_w + t_{bh}}{2} = \frac{103℃ + 113.32℃}{2} = 108.16℃$$

根据 t_m 查凝结水参数

$$\lambda = 0.684W/(m \cdot K) \qquad \rho = 952.5kg/m^3$$

$$\mu = 2.64 \times 10^{-4}N \cdot s/m^2 \quad p = 0.16MPa（饱和蒸汽）时对应的 \gamma = 2221kJ/kg$$

② 定型尺寸

对于水平管束凝结放热的定型尺寸取 nd_1，其中 n 为未知数，可用试算确定，先假定 $n = 8$，$d_1 = 0.019m$。

③ 求表面传热系数 h_1

$$h_1 = 0.725\left[\frac{\rho^2 g\lambda^3\gamma}{\mu(t_{bh} - t_w)nd_1}\right]^{\frac{1}{4}}$$

$$= \left[0.725 \times \left(\frac{952.5^2 \times 9.81 \times 0.684^3 \times 2221000}{2.64 \times 10^{-4} \times (113.32 - 103) \times 8 \times 0.019}\right)^{\frac{1}{4}}\right]W/(m^2 \cdot K)$$

$$= 8000W/(m^2 \cdot K)$$

（4）求传热系数

铜管壁热绝缘系数很小，忽略不计，可按平壁计算。

$$K = \frac{1}{\frac{1}{h_1} + R_f + \frac{1}{h_2}} = \frac{1}{\frac{1}{8000} + 0.00017 + \frac{1}{6650}}W/(m^2 \cdot K) = 2245W/(m^2 \cdot K)$$

校核假定的 t_m 值：

$$q = K\Delta t_m = (2245 \times 36.3)W/m^2 = 8.15 \times 10^4 W/m^2$$

$$q = h_1(t_{bh} - t_w) = [8000 \times (113.32 - 103)]W/m^2 = 8.256 \times 10^4 W/m^2$$

上面两项数值相差不大，接近假定值103℃不必重新计算。

（5）传热面积、管长及管数

$$A = \frac{\Phi}{K\Delta t_m} = \frac{3.5 \times 4.19 \times 10^3 \times (90 - 60)}{2250 \times 36.3}m^2 = 5.4m^2$$

选换热器管长 $l = 1.5m$，$d_m = 18mm$，则管子总数为

$$N = \frac{A}{\pi d_m l} = \frac{5.4m^2}{3.14 \times 0.018m \times 1.5m} = 63.7 \quad 管子总数取64根。$$

按管子数的平方根等于管排数的估计方法，计算的排数与假定 8 根的相等。

每程管数

$$Z = \frac{V}{\omega \frac{\pi}{4} d_2^2} = \frac{3.5}{0.99 \times \frac{3.14}{4} \times 0.017^2 \times 1000} = 16$$

管程为

$$\frac{63.7}{16} = 3.98$$

计算后取管程为 4，每管程为 16 根，管子总数为 64，传热面积为 5.4m²。

2. 效能—单元数法（ε—NTU）

ε 称为换热器的效能，它表示换热器的实际传热流量与最大可能传热流量的比值。实际传热流量可以是热流体放出的热流量或冷流体获得的热流量，换热器内的流体换热后，可能产生的最大温差就是热流体进口温度与冷流体出口温度之差 $t_1' - t_2'$。根据热平衡原理，产生的最大温差流体只能是 Mc 最小的流体，所以最大可能传热流量为

$$\Phi_{max} = (Mc)_{min}(t_1' - t_2')$$

$(Mc)_{min}$ 可能是热流体的热容，也可能是冷流体的热容，如果冷流体的热容较小，根据换热器效能的定义有

$$\varepsilon = \frac{\Phi}{\Phi_{max}} = \frac{M_2 c_2 (t_2'' - t_2')}{M_2 c_2 (t_1' - t_2')} = \frac{t_2'' - t_2'}{t_1' - t_2'} \tag{15-27}$$

同理可得换热器的实际传热流量公式

$$\Phi = \varepsilon \Phi_{max} = \varepsilon (Mc)_{min}(t_1' - t_2') \tag{15-28}$$

换热器的效能与换热器的传热过程有一定联系，令 $Mc = C$，则 $(Mc)_{min} = C_{min}$；$(Mc)_{max} = C_{max}$，则对于顺流式换热器有

$$\varepsilon = \frac{1 - \exp\left[-\frac{KA}{C_{min}}\left(1 + \frac{C_{min}}{C_{max}}\right)\right]}{1 + \frac{C_{min}}{C_{max}}}$$

令 $NTU = \frac{KA}{C_{min}}$，NTU 叫做传热单元数，则有

$$\varepsilon = \frac{1 - \exp\left[-NTU\left(1 + \frac{C_{min}}{C_{max}}\right)\right]}{1 + \frac{C_{min}}{C_{max}}} \tag{15-29}$$

对于逆流式换热器有

$$\varepsilon = \frac{1 - \exp\left[-\frac{KA}{C_{min}}\left(1 - \frac{C_{min}}{C_{max}}\right)\right]}{1 - \frac{C_{min}}{C_{max}}\exp\left[-\frac{KA}{C_{min}}\left(1 - \frac{C_{min}}{C_{max}}\right)\right]}$$

$$= \frac{1 - \exp\left[-NTU\left(1 - \frac{C_{min}}{C_{max}}\right)\right]}{1 - \frac{C_{min}}{C_{max}}\exp\left[-NTU\left(1 - \frac{C_{min}}{C_{max}}\right)\right]} \tag{15-30}$$

【例15-8】　已知一逆流式换热器，传热面积为 $2.8m^2$，传热系数为 $980W/(m^2 \cdot K)$，热流体在单位时间内流过换热器的 $M_1c_1 = 2000W/K$，其进口温度 $t'_1 = 250℃$，冷流体在单位时间内流过换热器的 $M_2c_2 = 1500W/K$，其进口温度 $t'_2 = 18℃$，试用 ε—NTU 法计算传热流量。

【解】　据题意得

$$NTU = \frac{KA}{C_{min}} = \frac{980 \times 2.8}{1500} = 1.829$$

$$\frac{C_{min}}{C_{max}} = \frac{1500}{2000} = 0.75$$

代入式（15-30）得

$$\varepsilon = \frac{1 - \exp\left[-NTU\left(1 - \frac{C_{min}}{C_{max}}\right)\right]}{1 - \frac{C_{min}}{C_{max}}\exp\left[-NTU\left(1 - \frac{C_{min}}{C_{max}}\right)\right]}$$

$$= \frac{1 - \exp[-1.83(1 - 0.75)]}{1 - 0.75\exp[-1.83(1 - 0.75)]} = 0.7$$

$$\Phi = \varepsilon(Mc)_{min}(t'_1 - t'_2) = [0.70 \times 1500 \times (250 - 18)]W = 243600W$$

以上两种方法（LMTD 法和 ε—NTU 法），可用于换热器的设计计算或校核计算。设计计算通常求的是传热面积，校核计算通常求的是传热流量和出口温度 t''_1 和 t''_2。对于校核计算，虽然两种方法均需试算传热系数，但 LMTD 法需反复进行对比计算，比 ε—NTU 法麻烦一些。当传热系数已知的时，由 ε—NTU 法可直接求得结果，要比 LMTD 法方便。

 ## 本章小结

本章主要讲述了通过平壁、圆筒壁和肋壁的传热、传热的增强和削弱、换热器的形式和基本构造和换热器的设计计算。重点内容如下：

（1）通过平壁、圆筒壁和肋壁的传热计算式要充分理解和掌握，并能熟练应用。

（2）增强传热可通过提高传热系数、增大传热面积和增大传热温差等途径来实现。削弱传热主要靠增大传热热阻来实现。

（3）表面式换热器在工程上应用非常广泛。它从构造上可分为管壳式、板式、肋片管式、板翅式、螺旋板式等，前两种应用最为广泛。

（4）在换热器的选型计算中，需计算换热器的平均温差。平均温差有算术平均温差和对数平均温差两种计算方法。实际工程上常用对数平均温差计算。

（5）换热器的设计计算常用平均温差法。

 ## 习题与思考题

15-1　平壁和肋壁的传热系数计算有何不同？

15-2　什么是临界热绝缘直径？平壁外圆管外敷设保温材料是否一定能起到保温的作用，为什么？

15-3　对流换热系数为 $100W（m^2 \cdot K）$，温度为 20℃ 的空气流经 50℃ 的壁面，求其对流换热的热流密度。

15-4　在相同的进出口温度条件下，为什么换热器中的冷、热流体按逆流方式布置比按顺流方式布置好？

15-5 已知锅炉平壁一侧烟气温度为 350℃，另一侧水温为 80℃，壁厚为 20mm，热导率为 244W/（m·K），烟气与壁面的换热系数为 487W/（m²·K），壁面与水的换热系数为 83W/（m²·K），求通过壁面的热流密度。

15-6 一内径为 75mm、壁厚为 2.5mm 的热水管，管壁材料的导热系数为 6080W/（m·K），管内热水温度为 90℃，管外空气温度为 20℃，管内外的换热系数分别为 500W/（m²·K）和 35W/（m²·K）。试求该热水管单位长度的散热量。

15-7 有一肋壁厚度是 6mm，热导率是 80W/（m·K），肋壁面换热系数是 8W/（m²·K），水的温度是 85℃，光面换热系数是 209W/（m²·K），肋化系数为 13，空气温度是 20℃，试求通过每平方米壁面的传热量（按光面计）。

15-8 同上题，如果按肋面单位面积计算，试求通过每平方米壁面的传热量。

15-9 锅炉炉墙由三层组成，内层为耐火砖，厚度是 0.25m，热导率是 1.028W/（m·K）；中间为石棉隔热层，厚度是 0.05m，热导率是 0.095W/（m·K）；外层为红砖厚度是 0.24m，热导率是 0.6W/（m·K）；炉墙内侧烟气温度是 510℃，烟气侧换热系数是 358W/（m²·K）；炉墙外侧空气温度是 20℃，空气侧换热系数是 15W/（m²·K）；求通过该炉墙的热损失。

15-10 蒸汽管道的外径为 60mm，壁厚是 2mm，热导率是 50W/（m·K），保温层厚度是 30mm，保温材料的热导率是 0.11W/（m·K），管内蒸汽温度是 150℃，它对管壁的平均换热系数是 240W/（m²·K），保温层对空气的平均换热系数是 7.6W/（m²·K），空气的温度是 20℃，试求每米管长的热损失。

15-11 空气预热器中空气从 20℃被加热到 100℃，烟气则从 420℃被冷却到 180℃，按顺流和逆流两种情况计算对数平均温差。

15-12 已知一换热器，热流体由 320℃被冷却到 180℃，冷流体由 60℃被加热到 90℃，按交叉流计算换热器的平均温差。

15-13 一台逆流式换热器用水来冷却润滑油。流量为 2.5kg/s 的冷却水在管内流动，其进出口温度分别为 15℃ 和 60℃，比热容为 4174J/（kg·K）；热油进出口温度分别为 110℃ 和 70℃，比热容为 2190J/（kg·K）。传热系数为 400W/（m²·K）。试计算所需的传热面积。

15-14 已知换热器的换热面积是 2m²，传热系数为 1165W/（m²·K），热流体进出口温度为 120℃和 80℃，冷流体进出口温度为 20℃和 40℃，若换热器采用顺流式，计算该换热器的换热量。

15-15 某台换热器的传热系数为 120W/（m²·K），热流体进出口温度为 320℃和 150℃，冷流体进出口温度为 22℃和 125℃，其热容量是 4187W/K，若换热器采用逆流换热方式，用 ε—NTU 法计算该换热器的传热面积。

附　录

附表1　常用单位换算表

长度	$1\,m = 3.2808\,ft = 39.37\,in$
	$1\,ft = 12\,in = 0.3048\,m$
	$1\,in = 2.54\,cm$
	$1\,mile = 5280\,ft = 1.6093 \times 10^3\,m$
质量	$1\,kg = 1000\,g = 2.2046\,lbm = 6.8521 \times 10^{-2}\,slug$
	$1\,lbm = 0.45359\,kg = 3.10801 \times 10^{-2}\,slug$
	$1\,slug = 1\,lbf \cdot s^2/ft = 32.174\,lbm = 14.594\,kg$
时间	$1\,h = 60\,min = 3600\,s$
	$1\,ms = 10^{-3}\,s$
	$1\,\mu s = 10^{-6}\,s$
力	$1\,N = 1\,kg \cdot m/s^2 = 0.102\,kgf = 0.2248\,lbf$
	$1\,dyn = 1\,gcm/s^2 = 10^{-5}\,N$
	$1\,lbf = 4.448 \times 10^5\,dyn = 4.448\,N = 0.45359\,kgf$
	$1\,kgf = 9.8\,N = 2.2046\,lbf = 9.8 \times 10^5\,dyn$
能量	$1\,J = 1\,kg \cdot m^2/s^2 = 0.102\,kgf \cdot m = 0.2389 \times 10^{-3}\,kcal$
	$1\,Btu = 778.16\,ft \cdot lbf = 252\,cal = 1055.0\,J$
	$1\,kcal = 4186\,J = 427.2\,kgf \cdot m = 3.09\,ft \cdot lbf$
	$1\,ft \cdot lbf = 1.3558\,J = 3.24 \times 10^{-4}\,kcal = 0.1383\,kgf \cdot m$
	$1\,erg = 1\,g \cdot cm^2/s^2 = 10^{-7}\,J$
	$1\,ev = 1.602 \times 10^{-19}\,J$
	$1\,kJ = 0.9478\,Btu = 0.2389\,kcal$
功率	$1\,W = 1\,kg \cdot m^2/s^3 = 1\,J/s = 0.9478\,Btu/s = 0.2389\,kcal/s$
	$1\,kW = 1000\,W = 3412\,Btu/h = 859.9\,kcal/h$
	$1\,hp = 0.746\,kW = 2545\,Btu/h = 550\,ft \cdot lbf/s$
	$1\,马力 = 75\,kgf \cdot m/s = 735.5\,W = 2509\,Btu/h = 542.3\,ft \cdot lbf/s$
压力	$1\,atm = 760\,mmHg = 101325\,N/m^2 = 1.0333\,kgf/cm^2 = 14.696\,lbf/in^2$
	$1\,bar = 10^5\,N/m^2 = 1.0197\,kgf/cm^2 = 750.62\,mmHg = 14.504\,lbf/in^2$
	$1\,kgf/cm^2 = 735.6\,mmHg = 9.80665 \times 10^4\,N/m^2 = 14.223\,lbf/in^2$
	$1\,Pa = 1\,N/m^2 = 10^{-5}\,bar$
	$1\,mmHg = 1.3595 \times 10^{-3}\,kgf/cm^2 = 0.01934\,lbf/in^2 = 1\,Torr$

（续）

比热容	$1kJ/(kg \cdot K) = 0.23885kcal/(kg \cdot K) = 0.2388Btu/(lb \cdot °R)$
	$1kcal/(kg \cdot K) = 4.1868kJ/(kg \cdot K) = 1Btu/(lb \cdot °R)$
	$1Btu/(lb \cdot °R) = 4.1868kJ/(kg \cdot K) = 1kcal/(kg \cdot K)$
比体积	$1m^3/kg = 16.0185ft^3/lb$
	$1ft^3/lb = 0.062428m^3/kg$
温度	$1K = 1°C = 1.8°R$
	$°R = °F + 459.67$

注：$K = °C + 273.15$

$°C = \dfrac{5}{9}(°F - 32)$

附表 2　几种气体在理想状态下的平均比定压热容 $c_p \big|_0^t$

[单位：kJ/(kg·K)]

$t/℃$	O_2	N_2	H_2	CO	空气	CO_2	H_2O
0	0.915	1.039	14.195	1.040	1.004	0.815	1.859
100	0.923	1.040	14.353	1.042	1.006	0.866	1.873
200	0.935	1.043	14.421	1.046	1.012	0.910	1.894
300	0.950	1.049	14.146	1.054	1.019	0.949	1.919
400	0.965	1.057	14.477	1.063	1.028	0.983	1.948
500	0.979	1.066	14.509	1.075	1.039	1.013	1.978
600	0.993	1.076	14.542	1.086	1.050	1.040	2.009
700	1.005	1.087	14.587	1.098	1.061	1.064	2.042
800	1.016	1.097	14.641	1.109	1.071	1.085	2.075
900	1.026	1.108	14.706	1.120	1.081	1.014	2.110
1000	1.035	1.118	14.776	1.130	1.091	1.122	2.144
1100	1.043	1.127	14.853	1.140	1.100	1.138	2.177
1200	1.051	1.136	14.934	1.149	1.108	1.153	2.211
1300	1.058	1.145	15.023	1.158	1.117	1.166	2.243
1400	1.065	1.153	15.113	1.166	1.124	1.178	2.274
1500	1.071	1.160	15.202	1.173	1.131	1.189	2.305
1600	1.077	1.167	15.294	1.180	1.138	1.200	2.335
1700	1.083	1.174	15.383	1.187	1.144	1.209	2.363
1800	1.089	1.180	15.472	1.192	1.150	1.218	2.391
1900	1.094	1.186	15.561	1.198	1.156	1.226	2.417
2000	1.099	1.191	15.649	1.203	1.161	1.233	2.442
2100	1.104	1.197	15.736	1.208	1.166	1.241	2.466
2200	1.109	1.201	15.819	1.213	1.171	1.247	2.489
2300	1.114	1.206	15.902	1.218	1.176	1.253	2.512
2400	1.118	1.210	15.983	1.222	1.180	1.259	2.533
2500	1.123	1.214	16.064	1.226	1.182	1.264	2.554
标准状态下的密度 $\rho_0/$ (kg/m^3)	1.4286	1.2505	0.08999	1.2505	1.2932	1.9648	0.8042

附表3　饱和水与饱和蒸汽表（按温度排列）

温度	绝对压力	比体积		比焓		汽化潜热	比熵	
		饱和水	饱和蒸汽	饱和水	饱和蒸汽		饱和水	饱和蒸汽
$t/℃$	p_s/MPa	$v'/(m^3/kg)$	$v''/(m^3/kg)$	$h'/(kJ/kg)$	$h''/(kJ/kg)$	$r/(kJ/kg)$	$s'/[kJ/(kg·K)]$	$s''/[kJ/(kg·K)]$
0	0.0006108	0.0010002	206.321	−0.04	2501.0	2501.0	−0.0002	9.1565
0.01	0.0006112	0.00100022	206.175	0.000614	2501.0	2501.0	0.0000	9.1562
1	0.0006566	0.0010001	192.611	z4.17	2502.8	2498.6	0.0152	9.1298
2	0.0007054	0.0010001	179.935	8.39	2504.7	2496.3	0.0306	9.1035
4	0.0008129	0.0010000	157.267	16.80	2508.3	2491.5	0.0611	9.0514
6	0.0009346	0.0010000	137.768	25.21	2512.0	2486.8	0.0913	9.0003
8	0.0010721	0.0010001	120.952	33.60	2515.7	2482.1	0.1213	8.9501
10	0.0012271	0.0010003	106.419	41.99	2519.4	2477.4	0.1510	8.9009
12	0.0014015	0.0010004	93.828	50.38	2523.0	2472.6	0.1805	8.2525
14	0.0015974	0.0010007	82.893	58.75	2526.7	2467.9	0.2098	8.8050
16	0.0018170	0.0010010	73.376	67.13	2530.4	2463.3	0.2388	8.7583
18	0.0020626	0.0010013	65.080	75.50	2534.0	2458.5	0.2677	8.7125
20	0.0023368	0.0010017	57.833	83.86	2537.7	2453.8	0.2963	8.6674
22	0.0026424	0.0010022	51.488	92.22	2541.4	2449.2	0.3247	8.6232
24	0.0029824	0.0010026	45.923	100.59	2545.0	2444.4	0.3530	8.5797
26	0.0033600	0.0010032	41.031	108.95	2548.6	2439.6	0.3810	8.5370
28	0.0037785	0.0010037	36.726	117.31	2552.3	2435.0	0.4088	8.4950
30	0.0042417	0.0010043	32.929	125.66	2555.9	2430.2	0.4365	8.4537
35	0.0056217	0.0010060	25.246	146.56	2565.0	2418.4	0.5049	8.3536
40	0.0073749	0.0010078	19.548	167.45	2574.0	2406.5	0.5721	8.2576
45	0.0095817	0.0010099	15.278	188.35	2582.9	2394.5	0.6383	8.1655
50	0.012335	0.0010121	12.048	209.26	2591.8	2382.5	0.7035	8.0771
55	0.015740	0.0010145	9.5812	230.17	2600.7	2370.5	0.7677	7.9922
60	0.019919	0.0010171	7.6807	251.09	2609.5	2358.4	0.8310	7.9106
65	0.025008	0.0010199	6.2042	272.02	2618.2	2346.2	0.8933	7.8320
70	0.031161	0.0010228	5.0479	292.97	2626.9	2333.8	0.9548	7.7565
75	0.038548	0.0010259	4.1356	313.94	2635.3	2321.4	1.0154	7.6837
80	0.047359	0.0010292	3.4104	334.92	2643.8	2308.9	1.0752	7.6135
85	0.057803	0.0010326	2.8300	355.92	2652.1	2296.2	1.1343	7.5459
90	0.070108	0.0010361	2.3624	376.94	2660.3	2283.4	1.1925	7.4805
95	0.084525	0.0010398	1.9832	397.99	2668.4	2270.4	1.2500	7.4174
100	0.101325	0.0010437	1.6738	419.06	2676.3	2257.2	1.3069	7.3564
110	0.14326	0.0010519	1.2106	461.32	2691.8	2230.5	1.4185	7.2402
120	0.19854	0.0010606	0.89202	503.7	2706.6	2202.9	1.5276	7.1310
130	0.27012	0.0010700	0.66815	546.3	2720.7	2174.4	1.6344	7.0281

（续）

温度	绝对压力	比体积		比焓		汽化潜热	比熵	
		饱和水	饱和蒸汽	饱和水	饱和蒸汽		饱和水	饱和蒸汽
t /℃	p_s /MPa	v' /(m³ /kg)	v'' /(m³ /kg)	h' /(kJ /kg)	h'' /(kJ /kg)	r /(kJ /kg)	s' /[kJ /(kg·K)]	s'' /[kJ /(kg·K)]
140	0.36136	0.0010801	0.50875	589.1	2734.0	2144.9	1.7390	6.9307
150	0.47597	0.0010908	0.39261	632.2	2746.3	2114.1	1.8416	6.8381
160	0.061804	0.0011022	0.30685	675.5	2757.7	2082.2	1.9425	6.7498
170	0.79202	0.0011145	0.24259	719.1	2768.0	2048.9	2.0416	6.6652
180	1.0027	0.0011275	0.19381	763.1	2777.1	2014.0	2.1393	6.5838
190	1.2552	0.0011415	0.15631	807.5	2784.9	1977.4	2.2356	6.5052
200	1.5551	0.0011565	0.12714	852.4	2791.4	1939.0	2.3307	6.4289
210	1.9079	0.0011726	0.10422	897.8	2796.4	1898.6	2.4247	6.3546
220	2.3201	0.0011900	0.08602	943.7	2799.9	1856.2	2.5178	6.2819
230	2.7979	0.0012087	0.07143	990.3	2801.7	1811.4	2.6102	6.2104
240	3.3480	0.0012291	0.05964	1037.6	2801.6	1764.0	2.7021	6.1397
250	3.9776	0.0012513	0.05002	1085.8	2799.5	1713.7	2.7936	6.0693
260	4.6940	0.0012756	0.04212	1135.0	2795.2	1660.2	2.8850	5.9989
270	5.5051	0.0013025	0.03557	1185.4	2788.3	1602.9	2.9676	5.9278
280	6.4191	0.0013324	0.03010	1237.0	2778.6	1541.6	3.0687	5.8555
290	7.4448	0.0013659	0.02551	1290.3	2765.4	1475.1	3.1616	5.7811
300	8.5917	0.0014041	0.02162	1345.4	2748.4	1403.0	3.2559	5.7038
310	9.8697	0.0014480	0.01829	1402.9	2726.8	1323.9	3.3522	5.6224
320	11.290	0.0014995	0.01544	1463.4	2699.6	1236.2	3.4513	5.5356
330	12.865	0.0015614	0.01296	1527.5	2665.5	1138.0	3.5546	5.4414
340	14.608	0.0016390	0.01078	1596.8	2622.3	1025.5	3.6638	5.3363
350	16.537	0.0017407	0.008822	1672.9	2566.1	893.2	3.7816	5.2149
360	18.674	0.0018930	0.006970	1763.1	2485.7	722.5	3.9189	5.0603
370	21.053	0.002231	0.004958	1896.2	2335.7	439.6	4.1198	4.8031
[1]374.12	22.115	0.003147	0.003147	2095.2	2095.2	0.0	4.4237	4.4237

① 这一行的数据为临界状态的参数值。

附表4 饱和水与饱和蒸汽表（按压力排列）

压力	饱和温度	比体积		比焓		汽化潜热	比熵	
		饱和水	饱和蒸汽	饱和水	饱和蒸汽		饱和水	饱和蒸汽
p /MPa	t_s /℃	v' /(m³ /kg)	v'' /(m³ /kg)	h' /(kJ /kg)	h'' /(kJ /kg)	r /(kJ /kg)	s' /[kJ /(kg·K)]	s'' /[kJ /(kg·K)]
0.0010	6.982	0.0010001	129.208	29.33	2513.8	2484.5	0.1060	8.9756
0.0020	17.511	0.0010012	67.006	73.45	2533.2	2459.8	0.2606	8.7236

（续）

压力	饱和温度	比体积		比焓		汽化潜热	比熵	
		饱和水	饱和蒸汽	饱和水	饱和蒸汽		饱和水	饱和蒸汽
p /MPa	t_s /℃	v' /(m³ /kg)	v'' /(m³ /kg)	h' /(kJ /kg)	h'' /(kJ /kg)	r /(kJ /kg)	s' /[kJ /(kg · K)]	s'' /[kJ /(kg · K)]
0.0030	24.098	0.0010027	45.668	101.00	2545.2	2444.2	0.3543	8.5776
0.0040	28.981	0.0010040	34.803	121.41	2554.1	2432.7	0.4224	8.4747
0.0050	32.90	0.0010052	28.196	137.77	2561.2	2423.4	0.4763	8.3952
0.0060	36.18	0.0010064	23.742	151.50	2567.1	2415.6	0.5209	8.3305
0.0070	39.02	0.0010074	20.532	163.38	2572.2	2408.8	0.5591	8.2760
0.0080	41.53	0.0010084	18.106	173.87	2576.7	2402.8	0.5926	8.2289
0.0090	43.79	0.0010094	16.206	183.28	2580.8	2397.5	0.6224	8.1875
0.0100	45.83	0.0010102	14.676	191.84	2584.4	2392.6	0.6493	8.1505
0.015	54.00	0.0010140	10.025	225.98	2598.9	2372.9	0.7549	8.0089
0.020	60.09	0.0010172	7.6515	251.46	2609.6	2358.1	0.8321	7.9092
0.025	64.99	0.0010199	6.2060	271.99	2618.1	2346.1	0.8932	7.8321
0.030	69.12	0.0010223	5.2308	289.31	2625.3	2336.0	0.9441	7.7695
0.040	75.89	0.0010265	3.9949	317.65	2636.8	2319.2	1.0261	7.6711
0.050	81.35	0.0010301	3.2415	340.57	2646.0	2305.4	1.0912	7.5951
0.060	85.95	0.0010333	2.7329	359.93	2653.6	2293.7	1.1454	7.5332
0.070	89.96	0.0010361	2.3658	376.77	2660.2	2283.4	1.1921	7.4811
0.080	93.51	0.0010387	2.0879	391.72	2666.0	2274.3	1.2330	7.4360
0.090	96.71	0.0010412	1.8701	405.21	2671.1	2265.9	1.2696	7.3963
0.100	99.63	0.0010434	1.6946	417.51	2675.7	2258.2	1.3027	7.3608
0.12	104.81	0.0010476	1.4289	439.36	2683.8	2244.4	1.3609	7.2996
0.14	109.32	0.0010513	1.2370	458.12	2690.8	2232.4	1.4109	7.2480
0.16	113.32	0.0010547	1.0917	475.38	2696.8	2221.4	1.4550	7.2032
0.18	116.93	0.0010579	0.97775	490.70	2702.1	2211.4	1.4944	7.1638
0.20	120.23	0.0010608	0.88592	504.7	2706.9	2202.2	1.5301	7.1286
0.25	127.43	0.0010675	0.71881	535.4	2717.2	2181.8	1.6072	7.0540
0.30	133.54	0.0010735	0.60586	561.4	2725.5	2164.1	1.6717	6.9930
0.35	138.88	0.0010789	0.52425	584.3	2732.5	2148.2	1.7273	6.9414
0.40	143.62	0.0010839	0.46242	604.7	2738.5	2133.8	1.7764	6.8966
0.45	147.92	0.0010885	0.41392	623.2	2743.8	2120.6	1.8204	6.8570
0.50	151.85	0.0010928	0.37481	640.1	2748.5	2108.4	1.8604	6.8215
0.60	158.84	0.0011009	0.31556	670.4	2756.4	2086.0	1.9308	6.7598
0.70	164.96	0.0011082	0.27274	697.1	2762.9	2065.8	1.9918	6.7074
0.80	170.42	0.0011150	0.24030	720.9	2768.4	2047.5	2.0457	6.6618

（续）

压力	饱和温度	比体积		比焓		汽化潜热	比熵	
		饱和水	饱和蒸汽	饱和水	饱和蒸汽		饱和水	饱和蒸汽
p/MPa	t_s/℃	v'/(m³/kg)	v''/(m³/kg)	h'/(kJ/kg)	h''/(kJ/kg)	r/(kJ/kg)	s'/[kJ /(kg·K)]	s''/[kJ /(kg·K)]
0.90	175.36	0.0011213	0.21484	742.6	2773.0	2030.4	2.0941	6.6212
1.0	179.88	0.0011274	0.19430	762.6	2777.0	2014.4	2.1382	6.5847
1.1	184.06	0.0011331	0.17739	781.1	2780.4	1999.3	2.1786	6.5515
1.2	187.96	0.0011386	0.16320	798.4	2783.4	1985.0	2.2160	6.5210
1.3	191.60	0.0011438	0.15112	814.7	2786.0	1971.3	2.2509	6.4927
1.4	195.04	0.0011489	0.14072	830.1	2788.4	1958.3	2.2836	6.4665
1.5	198.28	0.0011538	0.13165	844.7	2790.4	1945.7	2.3144	6.4418
1.6	201.37	0.0011586	0.12368	858.6	2792.2	1933.6	2.3436	6.4187
1.7	204.30	0.0011633	0.11661	871.8	2793.8	1922.0	2.3712	6.3967
1.8	207.10	0.0011678	0.11031	884.6	2795.1	1910.4	2.3976	6.3759
1.9	209.79	0.0011722	0.10464	896.8	2796.4	1899.6	2.4227	6.3561
2.0	212.37	0.0011766	0.09953	908.6	2797.4	1888.8	2.4468	6.3373
2.2	217.24	0.0011850	0.09064	930.9	2799.1	1868.2	2.4922	6.3018
2.4	221.78	0.0011932	0.08319	951.9	2800.4	1848.5	2.5343	6.2691
2.6	226.03	0.0012011	0.07685	971.7	2801.2	1829.5	2.5736	6.2386
2.8	230.04	0.0012088	0.07138	990.5	2801.7	1811.2	2.6106	6.2101
3.0	233.84	0.0012163	0.06662	1008.4	2801.9	1793.5	2.6455	6.1832
3.5	242.54	0.0012345	0.05702	1049.8	2801.3	1751.5	2.7253	6.1218
4.0	250.33	0.0012521	0.04974	1087.5	2799.4	1711.9	2.7967	6.0670
4.5	257.41	0.0012691	0.04402	1122.2	2796.5	1674.3	2.8614	6.0171
5.0	263.92	0.0012858	0.03941	1154.6	2792.8	1638.2	2.9209	5.9712
6.0	275.56	0.0013187	0.03241	1213.9	2783.3	1569.4	3.0277	5.8878
7.0	285.80	0.0013514	0.02734	1267.7	2771.4	1503.7	3.1225	5.8126
8.0	294.98	0.0013843	0.02349	1317.5	2757.5	1440.0	3.2083	5.7430
9.0	303.31	0.0014179	0.02046	1364.2	2741.8	1377.6	3.2875	5.6773
10.0	310.96	0.0014526	0.01800	1408.6	2724.4	1315.8	3.3616	5.6143
12.0	324.64	0.0015267	0.01425	1492.6	2684.8	1192.2	3.4986	5.4930
14.0	336.63	0.0016104	0.01149	1572.8	2638.3	1065.5	3.6262	5.3737
16.0	347.32	0.0017101	0.009330	1651.5	2582.7	931.2	3.7486	5.2496
18.0	356.96	0.0018380	0.007534	1733.4	2514.4	781.0	3.8789	5.1135
20.0	365.71	0.002038	0.005873	1828.8	2413.8	585.0	4.0181	4.9338
22.0	373.68	0.002675	0.003757	2007.7	2192.5	184.8	4.2891	4.5748
22.115	374.12	0.003147	0.003147	2095.2	2095.2	0.0	4.4237	4.4237

附表5　未饱和水与过热蒸汽表①

p	0.001MPa			0.005MPa			0.01MPa			0.04MPa		
饱和参数	$t_s=6.982$　$v''=129.208$　$h''=2513.8$　$s''=8.9756$			$t_s=32.90$　$v''=28.196$　$h''=2561.2$　$s''=8.3952$			$t_s=45.83$　$v''=14.676$　$h''=2584.4$　$s''=8.1505$			$t_s=75.89$　$v''=3.9949$　$h''=2636.8$　$s''=7.6711$		
$t/°C$	$v/(\mathrm{m^3/kg})$	$h/(\mathrm{kJ/kg})$	$s/[\mathrm{kJ/(kg·K)}]$	$v/(\mathrm{m^3/kg})$	$h/(\mathrm{kJ/kg})$	$s/[\mathrm{kJ/(kg·K)}]$	$v/(\mathrm{m^3/kg})$	$h/(\mathrm{kJ/kg})$	$s/[\mathrm{kJ/(kg·K)}]$	$v/(\mathrm{m^3/kg})$	$h/(\mathrm{kJ/kg})$	$s/[\mathrm{kJ/(kg·K)}]$
0	0.0010002	-0.0412	-0.0001	0.0010002	0.0	-0.0001	0.0010002	+0.0	-0.0001	0.0010002	0.0	-0.0001
10	130.60	2519.5	8.9956	0.0010002	42.0	0.1510	0.0010002	42.0	0.1510	0.0010002	42.0	0.1510
20	135.23	2538.1	9.0604	0.0010017	83.9	0.2963	0.0010017	83.9	0.2963	0.0010017	83.9	0.2963
30	139.85	2556.8	9.1230	0.0010043	125.7	0.4365	0.0010043	125.7	0.4365	0.0010043	125.7	0.4365
40	144.47	2575.5	9.1837	28.86	2574.6	8.4385	0.0010078	167.4	0.5721	0.0010078	167.5	0.5721
50	149.09	2594.2	9.2426	29.78	2593.4	8.4977	14.87	2592.3	8.1752	0.0010121	209.3	0.7035
60	153.71	2613.0	9.2997	30.71	2612.3	8.5552	15.34	2611.3	8.2331	0.0010171	251.1	0.8310
70	158.33	2631.8	9.3552	31.64	2631.1	8.6110	15.80	2630.3	8.2892	0.0010228	293.0	0.9548
80	162.95	2650.6	9.4093	32.57	2650.0	8.6652	16.27	2649.3	8.3437	4.044	2644.9	7.6940
90	167.57	2669.4	9.4619	33.49	2668.9	8.7180	16.73	2668.3	8.3968	4.162	2664.4	7.7485
100	172.19	2688.3	9.5132	34.42	2687.9	8.7695	17.20	2687.2	8.4484	4.280	2683.8	7.8013
120	181.42	2726.2	9.6122	36.27	2725.9	8.8687	18.12	2725.4	8.5479	4.515	2722.6	7.9025
140	190.66	2764.3	9.7066	38.12	2764.0	8.9633	19.05	2763.6	8.6427	4.749	2761.3	7.9986
160	199.89	2802.6	9.7971	39.97	2802.3	9.0539	19.98	2802.0	8.7334	4.983	2800.1	8.0903
180	209.12	2841.0	9.8839	41.81	2840.8	9.1408	20.90	2840.6	8.8204	5.216	2838.9	8.1780
200	218.35	2879.6	9.9672	43.66	2879.5	9.2244	21.82	2879.3	8.9041	5.448	2877.9	8.2621
220	227.58	2918.6	10.0480	45.51	2918.5	9.3049	22.75	2918.3	8.9848	5.680	2917.1	8.3432
240	236.82	2957.7	10.1257	47.36	2957.6	9.3828	23.67	2957.4	9.0626	5.912	2956.4	8.4213
260	246.05	2997.1	10.2010	49.20	2997.0	9.4580	24.60	2996.8	9.1379	6.144	2995.9	8.4969
280	255.28	3036.7	10.2739	51.05	3036.6	9.5310	25.52	3036.5	9.2109	6.375	3035.6	8.5700
300	264.51	3076.5	10.3446	52.90	3076.4	9.6017	26.44	3076.3	9.2817	6.606	3075.6	8.6409
400	310.66	3279.5	10.6709	62.13	3279.4	9.9280	31.06	3279.4	9.6081	7.763	3278.9	8.9678
500	356.81	3489.0	10.960	71.36	3489.0	10.218	3.68	3488.9	9.8982	8.918	3488.6	9.2581
600	402.96	3705.3	11.224	80.59	3705.3	10.481	40.29	3705.2	10.161	10.07	3705.0	9.5212

（续）

p	0.08MPa			0.1MPa			0.5MPa			1MPa		
饱和参数	t_s=93.51 v''=2.0879 h''=2666.0 s''=7.4360			t_s=99.63 v''=1.6946 h''=2675.7 s''=7.3603			t_s=151.85 v''=0.37481 h''=2748.5 s''=6.8215			t_s=179.88 v''=0.19430 h''=2777.0 s''=6.5847		
$t/°C$	$v/(m^3/kg)$	$h/(kJ/kg)$	$s/[kJ/(kg \cdot K)]$	$v/(m^3/kg)$	$h/(kJ/kg)$	$s/[kJ/(kg \cdot K)]$	$v/(m^3/kg)$	$h/(kJ/kg)$	$s/[kJ/(kg \cdot K)]$	$v/(m^3/kg)$	$h/(kJ/kg)$	$s/[kJ/(kg \cdot K)]$
0	0.0010002	0.0	-0.0001	0.0010002	0.1	-0.0001	0.0010000	0.5	-0.0001	0.0009997	1.0	-0.0001
10	0.0010002	42.1	0.1510	0.0010002	42.1	0.1510	0.0010000	42.5	0.1509	0.0009998	43.0	0.1509
20	0.0010017	83.9	0.2963	0.0010017	84.0	0.2963	0.0010015	84.3	0.2962	0.0010013	84.8	0.2961
30	0.0010043	125.7	0.4365	0.0010043	125.8	0.4365	0.0010041	126.1	0.4364	0.0010039	126.6	0.4362
40	0.0010078	167.5	0.5721	0.0010078	167.5	0.5721	0.0010076	167.9	0.5719	0.0010074	168.3	0.5717
50	0.0010121	209.3	0.7035	0.0010121	209.3	0.7035	0.0010119	209.7	0.7033	0.0010117	210.1	0.7030
60	0.0010171	251.1	0.8310	0.0010171	251.2	0.8309	0.0010169	251.5	0.8307	0.0010167	251.9	0.8305
70	0.0010228	293.0	0.9548	0.0010228	293.0	0.9548	0.0010226	293.4	0.9545	0.0010224	293.8	0.9452
80	0.0010292	334.9	1.0752	0.0010292	335.0	1.0752	0.0010290	335.3	1.0750	0.0010287	335.7	1.0746
90	0.0010361	376.9	1.1925	0.0010361	377.0	1.1925	0.0010359	377.3	1.1922	0.0010357	377.7	1.1918
100	2.127	2679.0	7.4712	1.696	2676.5	7.3628	0.0010435	419.4	1.3066	0.0010432	419.7	1.3062
120	2.247	2718.8	7.5750	1.793	2716.8	7.4681	0.0010605	503.9	1.5273	0.0010602	504.3	1.5269
140	2.366	2758.2	7.6729	1.889	2756.6	7.5669	0.0010800	589.2	1.7388	0.0010796	589.5	1.7383
160	2.484	2797.5	7.7658	1.984	2796.2	7.6605	0.3836	2767.4	6.8653	0.0011019	675.7	1.9420
180	2.601	2836.8	7.8544	2.078	2835.7	7.7496	0.4046	2812.1	6.9664	0.1944	2777.3	6.5854
200	2.718	2876.1	7.9393	2.172	2875.2	7.8348	0.4249	2855.4	7.0603	0.2059	2827.5	6.6940
220	2.835	2915.5	8.0208	2.266	2914.7	7.9166	0.4449	2897.9	7.1481	0.2169	2874.9	6.7921
240	2.952	2955.0	8.0994	2.359	2954.3	7.9954	0.4646	2939.9	7.2314	0.2275	2920.5	6.8826
260	3.068	2994.7	8.1753	2.453	2994.1	8.0714	0.4841	2981.4	7.3109	0.2378	2964.8	6.9674
280	3.184	3034.6	8.2486	2.546	3034.0	8.1449	0.5034	3022.8	7.3871	0.2480	3008.3	7.0475
300	3.300	3074.6	8.3198	2.639	3074.1	8.2162	0.5226	3064.2	7.4605	0.2580	3051.3	7.1239
400	3.879	3278.3	8.6472	3.103	3278.0	8.5436	0.6172	3271.8	7.7944	0.3066	3264.0	7.4606
500	4.457	3488.2	8.9378	3.565	3487.9	8.8346	0.7109	3483.6	8.0877	0.3540	3478.3	7.7627
600	5.035	3704.7	9.2011	4.028	3704.5	9.0979	0.8040	3701.4	8.3525	0.4010	3697.4	8.0292

（续）

p		2MPa $t_s=212.37$ $v''=0.09953$ $h''=2797.4$ $s''=6.3373$			3MPa $t_s=233.84$ $v''=0.06662$ $h''=2801.9$ $s''=6.1832$			4MPa $t_s=250.33$ $v''=0.04974$ $h''=2799.4$ $s''=6.0670$			5MPa $t_s=263.92$ $v''=0.03941$ $h''=2792.8$ $s''=5.9712$		
饱和参数 $t/°C$		$v/(\mathrm{m^3/kg})$	$h/(\mathrm{kJ/kg})$	$s/[\mathrm{kJ/(kg \cdot K)}]$	$v/(\mathrm{m^3/kg})$	$h/(\mathrm{kJ/kg})$	$s/[\mathrm{kJ/(kg \cdot K)}]$	$v/(\mathrm{m^3/kg})$	$h/(\mathrm{kJ/kg})$	$s/[\mathrm{kJ/(kg \cdot K)}]$	$v/(\mathrm{m^3/kg})$	$h/(\mathrm{kJ/kg})$	$s/[\mathrm{kJ/(kg \cdot K)}]$
0		0.0009992	2.0	0.0000	0.0009987	3.0	0.0001	0.0009982	4.0	0.0002	0.0009977	5.1	0.0002
10		0.0009993	43.9	0.1508	0.0009988	44.9	0.1507	0.0009984	45.9	0.1506	0.0009979	46.9	0.1505
20		0.0010008	85.7	0.2959	0.0010004	86.7	0.2957	0.0009999	87.6	0.2955	0.0009995	88.6	0.2952
30		0.0010034	127.5	0.4359	0.0010030	128.4	0.4356	0.0010025	129.3	0.4353	0.0010021	130.2	0.4350
40		0.0010069	169.2	0.5713	0.0010065	170.1	0.5709	0.0010060	171.0	0.5706	0.0010056	171.9	0.5702
50		0.0010112	211.0	0.7026	0.0010108	211.8	0.7021	0.0010103	212.7	0.7016	0.0010099	213.6	0.7012
60		0.0010162	252.7	0.8299	0.0010158	253.6	0.8294	0.0010153	254.4	0.8288	0.0010149	255.3	0.8283
70		0.0010219	294.6	0.9536	0.0010215	295.4	0.9530	0.0010210	296.2	0.9524	0.0010205	297.0	0.9518
80		0.0010282	336.5	1.0740	0.0010278	337.3	1.0733	0.0010273	338.1	1.0726	0.0010268	338.8	1.0720
90		0.0010352	378.4	1.1911	0.0010347	379.3	1.1904	0.0010342	380.0	1.1897	0.0010337	380.7	1.1890
100		0.0010427	420.5	1.3054	0.0010422	421.2	1.3046	0.0010417	422.0	1.3038	0.0010412	422.7	1.3030
120		0.0010596	505.0	1.5260	0.0010590	505.7	1.5250	0.0010584	506.4	1.5242	0.0010579	507.1	1.5232
140		0.0010790	590.2	1.7373	0.0010783	590.8	1.7362	0.0010777	591.5	1.7352	0.0010771	592.1	1.7342
160		0.0011012	676.3	1.9408	0.0011005	676.9	1.9396	0.0010997	677.5	1.9385	0.0010990	678.0	1.9373
180		0.0011266	763.6	2.1379	0.0011258	764.1	2.1366	0.0011249	764.8	2.1352	0.0011241	765.2	2.1339
200		0.0011560	852.6	2.3300	0.0011550	853.0	2.3284	0.0011540	853.4	2.3268	0.0011530	853.8	2.3253
220		0.1021	2820.4	6.3842	0.0011891	943.9	2.5166	0.0011878	944.2	2.5147	0.0011866	944.4	2.5129
240		0.1084	2876.3	6.4953	0.06818	2823.0	6.2245	0.0012280	1037.7	2.7007	0.0012264	1037.8	2.6985
260		0.1144	2927.9	6.5941	0.07286	2885.5	6.3440	0.05174	2835.6	6.1355	0.0012750	1135.0	2.8842
280		0.1200	2976.9	6.6842	0.07714	2941.8	6.4477	0.05547	2902.2	6.2581	0.04224	2857.0	6.0889
300		0.1255	3024.0	6.7679	0.08116	2994.2	6.5408	0.05885	2961.5	6.3634	0.04532	2925.4	6.2104
400		0.1512	3248.1	7.1285	0.09933	3231.6	6.9231	0.07339	3214.5	6.7713	0.05780	3196.9	6.6486
500		0.1756	3467.4	7.4323	0.1161	3456.4	7.2345	0.08638	3445.2	7.0909	0.06853	3433.8	6.9768
600		0.1995	3689.5	7.7024	0.1324	3681.5	7.5084	0.09879	3673.4	7.3686	0.07864	3665.4	7.2586

（续）

$t/°C$	6MPa $v/(\mathrm{m^3/kg})$	6MPa $h/(\mathrm{kJ/kg})$	6MPa $s/[\mathrm{kJ/(kg \cdot K)}]$	7MPa $v/(\mathrm{m^3/kg})$	7MPa $h/(\mathrm{kJ/kg})$	7MPa $s/[\mathrm{kJ/(kg \cdot K)}]$	8MPa $v/(\mathrm{m^3/kg})$	8MPa $h/(\mathrm{kJ/kg})$	8MPa $s/[\mathrm{kJ/(kg \cdot K)}]$	9MPa $v/(\mathrm{m^3/kg})$	9MPa $h/(\mathrm{kJ/kg})$	9MPa $s/[\mathrm{kJ/(kg \cdot K)}]$
饱和参数	$t_s=275.56$ $v''=0.03241$ $h''=2783.3$ $s''=5.8878$			$t_s=285.80$ $v''=0.02734$ $h''=2771.4$ $s''=5.8126$			$t_s=294.98$ $v''=0.02349$ $h''=2757.5$ $s''=5.7430$			$t_s=303.31$ $v''=0.02046$ $h''=2741.8$ $s''=5.6773$		
0	0.0009972	6.1	0.0003	0.0009967	7.1	0.0003	0.0009962	8.1	0.0004	0.0009958	9.1	0.0005
10	0.0009974	47.8	0.1505	0.0009970	48.8	0.1505	0.0009965	49.8	0.1503	0.0009960	50.7	0.1502
20	0.0009990	89.5	0.2951	0.0009986	90.4	0.2951	0.0009981	91.4	0.2946	0.0009977	92.3	0.2944
30	0.0010016	131.1	0.4347	0.0010012	132.0	0.4347	0.0010008	132.9	0.4340	0.0010003	133.8	0.4337
40	0.0010051	172.7	0.5698	0.0010047	173.6	0.5694	0.0010043	174.5	0.5690	0.0010038	175.4	0.5686
50	0.0010094	214.4	0.7007	0.0010090	215.3	0.7003	0.0010086	216.1	0.6998	0.0010081	217.0	0.6993
60	0.0010144	256.1	0.8278	0.0010140	256.9	0.8273	0.0010135	257.8	0.8267	0.0010131	258.6	0.8262
70	0.0010201	297.8	0.9512	0.0010196	298.7	0.9506	0.0010192	299.5	0.9500	0.0010187	300.3	0.9494
80	0.0010263	339.6	1.0713	0.0010259	340.4	1.0707	0.0010254	341.2	1.0700	0.0010249	342.0	1.0694
90	0.0010332	381.5	1.1882	0.0010327	382.3	1.1875	0.0010322	383.1	1.1868	0.0010317	383.8	1.1861
100	0.0010406	423.5	1.3023	0.0010401	424.2	1.3015	0.0010396	425.0	1.3007	0.0010391	425.8	1.3000
120	0.0010573	507.8	1.5224	0.0010567	508.5	1.5215	0.0010562	509.2	1.5206	0.0010556	509.9	1.5197
140	0.0010764	592.8	1.7332	0.0010758	593.4	1.7321	0.0010752	594.1	1.7311	0.0010745	594.7	1.7301
160	0.0010983	678.6	1.9361	0.0010976	679.2	1.9350	0.0010968	679.8	1.9338	0.0010961	680.4	1.9326
180	0.0011232	765.7	2.1325	0.0011224	766.2	2.1312	0.0011216	766.7	2.1299	0.0011207	767.2	2.1286
200	0.0011519	854.2	2.3237	0.0011510	854.6	2.3222	0.0011500	855.1	2.3207	0.0011490	855.5	2.3191
220	0.0011853	944.7	2.5111	0.0011841	945.0	2.5093	0.0011829	945.3	2.5075	0.0011817	945.6	2.5057
240	0.0012249	1037.9	2.6963	0.0012233	1038.0	2.6941	0.0012218	1038.2	2.6920	0.0012202	1038.3	2.6899
260	0.0012729	1134.8	2.8815	0.0012708	1134.7	2.8789	0.0012687	1134.6	2.8762	0.0012667	1134.4	2.8737
280	0.03317	2804.0	5.9253	0.0013307	1236.7	3.0667	0.0013277	1236.2	3.0633	0.0013249	1235.6	3.0600
300	0.03616	2885.0	6.0693	0.02946	2839.2	5.9322	0.02425	2785.4	5.7918	0.0014022	1344.9	3.2539
400	0.04738	3178.6	6.5438	0.03992	3159.7	6.4511	0.03431	3140.1	6.3670	0.02993	3119.7	6.2891
500	0.05662	3422.2	6.8814	0.04810	3410.5	6.7988	0.04172	3398.5	6.7254	0.03675	3386.4	6.6592
600	0.06521	3657.2	7.1673	0.05561	3649.0	7.0890	0.04841	3640.7	7.0201	0.04281	3632.4	6.9585

（续）

$t/°C$	10MPa $t_s=310.96$ $v''=0.01800$ $h''=2724.7$ $s''=5.6143$			12MPa $t_s=324.64$ $v''=0.01425$ $h''=2684.8$ $s''=5.4930$			14MPa $t_s=336.63$ $v''=0.01149$ $h''=2638.3$ $s''=5.3737$			16MPa $t_s=347.32$ $v''=0.009330$ $h''=2582.7$ $s''=5.2496$		
	$v/(m^3/kg)$	$h/(kJ/kg)$	$s/[kJ/(kg·K)]$	$v/(m^3/kg)$	$h/(kJ/kg)$	$s/[kJ/(kg·K)]$	$v/(m^3/kg)$	$h/(kJ/kg)$	$s/[kJ/(kg·K)]$	$v/(m^3/kg)$	$h/(kJ/kg)$	$s/[kJ/(kg·K)]$
0	0.0009953	10.1	0.0005	0.0009943	12.1	0.0006	0.0009933	14.1	0.0007	0.0009924	16.1	0.0008
10	0.0009956	51.7	0.1500	0.0009947	53.6	0.1498	0.0009938	55.6	0.1496	0.0009928	57.5	0.1494
20	0.0009972	93.2	0.2942	0.0009964	95.1	0.2937	0.0009955	97.0	0.2933	0.0009946	98.8	0.2928
30	0.0009999	134.7	0.4334	0.0009991	136.6	0.4328	0.0009982	138.4	0.4322	0.0009973	140.2	0.4315
40	0.0010034	176.3	0.5682	0.0010026	178.1	0.5674	0.0010017	179.8	0.5666	0.0010008	181.6	0.5659
50	0.0010077	217.8	0.6989	0.0010068	219.6	0.6979	0.0010060	221.3	0.6970	0.0010051	223.0	0.6961
60	0.0010126	259.4	0.8257	0.0010118	261.1	0.8246	0.0010109	262.8	0.8236	0.0010100	264.5	0.8225
70	0.0010182	301.1	0.9489	0.0010174	302.7	0.9477	0.0010164	304.4	0.9465	0.0010156	306.0	0.9453
80	0.0010244	342.8	1.0687	0.0010235	344.4	1.0674	0.0010226	346.0	1.0661	0.0010217	347.6	1.0648
90	0.0010312	384.6	1.1854	0.0010303	386.2	1.1840	0.0010293	387.7	1.1826	0.0010284	389.3	1.1812
100	0.0010386	426.5	1.2992	0.0010376	428.0	1.2977	0.0010366	429.5	1.2961	0.0010356	431.0	1.2946
120	0.0010551	510.6	1.5188	0.0010540	512.0	1.5170	0.0010529	513.5	1.5153	0.0010518	514.9	1.5136
140	0.0010739	595.4	1.7291	0.0010727	596.7	1.7271	0.0010715	598.0	1.7251	0.0010703	599.4	1.7231
160	0.0010954	681.0	1.9315	0.0010940	682.2	1.9292	0.0010926	683.4	1.9269	0.0010912	684.6	1.9247
180	0.0011199	767.8	2.1272	0.0011183	768.8	2.1246	0.0011167	769.9	2.1220	0.0011151	771.0	2.1195
200	0.0011480	855.9	2.3176	0.0011461	856.8	2.3146	0.0011442	857.7	2.3117	0.0011423	858.6	2.3087
220	0.0011805	946.0	2.5040	0.0011782	946.6	2.5005	0.0011759	947.2	2.4970	0.0011736	947.9	2.4936
240	0.0012188	1038.4	2.6878	0.0012158	1038.8	2.6837	0.0012129	1039.1	2.6796	0.0012101	1039.5	2.6756
260	0.0012648	1134.3	2.8711	0.0012609	1134.2	2.8661	0.0012572	1134.1	2.8612	0.0012535	1134.0	2.8563
280	0.0013221	1235.2	3.0567	0.0013167	1234.3	3.0503	0.0013115	1233.5	3.0441	0.0013065	1232.8	3.0381
300	0.0013978	1343.7	3.2494	0.0013895	1341.5	3.2407	0.0013816	1339.5	3.2324	0.0013742	1337.7	3.2245
400	0.02641	3098.5	6.2158	0.02108	3053.3	6.0787	0.01726	3004.0	5.9488	0.01427	2949.7	5.8215
500	0.03277	3374.1	6.5984	0.02679	3349.0	6.4893	0.02251	3323.0	6.3922	0.01929	3296.3	6.3038
600	0.03833	3624.0	6.9025	0.03161	3607.0	6.8034	0.02681	3589.8	6.7172	0.02321	3572.4	6.6401

（续）

p		t/°C	18MPa $t_s=356.96$ $v''=0.007534$ $h''=2514.4$ $s''=5.1135$			20MPa $t_s=365.71$ $v''=0.005873$ $h''=2413.8$ $s''=4.9338$			25MPa			30MPa		
			$v/(\mathrm{m^3/kg})$	$h/(\mathrm{kJ/kg})$	$s/[\mathrm{kJ/(kg\cdot K)}]$	$v/(\mathrm{m^3/kg})$	$h/(\mathrm{kJ/kg})$	$s/[\mathrm{kJ/(kg\cdot K)}]$	$v/(\mathrm{m^3/kg})$	$h/(\mathrm{kJ/kg})$	$s/[\mathrm{kJ/(kg\cdot K)}]$	$v/(\mathrm{m^3/kg})$	$h/(\mathrm{kJ/kg})$	$s/[\mathrm{kJ/(kg\cdot K)}]$
饱和参数		0	0.0009914	18.1	0.0008	0.0009904	20.1	0.0008	0.0009881	25.1	0.0008	0.0009857	30.0	0.0008
		10	0.0009919	59.4	0.1491	0.0009910	61.3	0.1489	0.0009888	66.1	0.1482	0.0009866	70.8	0.1475
		20	0.0009937	100.7	0.2924	0.0009929	102.5	0.2919	0.0009907	107.1	0.2907	0.0009886	111.7	0.2895
		30	0.0009965	142.0	0.4309	0.0009956	143.8	0.4303	0.0009935	148.2	0.4287	0.0009915	152.7	0.4271
		40	0.0010000	183.3	0.5651	0.0009992	185.1	0.5643	0.0009971	189.4	0.5623	0.0009950	193.8	0.5604
		50	0.0010043	224.7	0.6952	0.0010034	226.4	0.6943	0.0010013	230.7	0.6920	0.0009993	235.0	0.6897
		60	0.0010092	266.1	0.8215	0.0010083	267.8	0.8204	0.0010062	272.0	0.8178	0.0010041	276.1	0.8153
		70	0.0010147	307.6	0.9442	0.0010138	309.3	0.9430	0.0010116	313.3	0.9401	0.0010095	317.4	0.9373
		80	0.0010208	349.2	1.0636	0.0010199	350.8	1.0623	0.0010177	354.8	1.0591	0.0010155	358.7	1.0560
		90	0.0010274	390.8	1.1798	0.0010265	392.4	1.1784	0.0010242	396.2	1.1750	0.0010219	400.1	1.1716
		100	0.0010346	432.5	1.2931	0.0010337	434.0	1.2916	0.0010313	437.8	1.2879	0.0010289	441.6	1.2843
		120	0.0010507	516.3	1.5118	0.0010496	517.7	1.5101	0.0010470	521.5	1.5059	0.0010445	524.9	1.5017
		140	0.0010691	600.7	1.7212	0.0010679	602.0	1.7192	0.0010650	605.4	1.7144	0.0010621	608.7	1.7096
		160	0.0010899	685.9	1.9225	0.0010886	687.1	1.9203	0.0010853	690.2	1.9148	0.0010821	693.3	1.9095
		180	0.0011136	772.0	2.1170	0.0011120	773.1	2.1145	0.0011082	775.9	2.1083	0.0011046	778.7	2.1022
		200	0.0011405	859.5	2.3058	0.0011387	860.4	2.3030	0.0011343	862.8	2.2960	0.0011300	865.2	2.2891
		220	0.0011714	948.6	2.4903	0.0011693	949.3	2.4870	0.0011640	951.2	2.4789	0.0011590	953.1	2.4711
		240	0.0012074	1039.9	2.6717	0.0012047	1040.3	2.6678	0.0011983	1041.5	2.6584	0.0011922	1042.8	2.6493
		260	0.0012500	1134.0	2.8516	0.0012466	1134.1	2.8470	0.0012384	1134.3	2.8359	0.0012307	1134.8	2.8252
		280	0.0013017	1232.1	3.0323	0.0012971	1231.6	3.0266	0.0012863	1230.5	3.0130	0.0012762	1229.9	3.0002
		300	0.0013672	1336.1	3.2168	0.0013606	1334.6	3.2095	0.0013453	1331.5	3.1922	0.0013315	1329.0	3.1763
		400	0.01191	2889.0	5.6926	0.009952	2820.1	5.5578	0.006009	2583.2	5.1472	0.002806	2159.1	4.4854
		500	0.01678	3268.7	6.2215	0.01477	3240.2	6.1440	0.01113	3165.0	5.9639	0.008679	3083.9	5.7954
		600	0.02041	3554.8	6.5701	0.01816	3536.9	6.5055	0.01413	3491.2	6.3616	0.01144	3444.2	6.2351

① 粗水平线之上为未饱和水状态,粗水平线之下为过热蒸汽状态。

附表 6　0.1MPa 时的饱和空气状态参数表

干球温度 t /℃	水蒸气分压力 p_s / × 10²Pa	含湿量 d_{sat} /[g/kg (a)]	饱和质量焓 h_{sat} /[kJ/kg (a)]	密度 ρ /(kg/m³)	汽化热 r /(kJ/kg)
−20	1.03	0.64	−18.5	1.38	2839
−19	1.13	0.71	−17.4	1.37	2839
−18	1.25	0.78	−16.4	1.36	2839
−17	1.37	0.85	−15.0	1.36	2838
−16	1.50	0.94	−13.8	1.35	2838
−15	1.65	1.03	−12.5	1.35	2838
−14	1.81	1.13	−11.3	1.34	2838
−13	1.98	1.23	−10.0	1.34	2838
−12	2.17	1.35	−8.7	1.33	2837
−11	2.37	1.48	−7.4	1.33	2837
−10	2.59	1.62	−6.0	1.32	2837
−9	2.83	1.77	−4.6	1.32	2836
−8	3.09	1.93	−3.2	1.31	2836
−7	3.38	2.11	−1.8	1.31	2836
−6	3.68	2.30	−0.3	1.30	2836
−5	4.01	2.50	+1.2	1.30	2835
−4	4.37	2.73	+2.8	1.29	2835
−3	4.75	2.97	+4.4	1.29	2835
−2	5.17	3.23	+6.0	1.28	2834
−1	5.62	3.52	+7.8	1.28	2834
0	6.11	3.82	9.5	1.27	2500
1	6.56	4.11	11.3	1.27	2498
2	7.05	4.42	13.1	1.26	2496
3	7.57	4.75	14.9	1.26	2493
4	8.13	5.10	16.8	1.25	2491
5	8.72	5.47	18.7	1.25	2489
6	9.35	5.87	20.7	1.24	2486
7	10.01	6.29	22.8	1.24	2484
8	10.72	6.74	25.0	1.23	2481
9	11.47	7.22	27.2	1.23	2479

（续）

干球温度 t /℃	水蒸气分压力 p_s /×10²Pa	含湿量 d_{sat} /[g/kg（a）]	饱和质量焓 h_{sat} /[kJ/kg（a）]	密度 ρ /（kg/m³）	汽化热 r /（kJ/kg）
10	12.27	7.73	29.5	1.22	2477
11	13.12	8.27	31.9	1.22	2475
12	14.01	8.84	34.4	1.21	2472
13	15.00	9.45	37.0	1.21	2470
14	15.97	10.10	39.5	1.21	2468
15	17.04	10.78	42.3	1.20	2465
16	18.17	11.51	45.2	1.20	2463
17	19.36	12.28	48.2	1.19	2460
18	20.62	13.10	51.3	1.19	2458
19	21.96	13.97	54.5	1.18	2456
20	23.37	14.88	57.9	1.18	2453
21	24.85	15.85	61.4	1.17	2451
22	26.42	16.88	65.0	1.17	2448
23	28.08	17.97	68.8	1.16	2446
24	29.82	19.12	72.8	1.16	2444
25	31.67	20.34	76.9	1.15	2441
26	33.60	21.63	81.3	1.15	2439
27	35.64	22.99	85.8	1.14	2437
28	37.78	24.42	90.5	1.14	2434
29	40.04	25.94	95.4	1.14	2432
30	42.41	27.52	100.5	1.13	2430
31	44.91	29.25	106.0	1.13	2427
32	47.53	31.07	111.7	1.12	2425
33	50.29	32.94	117.6	1.12	2422
34	53.18	34.94	123.7	1.11	2420
35	56.22	37.05	130.2	1.11	2418
36	59.40	39.28	137.0	1.10	2415
37	62.74	41.64	144.2	1.10	2413
38	66.24	44.12	151.6	1.09	2411
39	69.91	46.75	159.5	1.08	2408

（续）

干球温度 t /℃	水蒸气分压力 p_s /×10²Pa	含湿量 d_{sat} /[g/kg（a）]	饱和质量焓 h_{sat} /[kJ/kg（a）]	密度 ρ /（kg/m³）	汽化热 r /（kJ/kg）
40	73.75	49.52	167.7	1.08	2406
41	77.77	52.45	176.4	1.08	2403
42	81.98	55.54	185.5	1.07	2401
43	86.39	58.82	195.0	1.07	2398
44	91.00	62.26	205.0	1.06	2396
45	95.82	65.92	218.6	1.05	2394
46	100.85	69.76	226.7	1.05	2391
47	106.12	73.84	238.4	1.04	2389
48	111.62	78.15	250.7	1.04	2386
49	117.36	82.70	263.6	1.03	2384
50	123.35	87.52	277.3	1.03	2382
51	128.60	92.62	291.7	1.02	2379
52	136.13	98.01	306.8	1.02	2377
53	142.93	103.73	322.9	1.01	2375
54	150.02	109.80	339.8	1.00	2372
55	157.41	116.19	357.7	1.00	2370
56	165.09	123.00	376.7	0.99	2367
57	173.12	130.23	396.8	0.99	2365
58	181.46	137.89	418.0	0.98	2363
59	190.15	146.04	440.6	0.97	2360
60	199.17	154.72	464.5	0.97	2358
65	250.10	207.44	609.2	0.93	2345
70	311.60	281.54	811.1	0.90	2333
75	385.50	390.20	1105.7	0.85	2320
80	473.60	559.61	1563.0	0.81	2309
85	578.00	851.90	2351.0	0.76	2295
90	701.10	1459.00	3983.0	0.70	2282
95	845.20	3396.00	9190.0	0.64	2269
100	1013.00			0.60	2257

附表 7 干空气的热物理性质 ($p_b = 0.1 \text{MPa}$)

t /℃	ρ /(kg/m³)	c_p /[kJ/(kg·K)]	$\lambda \times 10^{-2}$ /[W/(m·K)]	$a \times 10^{-6}$ /(m²/s)	$\mu \times 10^{-6}$ /(N·s/m²)	$v \times 10^{-6}$ /(m²/s)	Pr
−50	1.584	1.013	2.04	12.7	14.6	9.23	0.728
−40	1.515	1.013	2.12	13.8	15.2	10.04	0.728
−30	1.453	1.013	2.20	14.9	15.7	10.80	0.723
−20	1.395	1.009	2.28	16.2	16.2	11.61	0.716
−10	1.342	1.009	2.36	17.4	16.7	12.43	0.712
0	1.293	1.005	2.44	18.8	17.2	13.28	0.707
10	1.247	1.005	2.51	20.0	17.6	14.16	0.705
20	1.205	1.005	2.59	21.4	18.1	15.06	0.703
30	1.165	1.005	2.67	22.9	18.6	16.00	0.701
40	1.128	1.005	2.76	24.3	19.1	16.96	0.699
50	1.093	1.005	2.83	25.7	19.6	17.95	0.698
60	1.060	1.005	2.90	27.2	20.1	18.97	0.696
70	1.029	1.009	2.96	28.6	20.6	20.02	0.694
80	1.000	1.009	3.05	30.2	21.1	21.09	0.692
90	0.972	1.009	3.13	31.9	21.5	22.10	0.690
100	0.946	1.009	3.21	33.6	21.9	23.13	0.688
120	0.898	1.009	3.34	36.8	22.8	25.45	0.686
140	0.854	1.013	3.49	40.3	23.7	27.80	0.684
160	0.815	1.017	3.64	43.9	24.5	30.09	0.682
180	0.779	1.022	3.78	47.5	25.3	32.49	0.681
200	0.746	1.026	3.93	51.4	26.0	34.85	0.680
250	0.674	1.038	4.27	61.0	27.4	40.61	0.677
300	0.615	1.047	4.60	71.6	29.7	48.33	0.674
350	0.566	1.059	4.91	81.9	31.4	55.46	0.676
400	0.524	1.068	5.21	93.1	33.0	63.09	0.678
500	0.456	1.093	5.74	115.3	36.2	79.38	0.687
600	0.404	1.114	6.22	138.3	39.1	96.89	0.699
700	0.362	1.135	6.71	163.4	41.8	115.4	0.706
800	0.329	1.156	7.18	138.8	44.3	134.8	0.713
900	0.301	1.172	7.63	216.2	46.7	155.1	0.717
1000	0.277	1.185	8.07	245.9	49.0	177.1	0.719
1100	0.257	1.197	8.50	276.2	51.2	199.3	0.722
1200	0.239	1.210	9.15	316.5	53.5	233.7	0.724

附表 8　饱和水的热物理性质

t /℃	$p \times 10^5$ /Pa	ρ /(kg/ m^3)	h' /(kJ /kg)	c_p /[kJ/ (kg·K)]	$\lambda \times 10^{-2}$ /[W/ (m·K)]	$a \times 10^{-8}$ /(m^2/s)	$\mu \times 10^{-6}$ /(N· s/m^2)	$v \times 10^{-6}$ /(m^2/s)	$\beta \times 10^{-4}$ /K^{-1}	$\sigma \times 10^{-4}$ /(N/m)	Pr
0	0.00611	999.9	0	4.212	55.1	13.1	1788	1.789	−0.81	756.4	13.67
10	0.012270	999.7	42.04	4.191	57.4	13.7	1306	1.306	+0.87	741.6	9.52
20	0.02338	998.2	83.91	4.183	59.9	14.3	1004	1.006	2.09	726.9	7.02
30	0.04241	995.7	125.7	4.174	61.8	14.9	801.5	0.805	3.05	712.2	5.42
40	0.07375	992.2	167.5	4.174	63.5	15.3	653.3	0.659	3.86	696.5	4.31
50	0.12335	988.1	209.3	4.174	64.8	15.7	549.4	0.556	4.57	676.9	3.54
60	0.19920	983.1	251.1	4.179	65.9	16.0	469.9	0.478	5.22	662.2	2.99
70	0.3116	977.8	293.0	4.187	66.8	16.3	406.1	0.415	5.83	643.5	2.55
80	0.4736	971.8	355.0	4.195	67.4	16.6	355.1	0.365	6.40	625.9	2.21
90	0.7011	965.3	377.0	4.208	68.0	16.8	314.9	0.326	6.96	607.2	1.95
100	1.013	958.4	419.1	4.220	68.3	16.9	282.5	0.295	7.50	588.6	1.75
110	1.43	951.0	461.4	4.233	68.5	17.0	259.0	0.272	8.04	569.0	1.60
120	1.98	943.1	503.7	4.250	68.6	17.1	237.4	0.252	8.58	548.4	1.47
130	2.70	934.8	546.4	4.266	68.6	17.2	217.8	0.233	9.12	528.8	1.36
140	3.61	926.1	589.1	4.287	68.5	17.2	201.1	0.217	9.68	507.2	1.26
150	4.76	917.0	632.2	4.313	68.4	17.3	186.4	0.203	10.26	486.6	1.17
160	6.18	907.5	675.4	4.346	68.3	17.3	173.6	0.191	10.87	466.0	1.10
170	7.92	897.3	719.3	4.380	67.9	17.3	162.8	0.181	11.52	443.4	1.05
180	10.03	886.9	763.3	4.417	67.4	17.2	153.0	0.173	12.21	422.8	1.00
190	12.55	876.0	807.8	4.459	67.0	17.1	144.2	0.165	12.96	400.2	0.96
200	15.55	863.0	852.8	4.565	66.3	17.0	136.4	0.158	13.77	376.7	0.93
210	19.08	852.3	897.7	4.555	65.5	16.9	130.5	0.153	14.67	354.1	0.91
220	23.20	840.3	943.7	4.614	64.5	16.6	124.6	0.148	15.67	331.6	0.89
230	27.98	827.3	890.2	4.681	63.7	16.4	119.7	0.145	16.30	310.0	0.88
240	33.48	813.6	1037.5	4.756	62.8	16.2	114.8	0.141	18.08	285.5	0.87
250	39.78	799.0	1085.7	4.844	61.8	15.9	109.9	0.137	19.55	261.9	0.86
260	46.94	784.0	1135.7	4.949	60.5	15.6	105.9	0.135	21.27	237.4	0.87
270	55.05	767.9	1185.7	5.070	59.0	15.1	102.0	0.133	23.31	214.8	0.88
280	64.19	750.7	1236.8	5.230	57.4	14.6	98.1	0.131	25.79	191.3	0.90
290	74.45	732.3	1290.0	5.485	55.8	13.9	94.2	0.129	28.84	168.7	0.93

（续）

t /℃	$p\times10^5$ /Pa	ρ /(kg/m³)	h' /(kJ/kg)	c_p /[kJ/(kg·K)]	$\lambda\times10^{-2}$ /[W/(m·K)]	$a\times10^{-8}$ /(m²/s)	$\mu\times10^{-6}$ /(N·s/m²)	$v\times10^{-6}$ /(m²/s)	$\beta\times10^{-4}$ /K⁻¹	$\sigma\times10^{-4}$ /(N/m)	Pr
300	85.92	712.5	1344.9	5.736	54.0	13.2	91.2	0.128	32.73	144.2	0.97
310	98.70	691.1	1402.2	6.071	52.3	12.5	88.3	0.128	37.85	120.7	1.03
320	112.90	667.1	1462.1	6.574	50.6	11.5	85.3	0.128	44.91	98.10	1.11
330	128.65	640.2	1526.2	7.244	48.4	10.4	81.4	0.127	55.31	76.71	1.22
340	146.08	610.1	1594.8	8.165	45.7	9.17	77.5	0.127	72.10	56.70	1.39
350	165.37	574.4	1671.4	9.504	43.0	7.88	72.6	0.126	103.7	38.16	1.60
360	186.74	528.0	1761.5	13.984	39.5	5.36	66.7	0.126	182.9	20.21	2.35
370	210.53	450.5	1892.5	40.321	33.7	1.86	56.9	0.126	676.7	4.709	6.79

注：表中β值选自 Steam Tables in SI Units,2nd,Ed,. Ed,by Grigull,U. et. al.,Springer – Verlag,1984。

附表9　干饱和蒸汽的热物理性质

t /℃	$p\times10^5$ /Pa	ρ'' /(kg/m³)	h'' /(kJ/kg)	r /(kJ/kg)	c_p /[kJ/(kg·K)]	$\lambda\times10^{-2}$ /[W/(m·K)]	$a\times10^{-3}$ /(m²/h)	$\mu\times10^{-6}$ /(N·s/m²)	$v\times10^{-6}$ /(m²/s)	Pr
0	0.00611	0.004847	2501.6	2501.6	1.8543	1.83	7313.0	8.022	1655.01	0.815
10	0.01227	0.009396	2520.0	2477.7	1.8594	1.88	3881.3	8.424	896.54	0.831
20	0.02338	0.01729	2538.0	2454.3	1.8661	1.94	2167.2	8.84	509.90	0.847
30	0.04241	0.03037	2556.5	2430.9	1.8744	2.00	1265.1	9.218	303.53	0.863
40	0.07375	0.05116	2574.5	2407.0	1.8853	2.06	768.45	9.620	188.04	0.883
50	0.12335	0.08302	2592.0	2382.7	1.8987	2.12	483.59	10.022	120.72	0.896
60	0.19920	0.1302	2609.6	2358.4	1.9155	2.19	315.55	10.424	80.07	0.913
70	0.3116	0.1982	2626.8	2334.1	1.9364	2.25	210.57	10.817	54.57	0.930
80	0.4736	0.2933	2643.5	2309.0	1.9615	2.33	145.53	11.219	38.25	0.947
90	0.7011	0.4235	2660.3	2283.1	1.9921	2.40	102.22	11.621	27.44	0.966
100	1.0130	0.5977	2676.2	2257.1	2.0281	2.48	73.57	12.023	20.12	0.984
110	1.4327	0.8265	2691.3	2229.9	2.0704	2.56	53.83	12.425	15.03	1.00
120	1.9854	1.122	2705.9	2202.3	2.1198	2.65	40.15	12.798	11.41	1.02
130	2.7013	1.497	2719.7	2173.8	2.1763	2.76	30.46	13.170	8.80	1.04
140	3.614	1.967	2733.1	2144.1	2.2408	2.85	23.28	13.543	6.89	1.06
150	4.760	2.548	2745.3	2113.1	2.3145	2.97	18.10	13.896	5.45	1.03
160	6.181	3.260	2756.6	2081.3	2.3974	3.08	14.20	14.249	4.37	1.11

（续）

t /℃	$p \times 10^5$ /Pa	ρ'' /(kg/m³)	h'' /(kJ/kg)	r /(kJ/kg)	c_p /[kJ/ (kg·K)]	$\lambda \times 10^{-2}$ /[W/ (m·K)]	$a \times 10^{-3}$ /(m²/h)	$\mu \times 10^{-6}$ /(N·s/ m²)	$\nu \times 10^{-6}$ /(m²/s)	Pr
170	7.920	4.123	2767.1	2047.8	2.4911	3.21	11.25	14.612	3.54	1.13
180	10.027	5.160	2776.3	2013.0	2.5958	3.36	9.03	14.965	2.90	1.15
190	12.551	6.397	2784.2	1976.6	2.7126	3.51	7.29	15.298	2.39	1.18
200	15.549	7.864	2790.9	1938.5	2.8428	3.68	5.92	15.651	1.99	1.21
210	19.077	9.593	2796.4	1898.3	2.9877	3.87	4.86	15.995	1.67	1.24
220	23.198	11.62	2799.7	1856.4	3.1497	4.07	4.00	16.338	1.41	1.26
230	27.976	14.00	2801.8	1811.6	3.3310	4.30	3.32	16.701	1.19	1.29
240	33.478	16.76	2802.2	1764.7	3.5366	4.54	2.76	17.073	1.02	1.33
250	39.776	19.99	2800.6	1714.4	3.7723	4.84	2.31	17.446	0.873	1.36
260	46.943	23.73	2796.4	1661.3	4.0470	5.18	1.94	17.848	0.752	1.40
270	55.058	28.10	2789.7	1604.8	4.3735	5.55	1.63	18.280	0.651	1.44
280	64.202	33.19	2780.5	1543.7	4.7675	6.00	1.37	18.750	0.565	1.49
290	74.461	39.16	2767.5	1477.5	5.2528	6.55	1.15	19.270	0.492	1.54
300	85.927	46.19	2751.1	1405.9	5.8632	7.22	0.96	19.839	0.430	1.61
310	98.700	54.54	2730.2	1327.6	6.6503	8.06	0.80	20.691	0.380	1.71
320	112.89	64.60	2703.8	1241.0	7.7217	8.65	0.62	21.691	0.336	1.94
330	128.63	76.99	2670.3	1143.8	9.3613	9.61	0.48	23.093	0.300	2.24
340	146.05	92.76	2626.0	1030.8	12.2108	10.70	0.34	24.692	0.266	2.82
350	165.35	113.6	2567.8	895.6	17.1504	11.90	0.22	26.594	0.234	3.83
360	186.75	144.1	2485.3	721.4	25.1162	13.70	0.14	29.193	0.203	5.34
370	210.54	201.1	2342.9	452.6	76.9157	16.60	0.04	33.989	0.169	15.7
374.15	221.20	315.5	2107.2	0.0	∞	23.79	0.0	44.992	0.143	∞

附表 10　几种饱和液体的热物理性质

液体名称	t /℃	$p \times 10^5$ /Pa	ρ /(kg/m³)	r /(kJ/kg)	c_p /[kJ/ (kg·K)]	λ /[W/ (m·K)]	$a \times 10^{-7}$ /(m²/s)	$\nu \times 10^{-6}$ /(m²/s)	$\beta \times 10^{-4}$ /K⁻¹	Pr
氟利昂—12	−40	0.6424	1517	170.9	0.8834	0.10	0.747	0.28	19.76	3.79
	−30	1.0047	1487	167.3	0.8960	0.0953	0.717	0.254	20.86	3.55
(CF₂Cl₂)	−20	1.5069	1456	163.5	0.9085	0.0910	0.686	0.236	21.90	3.44

（续）

液体名称	t /℃	$p \times 10^5$ /Pa	ρ /(kg/m³)	r /(kJ/kg)	c_p /[kJ/ (kg·K)]	λ /[W/ (m·K)]	$a \times 10^{-7}$ /(m²/s)	$v \times 10^{-6}$ /(m²/s)	$\beta \times 10^{-4}$ /K⁻¹	Pr
氟利昂—12 (CF_2Cl_2)	-10	2.1911	1425	159.4	0.9211	0.0860	0.656	0.220	20.0	3.36
	0	3.0858	1394	154.9	0.9337	0.0814	0.625	0.211	23.75	3.38
	30	7.4347	1293	138.6	0.9839	0.0674	0.531	0.194	27.2	3.66
	60	15.1822	1167	116.9	1.1179	0.0535	0.411	0.184	37.70	4.49
氟利昂—22 (CHF_2Cl)	-70	0.2048	1489	250.6	0.9504	0.1244	0.878	0.434	15.69	3.94
	-60	0.3746	1465	245.1	0.9839	0.1198	0.833	0.323	16.91	3.88
	-50	0.6473	1439	239.5	1.0174	0.1163	0.794	0.275	19.50	3.46
	-40	1.0552	1411	233.8	1.0467	0.1116	0.753	0.249	19.84	3.31
	-30	1.6466	1382	227.6	1.0802	0.1081	0.722	0.232	20.82	3.20
	-20	2.4616	1350	220.9	1.1137	0.1035	0.689	0.218	23.74	3.17
	-10	3.5599	1318	214.4	1.1472	0.10	0.661	0.210	24.52	3.18
	0	5.0016	1285	207.0	1.1807	0.0953	0.628	0.204	29.72	3.25
	10	6.8551	1249	198.3	1.2142	0.0907	0.608	0.199	29.53	3.32
	20	9.1695	1213	188.4	1.2477	0.0872	0.578	0.197	30.51	3.41
	30	12.0233	1176	177.3	1.2770	0.0826	0.550	0.196	33.70	3.55
	40	15.4852	1132	164.8	1.3105	0.0791	0.531	0.196	39.95	3.67
	50	19.6434	1084	155.3	1.3440	0.0744	0.511	0.196	45.50	3.78
	60		1032	141.9	1.3733	0.0709	0.50	0.202	54.60	3.92
	70		969	125.6	1.4068	0.0733	0.492	0.208	68.83	4.11
	80		895	104.7	1.4403	0.0628	0.486	0.219	95.71	4.41

附表 11　几种油的热物理性质

油类名称	t/℃	ρ/(kg/m³)	c/[kJ/(kg·K)]	λ/[W/(m·K)]	$a \times 10^{-7}$/(m²/s)	$v \times 10^{-6}$/(m²/s)	Pr
汽油	0	900	1.80	0.145	0.897		
	50		1.842	0.137	0.667		
柴油	20	908.4	1.838	0.128	0.947	620	8000
	40	895.5	1.909	0.126	1.094	135	1840
	60	882.4	1.980	0.124	1.236	45	630
	80	870.0	2.052	0.123	1.367	20	290
	100	857.0	2.123	0.122	1.506	10.8	162

（续）

油类名称	$t/$ ℃	$\rho/$ (kg /m³)	$c/$ [kJ /(kg · K)]	$\lambda/$ [W /(m · K)]	$a \times 10^{-7}/$ (m² /s)	$v \times 10^{-6}/$ (m² /s)	Pr
润滑油	0	899	1.796	0.148	0.894	4280	47100
	40	876	1.955	0.144	0.861	242	2870
	80	852	2.131	0.138	0.806	37.5	490
	120	829	2.307	0.135	0.750	12.4	175
锭子油	20	871	1.851	0.144	0.894	15.0	168
	40	858	1.934	0.143	0.861	7.93	92.0
	80	832	2.102	0.141	0.806	3.40	42.1
	120	807	2.269	0.138	0.750	1.91	25.5
变压器油	20	866	1.892	0.124	0.758	36.5	481
	40	852	1.993	0.123	0.725	16.7	230
	60	842	2.093	0.122	0.692	8.7	126
	80	830	2.198	0.120	0.656	5.2	79.4
	100	818	2.294	0.119	0.633	3.8	60.3

附表 12　几种材料的密度、热导率、比热容及蓄热系数

材料名称 （质量分数）	温度 $t/$ ℃	密度 $\rho/$ (kg /m³)	热导率 $\lambda/$ [J /(m · s · K)]	比热容 $c/$ [kJ /(kg · K)]	蓄热系数(24h) $s/$ [J /(m² · s · K)]
钢 0.5% C	20	7833	54	0.465	—
钢 1.5% C	20	7753	36	0.486	—
铸钢	20	7830	50.7	0.469	—
镍铬钢 18% Cr8% Ni	20	7817	16.3	0.46	—
铸铁 0.4% C	20	7272	52	0.420	—
纯铜	20	8954	398	0.384	—
黄铜 30% Zn	20	8522	109	0.385	—
青铜 25% Sn	20	8666	26	0.343	—
康铜 40% Ni	20	8922	22	0.410	—
纯铝	27	2702	237	0.903	—
铸铝 4.5% Cu	27	2790	163	0.883	—
硬铝 4.5% Cu, 1.5% Mg, 0.6% Mn	27	2770	177	0.875	—

（续）

材料名称 （质量分数）	温度 $t /$ ℃	密度 $\rho /$ （kg/m³）	热导率 $\lambda /$ [J/(m·s·K)]	比热容 $c /$ [kJ/(kg·K)]	蓄热系数(24h) $s /$ [J/(m²·s·K)]
硅	27	2330	148	0.712	—
金	20	19320	315	0.129	—
银 99.9%	20	10524	411	0.236	—
泡沫混凝土	20	232	0.077	0.88	1.07
泡沫混凝土	20	627	0.29	1.59	4.59
钢筋混凝土	20	2400	1.54	0.81	14.95
碎石混凝土	20	2344	1.84	0.75	15.33
普通黏土砖墙	20	1800	0.81	0.88	9.65
红黏土砖	20	1668	0.43	0.75	6.26
铬 砖	900	3000	1.99	0.84	19.1
耐火黏土砖	800	2000	1.07	0.96	12.2
水泥砂浆	20	1800	0.93	0.84	10.1
石灰砂浆	20	1600	0.81	0.84	8.90
黄 土	20	880	0.94	1.17	8.39
菱苦土	20	1374	0.63	1.38	9.32
砂 土	12	1420	0.59	1.51	9.59
黏 土	9.4	1850	1.41	1.84	18.7
微孔硅酸钙	50	182	0.049	0.867	0.169
次超轻微孔硅酸钙	25	158	0.0465	—	—
岩棉板	50	118	0.0355	0.787	0.155
珍珠岩粉料	20	44	0.042	1.59	0.46
珍珠岩粉料	20	288	0.078	1.17	1.38
水玻璃珍珠岩制品	20	200	0.058	0.92	0.88
防水珍珠岩制品	25	229	0.0639	—	—
水泥珍珠岩制品	20	1023	0.35	1.38	6.0
玻璃棉	20	100	0.058	0.75	0.56
石棉水泥板	20	300	0.093	0.84	1.31
石膏板	20	1100	0.41	0.84	5.25
有机玻璃	20	1188	0.20	—	—
玻璃钢	20	1780	0.50	—	—

（续）

材料名称 （质量分数）	温 度 t / ℃	密 度 ρ / （kg/m³）	热导率 λ / [J/（m·s·K）]	比热容 c / [kJ/（kg·K）]	蓄热系数（24h） s / [J/（m²·s·K）]
平板玻璃	20	2500	0.76	0.84	10.8
聚苯乙烯塑料	20	30	0.027	2.0	0.34
聚苯乙烯硬酯塑料	20	50	0.031	2.1	0.49
脲醛泡沫塑料	20	20	0.047	1.47	0.32
聚异氰脲酸酯泡沫塑料	20	41	0.033	1.72	0.41
聚四氟乙烯	20	2190	0.29	1.47	8.24
红松（热流垂直木纹）	20	377	0.11	1.93	2.41
刨花（压实的）	20	300	0.12	2.5	2.56
软木	20	230	0.057	1.84	1.32
陶粒	20	500	0.21	0.84	2.53
棉花	20	50	0.027 ~ 0.064	0.88 ~ 1.84	0.29 ~ 0.65
松散稻壳	—	127	0.12	0.75	0.91
松散锯末	—	304	0.148	0.75	1.57
松散蛭石	—	130	0.058	0.75	0.56
冰	—	920	2.26	2.26	18.5
新降雪	—	200	0.11	2.10	1.83
厚纸板	—	700	0.17	1.47	3.57
油毛毡	20	600	0.17	1.47	3.30

附表 13　几种保温、耐火材料的热导率与温度的关系

材料名称	材料最高允许温度 t / ℃	密 度 ρ / （kg/m³）	热导率 λ / [W/（m·K）]
超细玻璃棉毡、管	400	18 ~ 20	$0.033 + 0.00023t$ [1]
矿渣棉	550 ~ 600	350	$0.0674 + 0.000215t$
水泥蛭石制品	800	420 ~ 450	$0.103 + 0.000198t$
水泥珍珠岩制品	600	300 ~ 400	$0.0651 + 0.000105t$
膨胀珍珠岩	1000	55	$0.0424 + 0.000137t$
岩棉保温板	560	118	$0.027 + 0.00017t$
岩棉玻璃布缝板	600	100	$0.0314 + 0.000198t$
A 级硅藻土制品	900	500	$0.0395 + 0.00019t$

（续）

材料名称	材料最高允许温度 t / ℃	密 度 ρ / (kg/m^3)	热导率 λ / [W/(m·K)]
B级硅藻土制品	900	550	$0.0477 + 0.0002t$
粉煤灰泡沫砖	300	300	$0.099 + 0.0002t$
微孔硅酸钙	560	182	$0.044 + 0.0001t$
微孔硅酸钙制品	650	≤250	$0.041 + 0.0002t$
耐火黏土砖	1350 ~ 1450	1800 ~ 2040	$(0.7 \sim 0.84) + 0.00058t$
轻质耐火黏土砖	1250 ~ 1300	800 ~ 1300	$(0.29 \sim 0.41) + 0.00026t$
超轻质耐火黏土砖	1150 ~ 1300	540 ~ 610	$0.093 + 0.00016t$
超轻质耐火黏土砖	1100	270 ~ 330	$0.058 + 0.00017t$
硅 砖	1700	1900 ~ 1950	$0.93 + 0.0007t$
镁 砖	1600 ~ 1700	2300 ~ 2600	$2.1 + 0.00019t$
铬 砖	1600 ~ 1700	2600 ~ 2800	$4.7 + 0.00017t$

① t 表示材料的平均温度。

附表 14　常用材料表面的法向发射率 ε_n

材料名称及表面状况	t/℃	ε_n
铝:高度抛光,纯度98%	50 ~ 500	0.04 ~ 0.06
工业用铝板	100	0.09
严重氧化的	100 ~ 150	0.2 ~ 0.31
黄铜:高度抛光的	260	0.03
无光泽的	40 ~ 260	0.22
氧化的	40 ~ 260	0.45 ~ 0.56
铬:抛光板	40 ~ 550	0.08 ~ 0.27
铜:高度抛光的电解铜	100	0.02
轻微抛光的	40	0.12
氧化变黑的	40	0.76
金:高度抛光的纯金	100 ~ 600	0.02 ~ 0.035
钢铁:钢,抛光的	40 ~ 260	0.07 ~ 0.1
钢板,轧制的	40	0.65
钢板,严重氧化的	40	0.80
铸铁,抛光的	200	0.21

（续）

材料名称及表面状况	$t/℃$	ε_n
铸铁,新车削的	40	0.44
铸铁,氧化的	40 ~ 260	0.57 ~ 0.68
不锈钢,抛光的	40	0.07 ~ 0.17
银:抛光的或蒸镀的	40 ~ 540	0.01 ~ 0.03
锡:光亮的镀锡铁皮	40	0.04 ~ 0.06
锌:镀锌,灰色的	40	0.28
铂:抛光的	230 ~ 600	0.05 ~ 0.1
铂带	950 ~ 1600	0.12 ~ 0.17
铂丝	30 ~ 1200	0.036 ~ 0.19
水银	0 ~ 100	0.09 ~ 0.12
砖:粗糙红砖	40	0.88 ~ 0.93
耐火黏土砖	500 ~ 1000	0.80 ~ 0.90
木材	40	0.80 ~ 0.90
石棉:板	40	0.96
石棉水泥	40	0.96
石棉瓦	40	0.97
碳:灯黑	40	0.95 ~ 0.97
石灰砂浆:白色、粗糙	40 ~ 260	0.87 ~ 0.92
黏土:耐火黏土	100	0.91
土壤(干)	20	0.92
土壤(湿)	20	0.95
混凝土:粗糙表面	40	0.94
玻璃:平板玻璃	40	0.94
派力克斯铅玻璃	260 ~ 540	0.95 ~ 0.85
瓷:上釉的	40	0.93
石膏	40	0.80 ~ 0.90
大理石:浅色,磨光的	40	0.93
油漆:各种油漆	40	0.92 ~ 0.96
白色喷漆	40	0.80 ~ 0.95
光亮黑漆	40	0.90
纸:白纸	40	0.95
粗糙屋面焦油纸毡	40	0.90

（续）

材料名称及表面状况	$t/℃$	ε_n
橡胶:硬质的	40	0.94
雪	$-12 \sim -7$	0.82
水:厚度0.1mm以上	$0 \sim 100$	0.96
人体皮肤	32	0.98

附表15　不同材料表面的绝对粗糙度 K_s 　　　　（单位:mm）

材　　料	管子内壁状态	K_s
黄铜、铜、铝、塑料、玻璃	新的、光滑的	$0.0015 \sim 0.01$
钢	新的冷拔无缝钢管	$0.01 \sim 0.03$
	新的热拉无缝钢管	$0.05 \sim 0.10$
	新的轧制无缝钢管	$0.05 \sim 0.10$
	新的纵缝焊接钢管	$0.05 \sim 0.10$
	新的螺旋焊接钢管	0.10
	轻微锈蚀的	$0.10 \sim 0.20$
	锈蚀的	$0.20 \sim 0.30$
	长硬皮的	$0.50 \sim 2.0$
	严重起皮的	>2
	新的涂沥青的	$0.03 \sim 0.05$
	一般的涂沥青的	$0.10 \sim 0.20$
	镀锌的	$0.12 \sim 0.15$
铸　　铁	新的	0.25
	锈蚀的	$1.0 \sim 1.5$
	起皮的	$1.5 \sim 3.0$
	新的涂沥青的	$0.10 \sim 0.15$
木　材	光滑	$0.2 \sim 1.0$
混凝土	新的抹光的	<0.15
	新的不抹光的	$0.2 \sim 0.8$

附表16　换热设备的 h 及 K 概略值

表面传热系数 $h/[W/(m^2 \cdot K)]$	
加热和冷却空气时　$1 \sim 60$	加热和冷却过热蒸汽时　$20 \sim 120$
加热和冷却油类时　$60 \sim 180$	加热和冷却水时　$200 \sim 12000$
水沸腾时　$600 \sim 50000$	蒸汽膜状凝结时　$4500 \sim 18000$
蒸汽珠状凝结时　$45000 \sim 140000$	有机物的蒸汽凝结时　$600 \sim 2300$

（续）

传热系数 $K/[W/(m^2 \cdot K)]$

气体—气体　30	气体—水（肋管热交换器,水在管内）　30 ~ 60
气体—蒸汽（肋管热交换器,蒸汽在管内）　30 ~ 300	水—水　900 ~ 1800
水—蒸汽凝结　3000	水—油类　100 ~ 350
水—煤油　350	蒸汽凝结—煤油、汽油　300 ~ 1200
水—氟利昂12　280 ~ 850	水—氨　850 ~ 1400

附表17　污垢系数的参考值　　（单位:$m^2 \cdot K/W$）

水的污垢系数

热流体温度/℃	<115		115 ~ 205	
水温/℃	<50		>50	
水速/(m/s)	<1	>1	<1	>1
海水	0.0001	0.0001	0.0002	0.0002
硬度不高的自来水和井水	0.0002	0.0002	0.0004	0.0004
河水	0.0006	0.0004	0.0008	0.0006
硬水（ >257g/m^3 ）	0.0006	0.0006	0.001	0.001
锅炉给水	0.0002	0.0001	0.0002	0.0002
蒸馏水	0.0001	0.0001	0.0001	0.0001
冷却塔或喷水池				
水经过处理	0.0002	0.0002	0.0004	0.0004
未经过处理	0.0006	0.0006	0.001	0.0008
多泥沙的水	0.0006	0.0004	0.0008	0.0006

几种流体的污垢系数

油		蒸气和气体		液　体	
燃料油	0.001	有机蒸气	0.0002	有机物	0.0002
润滑油,变压器油	0.0002	水蒸气(不含油)	0.0001	制冷剂液	0.0002
		废水蒸气(含油)	0.0002	盐水	0.0004
		制冷剂蒸气（含油）	0.004		
		压缩空气	0.0004		
		燃气、焦炉气	0.002		
		天然气	0.002		

附表18　双曲函数表

x	shx	chx	thx	x	shx	chx	thx
0. 00	0. 0000	1. 000	0. 0000	0. 32	0. 3255	1. 052	0. 3095
0. 01	0. 0100	1. 000	0. 0100	0. 33	0. 3360	1. 055	0. 3185
0. 02	0. 0200	1. 000	0. 0200	0. 34	0. 3466	1. 058	0. 3275
0. 03	0. 0300	1. 000	0. 0300	0. 35	0. 3572	1. 062	0. 3364
0. 04	0. 0400	1. 001	0. 0400	0. 36	0. 3678	1. 066	0. 3452
0. 05	0. 0500	1. 001	0. 0500	0. 37	0. 3785	1. 069	0. 3540
0. 06	0. 0600	1. 002	0. 0599	0. 38	0. 3892	1. 073	0. 3627
0. 07	0. 0701	1. 002	0. 0699	0. 39	0. 4000	1. 077	0. 3714
0. 08	0. 0801	1. 003	0. 0798	0. 40	0. 4108	1. 081	0. 3800
0. 09	0. 0901	1. 004	0. 0898	0. 41	0. 4216	1. 085	0. 3885
0. 10	0. 1002	1. 005	0. 0997	0. 42	0. 4325	1. 090	0. 3969
0. 11	0. 1102	1. 006	0. 1096	0. 43	0. 4434	1. 094	0. 4053
0. 12	0. 1203	1. 007	0. 1194	0. 44	0. 4543	1. 098	0. 4136
0. 13	0. 1304	1. 008	0. 1298	0. 45	0. 4653	1. 103	0. 4219
0. 14	0. 1405	1. 010	0. 1391	0. 46	0. 4764	1. 108	0. 4301
0. 15	0. 1506	1. 011	0. 1489	0. 47	0. 4875	1. 112	0. 4382
0. 16	0. 1607	1. 013	0. 1587	0. 48	0. 4986	1. 117	0. 4462
0. 17	0. 1708	1. 014	0. 1684	0. 49	0. 5098	1. 122	0. 4542
0. 18	0. 1810	1. 016	0. 1781	0. 50	0. 5211	1. 128	0. 4621
0. 19	0. 1911	1. 018	0. 1878	0. 51	0. 5324	1. 133	0. 4700
0. 20	0. 2013	1. 020	0. 1974	0. 52	0. 5433	1. 138	0. 4777
0. 21	0. 2115	1. 022	0. 2070	0. 53	0. 5552	1. 144	0. 4854
0. 22	0. 2218	1. 024	0. 2165	0. 54	0. 5666	1. 149	0. 4930
0. 23	0. 2320	1. 027	0. 2260	0. 55	0. 5782	1. 155	0. 5005
0. 24	0. 2423	1. 029	0. 2355	0. 56	0. 5897	1. 161	0. 5020
0. 25	0. 2526	1. 031	0. 2449	0. 57	0. 6014	1. 167	0. 5154
0. 26	0. 2629	1. 034	0. 2543	0. 58	0. 6131	1. 173	0. 5227
0. 27	0. 2733	1. 037	0. 2636	0. 59	0. 6248	1. 179	0. 5299
0. 28	0. 2837	1. 039	0. 2729	0. 60	0. 6367	1. 185	0. 5370
0. 29	0. 2941	1. 042	0. 2821	0. 61	0. 6485	1. 192	0. 5441
0. 30	0. 3045	1. 045	0. 2913	0. 62	0. 6605	1. 198	0. 5511
0. 31	0. 3150	1. 048	0. 3004	0. 63	0. 6725	1. 205	0. 5581

x	sh$x$	ch$x$	th$x$	x	sh$x$	ch$x$	th$x$
0.64	0.6840	1.212	0.5649	0.83	0.9286	1.365	0.6805
0.65	0.6967	1.219	0.5717	0.84	0.9423	1.374	0.6858
0.66	0.7090	1.226	0.5784	0.85	0.9561	1.384	0.6911
0.67	0.7213	1.233	0.5850	0.86	0.9700	1.393	0.6963
0.68	0.7336	1.240	0.5915	0.87	0.9840	1.403	0.7014
0.69	0.7461	1.248	0.5980	0.88	0.9981	1.413	0.7064
0.70	0.7586	1.255	0.6044	0.89	1.012	1.423	0.7114
0.71	0.7712	1.263	0.6107	0.90	1.027	1.433	0.7163
0.72	0.7833	1.271	0.6169	0.91	1.041	1.443	0.7211
0.73	0.7966	1.278	0.6231	0.92	1.055	1.454	0.7259
0.74	0.8094	1.287	0.6291	0.93	1.070	1.465	0.7306
0.75	0.8223	1.295	0.6352	0.94	1.085	1.475	0.7352
0.76	0.8353	1.303	0.6411	0.95	1.099	1.486	0.7398
0.77	0.8484	1.311	0.6469	0.96	1.114	1.497	0.7443
0.78	0.8615	1.320	0.6527	0.97	1.129	1.509	0.7487
0.79	0.8748	1.329	0.6584	0.98	1.145	1.520	0.7531
0.80	0.8881	1.337	0.6640	0.99	1.160	1.531	0.7574
0.81	0.9015	1.346	0.6696	1.00	1.175	1.543	0.7616
0.82	0.9150	1.355	0.6751				

注：$\sinh x = \dfrac{1}{2}(e^x - e^{-x})$；$\cosh x = \dfrac{1}{2}(e^x + e^{-x})$；$\tanh x = \dfrac{\sinh x}{\cosh x}$。

它们的导数：$\dfrac{d}{dx}(\sinh u) = (\cosh u)\dfrac{du}{dx}$，$\dfrac{d}{dx}(\cosh u) = (\sin u)\dfrac{du}{dx}$，$\dfrac{d}{dx}(\tan u) = \left(\dfrac{1}{\cosh^2 u}\right)\dfrac{du}{dx}$。

附表 19　高斯误差补函数的一次积分值

x	ierfc(x)	x	ierfc(x)	x	ierfc(x)
		0.06	0.5062	0.13	0.4437
0.00	0.5642	0.07	0.4969	0.14	0.4352
		0.08	0.4878	0.15	0.4268
0.01	0.5542	0.09	0.4787	0.16	0.4186
0.02	0.5444	0.10	0.4698	0.17	0.4104
0.03	0.5350			0.18	0.4024
0.04	0.5251	0.11	0.4610	0.19	0.3944
0.05	0.5156	0.12	0.4523	0.20	0.3866

（续）

x	ierfc(x)	x	ierfc(x)	x	ierfc(x)
0.21	0.3789	0.43	0.2354	0.78	0.0965
0.22	0.373	0.44	0.2300	0.80	0.0912
0.23	0.3638	0.45	0.2247		
0.24	0.3564	0.46	0.2195	0.82	0.0861
0.25	0.3491	0.47	0.2144	0.84	0.0813
0.26	0.3419	0.48	0.2094	0.86	0.0767
0.27	0.3348	0.49	0.2045	0.88	0.0724
0.28	0.3278	0.50	0.1996	0.90	0.0682
0.29	0.3210				
0.30	0.3142	0.52	0.1902	0.92	0.0642
		0.54	0.1811	0.94	0.0605
0.31	0.3075	0.56	0.1724	0.96	0.0569
0.32	0.3010	0.58	0.1640	0.98	0.0535
0.33	0.2945	0.60	0.1559	1.00	0.0503
0.34	0.2882			1.10	0.0365
0.35	0.2819	0.62	0.1482	1.20	0.0260
0.36	0.2758	0.64	0.1407	1.30	0.0183
0.37	0.2722	0.66	0.1335	1.40	0.0127
0.38	0.2637	0.68	0.1267	1.50	0.0086
0.39	0.2579	0.70	0.1201	1.60	0.0058
0.40	0.2521			1.70	0.0038
		0.72	0.1138	1.80	0.0025
0.41	0.2465	0.74	0.1077	1.90	0.0016
0.42	0.2409	0.76	0.1020	2.00	0.0010

注：$\mathrm{ierfc}(x) = \int_x^\infty \mathrm{erfc} x \, d(x) = \dfrac{1}{\sqrt{\pi}} \mathrm{e}^{-x^2} - x\mathrm{erfc}(x)$

$\mathrm{erfc}(x) = 1 - \mathrm{erf}(x) = 1 - \dfrac{2}{\sqrt{\pi}} \int_0^x \mathrm{e}^{-x^2} \mathrm{d}x$

参 考 文 献

［1］刘芙蓉，杨珊璧. 热工理论基础［M］. 北京：中国建筑工业出版社，1997.

［2］邱信立，廉乐明，李力能. 工程热力学［M］. 北京：中国建筑工业出版社，1992.

［3］范惠民. 热工学基础［M］. 北京：中国建筑工业出版社，1995.

［4］庞麓鸣，汪孟乐，冯海仙. 工程热力学［M］. 北京：人民教育出版社，1980.

［5］小林清志. 工程热力学［M］. 刘吉萱，译. 北京：水利电力出版社，1983.

［6］哈尔滨电力学校. 热工学理论基础［M］. 2版. 北京：水利电力出版社，1983.

［7］王天富，范惠民. 热工学理论基础［M］. 北京：中国建筑工业出版社，1982.

［8］贝尔H D. 工程热力学理论基础及工程应用［M］. 杨东华，等译. 北京：科学出版社，1983.

［9］郑令仪，孙祖国，赵静霞. 工程热力学［M］. 2版. 北京：国防工业出版社，1983.

［10］陆亚俊，马最良，姚杨. 空调工程中的制冷技术［M］. 哈尔滨：哈尔滨工程大学出版社，1997.

［11］姚仲鹏，等. 传热学［M］. 北京：北京理工大学出版社，1995.

［12］戴锅生. 传热学基础［M］. 北京：高等教育出版社，1991.

［13］章熙民，等. 传热学［M］. 北京：中国建筑工业出版社，1993.

［14］黄方谷，等. 工程热力学与传质学［M］. 北京：北京航空航天大学出版社，1993.

［15］程俊国，等. 高等传热学［M］. 重庆：重庆大学出版社，1991.

［16］曹玉璋，等. 热工基础［M］. 北京：航空工业出版社，1993.

［17］杨世铭. 传热学基础［M］. 北京：高等教育出版社，1991.

［18］于承训. 工程传热学［M］. 成都：西南交通大学出版社，1990.

［19］刘谦. 传递过程原理［M］. 北京：高等教育出版社，1990.

［20］天津大学，等. 传热学［M］. 北京：中国建筑工业出版社，1980.